W0253625

Studienskripten zur Soziologie

20 E.K.Scheuch/Th.Kutsch, Grundbegriffe der Soziologie
Grundlegung und Elementare Phänomene
2. Auflage. Vergriffen

22 H. Benninghaus, Deskriptive Statistik
6. Auflage. 280 Seiten. DM 21,80

23 H. Sahner, Schließende Statistik
2. Auflage. 188 Seiten. DM 18,80

24 G. Arminger, Faktorenanalyse
198 Seiten. DM 17,80

25 H. Renn, Nichtparametrische Statistik
138 Seiten. DM 15,80

27 W.Bungard/H.E.Lück, Forschungsartefakte
und nicht-reaktive Meßverfahren
181 Seiten. DM 16,80

28 H. Esser/K. Klenovits/H. Zehnpfennig,
Wissenschaftstheorie 1 Grundlagen
und Analytische Wissenschaftstheorie
285 Seiten. DM 20,80

29 H. Esser/K. Klenovits/H. Zehnpfennig
Wissenschaftstheorie 2 Funktionsanalyse
und hermeneutisch-dialektische Ansätze
261 Seiten. DM 19,80

30 H. v. Alemann, Der Forschungsprozeß
Eine Einführung in die Praxis der empirischen Sozialforschung
351 Seiten. DM 22,80

31 E. Erbslöh, Interview (Techniken der Datensammlung, Bd. 1)
119 Seiten. DM 15,80

32 K.-W. Grümer, Beobachtung (Techniken der Datensammlung, Bd. 2)
290 Seiten. DM 20,80

35 M. Küchler, Multivariate Analyseverfahren
262 Seiten. DM 19,80

36 D. Urban, Regressionstheorie und Regressionstechnik
245 Seiten. DM 18,80

37 E. Zimmermann, Das Experiment in den Sozialwissenschaften
308 Seiten. DM 20,80

38 F. Böltken, Auswahlverfahren, Eine Einführung für Sozialwissenschaftler
407 Seiten. DM 21,80

39 H. J. Hummell, Probleme der Mehrebenenanalyse
160 Seiten. DM 16,80

40 F. Golzewski/W. Reschka, Gegenwartsgesellschaften: Polen
383 Seiten. DM 23,80

41 Th. Harder, Dynamische Modelle in der empirischen Sozialforschung
120 Seiten. DM 15,80

Fortsetzung auf der 3. Umschlagseite

Zu diesem Buch

'Statistik für Soziologen' wird in vier Studienskripten behandelt: 1. Deskriptive Statistik 2. Schließende Statistik - 3. Faktorenanalyse 4. Nichtparametrische Statistik. Jeder Band bietet eine geschlossene Darstellung.

Deskriptive Statistik wird im allgemeinen in den Lehrveranstaltungen zur Methodik der empirischen Sozialforschung angeboten. Der Stoff dieses Bandes ist so dargestellt, daß besondere Kenntnisse der Mathematik nicht erforderlich sind. Das Skriptum kann als Ergänzung zu einschlägigen Übungen wie auch zum Selbststudium benutzt werden.

Obwohl dieses Skriptum aus Übungen für Studenten der Soziologie hervorgegangen ist, dürfte es gleichermaßen für Sozialpsychologen, Psychologen, Pädagogen und Politologen von Interesse sein.

Studienskripten zur Soziologie

Herausgeber: Prof. Dr. Erwin K. Scheuch
Dr. Heinz Sahner

Teubner Studienskripten zur Soziologie sind als in sich abgeschlossene Bausteine für das Grund- und Hauptstudium konzipiert. Sie umfassen sowohl Bände zu den Methoden der empirischen Sozialforschung, Darstellungen der Grundlagen der Soziologie, als auch Arbeiten zu sogenannten Bindestrich-Soziologien, in denen verschiedene theoretische Ansätze, die Entwicklung eines Themas und wichtige empirische Studien und Ergebnisse dargestellt und diskutiert werden. Diese Studienskripten sind in erster Linie für Anfangssemester gedacht, sollen aber auch dem Examenskandidaten und dem Praktiker eine rasch zugängliche Informationsquelle sein.

Statistik für Soziologen **1**

Deskriptive Statistik

Von

Prof. Dr. rer. pol. Hans Benninghaus

Technische Universität Berlin

6. Auflage

Mit 22 Bildern und 92 Tabellen

B. G. Teubner Stuttgart 1989

Prof. Dr. rer. pol. Hans Benninghaus

1935 in Lüdenscheid geboren. 1951 bis 1954 Elektrikerlehre. 1953 bis 1956 Fachschulreife-Lehrgänge in Lüdenscheid. 1956 bis 1960 Städtisches Abendgymnasium Köln. Gleichzeitig und danach Tätigkeit als Facharbeiter und technischer Angestellter in der Automobilindustrie.
1961 bis 1967 Studium der Soziologie, Politologie und Wirtschaftswissenschaften an den Universitäten zu Köln und Wien. 1967 bis 1974 Assistent im Forschungsinstitut, danach Assistent und Akademischer Oberrat im Seminar für Soziologie der Universität zu Köln. Seit 1980 Professor für Soziologie im Fachbereich Gesellschafts- und Planungswissenschaften der Technischen Universität Berlin.

CIP-Titelaufnahme der Deutschen Bibliothek

Statistik für Soziologen. - Stuttgart : Teubner

1. Deskriptive Statistik / von Hans Benninghaus.
- 6. Aufl. - 1989
(Teubner Studienskripten ; 22 : Studienskripten zur Soziologie)
ISBN 978-3-519-00134-8 ISBN 978-3-322-93052-1 (eBook)
DOI 10.1007/978-3-322-93052-1

NE: Benninghaus, Hans (Mitverf.); GT

Gesamtherstellung: Druckhaus Beltz, Hemsbach/ Bergstraße
Umschlaggestaltung: W. Koch, Sindelfingen

Vorwort

Dieses Skriptum richtet sich vorzugsweise an Studenten der Soziologie, die sich um ein Verständnis elementarer Verfahren und häufig verwendeter Maßzahlen der beschreibenden Statistik bemühen. Man kann wohl sagen, daß die quantitative Auswertung sozialwissenschaftlich relevanter Daten ohne Kenntnis dieser Verfahren und Maßzahlen ebensowenig denkbar ist wie die Interpretation eines großen Teils publizierter sozialwissenschaftlicher Forschungsergebnisse.

Der vorliegende Band konzentriert sich auf die Darstellung und Erläuterung elementarer statistischer Konzepte und Methoden, die in der empirischen Sozialforschung eine wichtige Rolle spielen. Eines dieser Konzepte ist das der statistischen Beziehung (Assoziation, Korrelation). Wie aus dem Inhaltsverzeichnis hervorgeht, nimmt die Darstellung jener Verfahren und Maßzahlen den größten Raum dieses Skriptums ein, die der Beschreibung bivariater (zweidimensionaler) Verteilungen bzw. Tabellen dienen. Die Auswahl der im bivariaten Teil (Kapitel 4 bis 8) dargestellten Assoziationskoeffizienten orientiert sich primär an deren Anwendbarkeit auf Daten, mit denen es der empirische Sozialforscher häufig zu tun hat. Dabei wird einigen Maßzahlen ein besonderes Gewicht gegeben, die im Sinne der proportionalen bzw. relativen Fehlerreduktion interpretierbar sind, kurz PRE-Maße (engl.: proportional reduction in error measures) genannt. Für die Auswahl der behandelten Assoziationsmaße wurden zwei spezifische Selektionskriterien herangezogen: erstens die Häufigkeit ihrer Verwendung in neueren sozialwissenschaftlichen Forschungsbeiträgen sowie zweitens die Möglichkeit ihrer Berechnung mit Hilfe von Datenanalysesystemen, die in den sozialwissenschaftlichen Disziplinen vorrangig benutzt werden (BMDP, DATA-TEXT, OSIRIS, vor allem SPSS). Die meisten der verwendeten Illustrationsbeispiele entstammen der jüngeren soziologischen Forschungsliteratur. Über die Fundstellen dieser Beispiele informiert ein vom Literaturverzeichnis getrennter Quellennachweis.

Die Behandlung univariater (eindimensionaler) und multivariater (mehrdimensionaler) Verteilungen ist zugunsten des bivariaten Teils sehr knapp gehalten. In dieser Disproportionalität drückt sich keine Geringschätzung gewisser Verfahren, sondern ein Zwang zum Kompromiß aus. Über Verfahren und Maßzahlen der univariaten Statistik kann sich der Leser in vielen anderen Büchern informieren, die zum Teil als preiswerte Paperbacks zu haben sind. Was die über den Rahmen dieses Skriptums hinausreichenden multivariaten Verfahren angeht, so hat sich die Situation in den letzten Jahren erfreulicherweise gewandelt. Während in der ersten Auflage dieses Bandes (1974) noch ein Mangel an deutschsprachigen Einführungen in multivariate Analyseverfahren festgestellt wurde, kann heute auf einschlägige Lehrbücher verwiesen werden. Dabei handelt es sich einmal um den in dieser Reihe erschienenen, von Küchler (1979) verfaßten Band, der sich auf die Darstellung komplexer Analyseverfahren für nichtmetrische Daten konzentriert, zum anderen um die von Opp und Schmidt (1976) und Weede (1977) geschriebenen Einführungen in die Pfadanalyse. Außerdem kann der interessierte Leser auf den von Hummell und Ziegler (1976) herausgegebenen deutschsprachigen Reader mit einer umfänglichen Einleitung (Zur Verwendung linearer Modelle bei der Kausalanalyse nicht-experimenteller Daten) zurückgreifen.

Die sechste Auflage erscheint als unveränderter Neudruck der vierten (1982) und fünften (1985) Auflage.

Berlin, im Februar 1989 Hans Benninghaus

Inhaltsverzeichnis

1. Einführung

1.1. Drei wichtige Tätigkeiten des empirischen Sozialforschers

Die empirische Sozialforschung hat in Theorie und Praxis einen engen Bezug zu beobachtbaren Eigenschaften von Untersuchungseinheiten. Die Untersuchungseinheiten können so verschieden sein wie Individuen, Gruppen, Städte oder Nationen, die Eigenschaften so unterschiedlich wie Hautfarben, Interessen, Kriminalitätsraten oder Prokopfeinkommen. Eigenschaften, die von Untersuchungseinheit zu Untersuchungseinheit bzw. von Beobachtung zu Beobachtung variieren, d.h. verschiedene Werte annehmen können, werden Variablen genannt.

Die empirische Sozialforschung hat zugleich einen engen Bezug zur Statistik, denn zu den wichtigsten Aktivitäten des sozialwissenschaftlichen Forschers zählen (1) die Beschreibung von Untersuchungseinheiten im Hinblick auf einzelne Variablen, (2) die Beschreibung der Beziehung zwischen Variablen und (3) die Generalisierung von Beobachtungsresultaten. Wie sich leicht zeigen läßt, setzen diese Aktivitäten eine gewisse Vertrautheit mit elementaren statistischen Konzepten voraus, weil unsere Alltagssprache, der "gesunde Menschenverstand" und intuitive Vorgehensweisen nicht ausreichen, um sie effektiv auszuüben. (Siehe hierzu auch Freeman, 1965, S.12-16.)

Die Beschreibung von Untersuchungseinheiten im Hinblick auf einzelne Variablen ist eine ebenso wichtige wie grundlegende Forschungsaktivität. Wenn wir z.B. sagen: "Dies war ein heißer Tag" beschreiben wir ein bestimmtes Objekt (Tag) im Hinblick auf eine bestimmte Eigenschaft oder Variable (Außentemperatur). Normalerweise beschreiben wir jedoch nicht ein einzelnes Objekt, sondern mehrere Objekte, etwa wenn wir sagen: "Samstag und Sonntag waren heiße Tage" oder wenn wir sagen: "Montag, Dienstag, Mittwoch, Donnerstag, Freitag, Samstag und Sonntag waren heiße Tage." Verzichten wir auf die Aufzählung der einzelnen Tage, um statt dessen die Wendung: "Das letzte Wochenende war heiß" bzw. "Die letzte Woche war heiß" zu gebrauchen, so fassen wir die Beobachtungen bereits in einer Weise zusammen, die es erlaubt, unsere Erfahrung in einer verkürzten Form auszudrücken und mitzuteilen.

Unsere Erfahrung kann noch besser zusammengefaßt und noch leichter mitteilbar gemacht werden, wenn wir uns statistischer Konzepte bedienen und z.B. den Durchschnittswert der Tagestemperaturen einer bestimmten Periode ermitteln. Es gibt eine ganze Reihe solcher Kennwerte, die die Funktion haben, Mengen von Beobachtungsdaten zusammenfassend zu beschreiben bzw. zu repräsentieren. Die Verwendung eines Mittelwertes zur Charakterisierung von Beobachtungsdaten läßt fast immer den Wunsch nach einer weiteren Information aufkommen, nämlich der, wie typisch der ermittelte "typische" Wert einer Menge von Beobachtungsdaten ist. Darüber geben Streuungswerte (z.B. die Differenz zwischen der höchsten und niedrigsten Tagestemperatur einer Woche) Aufschluß. Diese Kennwerte helfen uns die Adäquatheit unseres Durchschnittswertes zu beurteilen. Beide Werte, d.h. Mittel- und Streuungswerte, liefern uns summarische Informationen über einen Satz von Beobachtungsdaten, die in der formalisierten Sprache der Statistik präziser angebbar und leichter mitteilbar sind als in jeder anderen Sprache.

Die Beschreibung der Beziehung zwischen Variablen ist eine weitere wichtige Aktivität des empirischen Sozialforschers; sie zielt darauf ab, die Komplexität unserer Erfahrungswelt bzw. im konkreten Forschungsprozeß: die Komplexität der Erhebungsdaten zu reduzieren. Wenn zwei Variablen derart miteinander in Beziehung stehen (korrelieren), daß die Kenntnis der Werte der einen Variablen die Kenntnis der Werte der anderen impliziert, ist unsere Erfahrungswelt insofern weniger komplex, als wir die eine Variable auf der Basis der anderen vorhersagen können. In diesem Sinne kann die Beschreibung der Beziehung zwischen Variablen als eine Vorhersage-Aktivität bezeichnet werden. Wenn wir beispielsweise wissen, daß eine Beziehung zwischen der Variablen "Jahreszeit" und der Variablen "Außentemperatur" existiert, können wir bei Kenntnis der Ausprägungen der einen Variablen (Frühling, Sommer, Herbst und Winter) die Ausprägungen der anderen Variablen (frisch, heiß, kühl und kalt) genauer vorhersagen als ohne deren Kenntnis. Derartige Beziehungen müssen keineswegs perfekt oder nahezu perfekt sein, um unsere Aufmerksamkeit auf sich zu ziehen. Ob wir an der Untersuchung starker oder schwacher Beziehungen interessiert sind, hängt vielmehr vom Gegenstand und Ziel der Forschung ab. So kann z.B. auch eine vergleichsweise schwache Beziehung zwischen alternativen Resozialisierungsbemühungen und den Rückfallquoten ehemals delinquenter Jugendlicher von Interesse sein, weil sie dazu beitragen kann, die Ursachen der Delinquenz zu erkennen und zu bekämpfen (wobei der bloße Nachweis einer statistischen Beziehung noch keinen Schluß auf eine Ursache-Wirkungs-Beziehung zuläßt. Über die Kriterien, die zusätzlich erfüllt sein müssen, um auf eine Kausalbeziehung schließen zu können, siehe Kapitel 9).

Variablenbeziehungen dieser Art können ohne jeden Rekurs auf statistische Konzepte beschrieben werden, wie wir auch ohne Verwendung standardisierter Verfahren Vorhersagen treffen können. Unsere Alltagssprache ist jedoch - wie bei der Beschreibung einzelner Variablen - weniger präzise als die formalisierte Sprache der Statistik. Umgangssprachlich können wir lediglich von einer starken oder schwachen Beziehung reden; in der Sprache der Statistik läßt sich der Grad der Beziehung mit einer einzigen Zahl beschreiben, die sich mit anderen Zahlen vergleichen läßt. Diese Zahl informiert darüber, in welchem Maße uns die Kenntnis der einen Variablen die andere Variable vorherzusagen hilft. Die Verwendung solcher _Assoziationskoeffizienten_ erlaubt eine präzisere Charakterisierung der Beziehung zwischen Variablen als unsere Alltagssprache.

<u>Die Generalisierung von Beobachtungsresultaten</u>, die dritte der als zentral bezeichneten Aktivitäten des empirischen Sozialforschers, ist darauf gerichtet, Schlußfolgerungen auf der Basis beschränkter Informationen zu ziehen. Jeder Mensch trifft täglich eine Vielzahl von Entscheidungen, die auf Generalisierungen gewisser Erfahrungen basieren. So entscheiden wir aufgrund der Wolkenbildung des Morgenhimmels, ob wir uns beim Verlassen des Hauses mit Regenkleidung versehen oder nicht. Da wir aus mehr oder weniger langer Erfahrung wissen, daß es eine Beziehung zwischen bestimmten Wolkenformationen und Niederschlägen gibt, nehmen wir an, daß diese Beziehung auch für die Zukunft gilt. Häufig sind wir gezwungen, solche Generalisierungen auf eine sehr beschränkte Erfahrung zu stützen. Deshalb gibt es stets einige Verallgemeinerungen, die gewagter sind als andere. So glaubten unsere Großmütter, daß gute wie schlechte emotionale Erfahrungen einer Schwangeren die physische und psychische Konstitution des Kindes beeinflussen. Generalisierungen dieser Art basieren in aller Regel auf wenigen Beobachtungen. Die Frage ist, wie viele Beobachtungen ausreichend sind, um falsche Generalisierungen zu vermeiden. Der "gesunde Menschenverstand" sagt uns lediglich, daß Generalisierungen umso sicherer sind, je mehr Beobachtungen ihnen zugrunde liegen. Wenden wir hingegen die auf der Wahrscheinlichkeitstheorie basierenden Methoden der schließenden Statistik auf unsere Daten an, so können wir uns Rechenschaft darüber legen, wie sicher die Generalisierungen bei einer gegebenen Anzahl von Beobachtungen sind.

Geht also das Interesse des Forschers über die Beobachtungsdaten hinaus, so ist er auf Konzepte und Methoden der schließenden Statistik verwiesen, die ihm Kriterien zur Beurteilung der Frage an die Hand geben, wie weit die Beobachtungsresultate als Basis für Generalisierungen dienen können und - etwa bei Mittelwerten, Streuungswerten oder Assoziationskoeffizienten - welche Schlüsse von den errechneten Zahlenwerten einer Auswahl auf die entsprechenden Zahlenwerte der Grundgesamtheit (von der die Auswahl ein Teil ist) gezogen werden können. Dabei ist zu beachten, daß nur dann Aussagen über die Grundgesamtheit gemacht werden können, wenn die Auswahl eine Wahrscheinlichkeitsauswahl (z.B. eine Zufallsstichprobe) ist, bei der jede Untersuchungseinheit eine angebbare Chance besitzt, in die Auswahl einbezogen zu werden. Die Aussagen über die Grundgesamtheit stützen sich auf wahrscheinlichkeitstheoretische Überlegungen, die den Rahmen dieses Skriptums überschreiten. Hier soll nur bemerkt werden, daß Maßzahlen, die auf der Basis von Daten berechnet werden, die nicht aus einer Wahrscheinlichkeitsauswahl stammen, sehr wohl zu deren Deskription verwendet werden können. Für derartige Daten können sowohl Mittel- und Streuungswerte als auch Beziehungen zwischen Variablen (Assoziationskoeffizienten) berechnet werden; es ist jedoch nicht möglich, auf der Basis solcher Daten Aussagen zu machen, die über den Beobachtungsbereich hinausgehen.

Eine effektive Ausübung der zuerst skizzierten Tätigkeiten des empirischen Sozialforschers, die Beschreibung von Untersuchungseinheiten im Hinblick auf einzelne Variablen und die Beschreibung der Beziehung zwischen Variablen, setzt das Verständnis und die Anwendung elementarer statistischer Konzepte und Methoden voraus, deren Funktion es ist, Beobachtungsdaten möglichst knapp zu charakterisieren bzw. zusammenfassend zu beschreiben. Mit diesen Konzepten und Methoden der _deskriptiven Statistik_ befaßt sich das vorliegende Skriptum. Die Darstellung erstreckt sich nicht auf die bei Generalisierungen auftretenden Fragen, deren Beantwortung die Kenntnis und Anwendung der Wahrscheinlichkeitstheorie bzw. der Methoden der _schließenden Statistik_ voraussetzen. Dazu sei auf die einschlägigen Lehrbücher, insbesondere Band 2 dieser Reihe (Sahner, 1971) verwiesen.

1.2. Die Datenmatrix

Obwohl die Vielfalt sozialwissenschaftlicher Fragestellungen, Forschungsgegenstände und -methoden die unterschiedlichsten Ausgangsdaten der statistischen Analyse hervorbringt, können die Rohdaten so organisiert und dargestellt werden, daß sie eine identische Struktur haben: sie bilden dann eine sogenannte Datenmatrix. (Siehe auch Galtung, 1967, S.11).

Tab. 1.1. Die Datenmatrix

Variablen, Merkmale, Stimuli (z.B. Interviewfragen)

Untersuchungseinheiten, Merkmalsträger, Objekte (z.B. Befragte)		S_1	S_2	S_3	...	S_j	...	S_n
	O_1	R_{11}	R_{12}	R_{13}	...	R_{1j}	...	R_{1n}
	O_2	R_{21}	R_{22}	R_{23}	...	R_{2j}	...	R_{2n}
	O_3	R_{31}	R_{32}	R_{33}	...	R_{3j}	...	R_{3n}
	⋮	⋮	⋮	⋮		⋮		⋮
	O_i	R_{i1}	R_{i2}	R_{i3}	...	R_{ij}	...	R_{in}
	⋮	⋮	⋮	⋮		⋮		⋮
	O_m	R_{m1}	R_{m2}	R_{m3}	...	R_{mj}	...	R_{mn}

Werte, Merkmalsausprägungen, Reaktionen (z.B. Antworten)

Eine mit empirischen Daten gefüllte Matrix enthält alle Informationen, die in die aktuelle Analyse eingehen können. Ihre Zeilen repräsentieren die Untersuchungseinheiten, Merkmalsträger oder Objekte (O_1 bis O_m), ihre Spalten die Variablen, Merkmale oder Stimuli (S_1 bis S_n).

In der abgebildeten Datenmatrix symbolisiert R_{ij}

- den Wert, den die Untersuchungseinheit i bezüglich der Variablen j hat, bzw.
- die Merkmalsausprägung, die der Merkmalsträger i im Hinblick auf das Merkmal j aufweist, bzw.
- die Reaktion, die das Objekt i auf den Stimulus j zeigt.

Dies ist genau die Form, in der die Daten erscheinen, wenn nach einem vorher festgelegten Codierplan

- für jede Untersuchungseinheit (jeden Merkmalsträger, jedes Objekt) eine Lochkarte angelegt wurde,
- für jede Variable (jedes Merkmal, jeden Stimulus) eine oder mehrere Spalte(n) einer Lochkarte verwendet wurde(n) und
- für jeden Wert (jede Merkmalsausprägung, jede Reaktion) ein Loch oder mehrere Löcher gestanzt wurde(n)

und diese Lochkarten eine Datenverarbeitungsmaschine passieren, die für jede Lochkarte ausdruckt, was in ihren Spalten verlocht wurde (siehe Tab. 1.2). Wie aus Tab. 1.2 hervorgeht, hängt der Spaltenbedarf neben der Anzahl der Variablen davon ab, ob und wie viele mehrspaltige Variablen vorkommen. (Siehe hierzu Allerbeck, 1972, Kap. 2). Tab. 1.2 zeigt, daß die Informationen der Datenmatrix ausschließlich - wenn auch nicht notwendigerweise - durch Zahlen repräsentiert werden können. Diese Zahlen sind die üblichen Ausgangsdaten der statistischen Analyse.

Tab. 1.2. Ausgedruckte Informationen einer Datenmatrix

	Identifikationsnummer	Geschlecht	Alter in Jahren	Schulbildung	Monatliches Bruttoeinkommen in DM	Berufsstatus	Konfession	Parteipräferenz	Einstellungsmeßwerte				Skalenwert
Fritz Schulze	001	1	0 4 8	1	0 1 1 5 0	0 5	2	1	1	2	4	3	1 0
Hedi Nickel	002	2	0 2 5	4	0 1 8 0 0	1 2	1	2	1	3	2	3	0 9
Ernst Meier	003	1	0 3 7	3	0 1 3 0 0	0 7	2	1	3	2	1	1	0 7
Günter Kruse	004	1	0 7 1	1	0 0 6 6 0	0 4	2	1	2	3	2	5	1 2
Inge Hübener	005	2	0 3 9	5	0 2 2 0 0	2 1	1	3	4	2	3	5	1 4
Dieter Bögel	006	1	0 5 6	6	1 1 0 0 0	1 8	4	2	5	3	4	4	1 6
.													
.													
.													

Die <u>Untersuchungseinheit</u> ist als Merkmalsträger das Bezugsobjekt der Sozialforschung. In der empirischen Soziologie ist häufig das Individuum (z.B. als Befragter oder als Teilnehmer an einem Experiment) Untersuchungseinheit bzw. Merkmalsträger. Untersuchungseinheiten können aber auch Parteien, Wahlkreise, Stadtgebiete, Nationen oder Zeitungsseiten sein.

Die <u>Variable</u> oder das Merkmal ist die Eigenschaft, die man in Verbindung mit der Untersuchungseinheit erforscht, etwa das Nettoeinkommen der Privathaushalte oder die Parteipräferenz der Wahlberechtigten. Die Bezeichnung Stimuli wird auf jene Variablen angewandt, die z.B. im Experiment manipuliert werden, um das Versuchsobjekt durch einen kontrolliert eingesetzten Reiz (engl.: stimulus) zu einer Reaktion (engl.: response) zu veranlassen.

Die Werte sind die Merkmalsausprägungen oder Kategorien, in denen die Variable auftritt.(Bei experimentellen Untersuchungs anordnungen, aber auch beim Interview, spricht man von "Reaktionen", die zu beobachten sind, wenn Versuchsobjekte bestimmten "Stimuli" ausgesetzt werden.)Das Merkmal Geschlecht hat z.B. die beiden natürlichen Kategorien "männlich" und "weiblich", wenn wir einmal von dem biologischen Phänomen der Hermaphroditen und dem sozialen Phänomen der Eunuchen und Kastraten absehen. Prinzipiell gibt es jedoch keine "natürliche" Beschränkung der Merkmalsklassen oder Kategorien; welche und wie viele Klassen gebildet und in der Analyse verwendet werden, entscheidet allein der Forscher.

Eine mit empirischen Daten gefüllte Datenmatrix kann spaltenweise und zeilenweise ausgewertet werden. Am Anfang der Analyse steht im allgemeinen die Untersuchung jeder einzelnen Variablen. Diese spaltenweise Auswertung wird univariate Auswertung genannt. Die kombinierte spaltenweise Auswertung zweier Variablen wird bivariate, die kombinierte spaltenweise Auswertung mehrerer Variablen multivariate Auswertung oder Analyse genannt.

Die Datenmatrix kann ebensogut zeilenweise ausgewertet werden. Bei zeilenweiser Auswertung werden die Merkmalsausprägungen mehrerer Merkmale eines Merkmalsträgers (z.B. die Reaktionen einer Versuchsperson auf eine Reihe von vorgelegten Aussagen (engl.: statements) oder die Antworten eines Befragten auf die zu einer Fragenbatterie gehörenden Fragen) zur Bildung von Indizes, Skalenwerten, Testprofilen usw. verwendet. Auf diese Weise entstehen neue Variablen oder Merkmale, um die die Datenmatrix durch Hinzufügen der Merkmale und Merkmalsausprägungen aller Merkmalsträger erweitert werden kann. Die neuen Variablen können dann wie alle übrigen behandelt, d.h. spaltenweise ausgewertet werden.

2. Sozialwissenschaftlich relevante Variablen und ihre Messung

Quantitative und qualitative Variablen. Variablen werden gewöhnlich definiert als Eigenschaften von Individuen, Objekten oder Ereignissen, die quantitativ (nach der Größe) oder qualitativ (nach der Art oder Beschaffenheit) variieren können. Demgemäß unterscheidet man konventionell quantitative (zahlenmäßige) und qualitative (artmäßige) Variablen. (Wir werden diese Unterscheidung nicht verwenden.)

Quantitative Variablen können verschiedene Größen annehmen, z.B. die Variablen Lebensalter, Körpergröße, Einkommen, Familiengröße, Geburtenrate, Anzahl der vollendeten Schuljahre usw. Diesen Variablen ist gemeinsam, daß die Variablenausprägungen der Größe nach geordnet werden können. Qualitative Variablen variieren nach der Art oder Qualität. Beispiele sind die Variablen Nationalität mit den Ausprägungen Brite, Deutscher, Franzose, Italiener, oder Konfessionszugehörigkeit mit den Ausprägungen evangelisch, katholisch, andere, keine. Diese Ausprägungen können nicht der Größe nach geordnet werden; dennoch sind auch qualitative Variablen der statistischen Analyse zugänglich.

Quantitative Variablen werden des weiteren danach unterschieden, ob sie diskrete (diskontinuierliche) oder stetige (kontinuierliche) Variablen sind. Stetige Variablen (z.B. Lebensalter, Körpergröße) können in einem bestimmten Bereich jeden beliebigen Wert, diskrete Variablen (z.B. Anzahl der Einwohner einer Stadt, Anzahl der Personen eines Privathaushalts) hingegen nur ganz bestimmte Werte annehmen. Diskrete Variablen beruhen im allgemeinen auf einem Zählvorgang, stetige Variablen hingegen auf einem Meßvorgang. Dabei stellt man sich den Ausdehnungsbereich der stetigen Variablen als in kleine und kleinste Intervalle aufgeteilt vor.

Die Unterscheidung von diskreten und stetigen Variablen ist

jedoch eher eine graduelle als prinzipielle. So ist beispielsweise das Lebensalter eine stetige, das Einkommen hingegen eine diskrete Variable, weil es - in kleinsten Währungseinheiten ausgedrückt - nur ganzzahlige Werte annehmen kann. In der statistischen Behandlung besteht zwischen derart fein abgestuften diskreten Variablen und stetigen Variablen kein Unterschied. Andererseits werden mitunter diskrete Variablen wie stetige Variablen behandelt, etwa dann, wenn die durchschnittliche Größe der Privathaushalte einer bestimmten Region mit, sagen wir, 2,73 Personen angegeben wird. Stetige Variablen werden im übrigen häufig gruppiert und dadurch für die statistische Behandlung zu diskreten Variablen.

Die für viele Zwecke der Sozialstatistik geeignete Unterscheidung von qualitativen und quantitativen Variablen erweist sich für die Anwendung bestimmter statistischer Verfahren als untauglich, weil es einen weiteren, in den Sozialwissenschaften häufig vorkommenden Variablentyp gibt, bei dem sich die Ausprägungen graduell, d.h. der Intensität nach unterscheiden (vgl. Pfanzagl, 1967, S.13). Wenn wir diese Tatsache berücksichtigen, erhalten wir eine andere Klassifikation statistischer Variablen; wir können dann nominale, ordinale und metrische Variablen unterscheiden .

2.1. Meßniveaus bzw. Skalentypen

Nach einer von dem Psychophysiker Stevens (1946, 1951) vorgeschlagenen Definition heißt Messen, im weitesten Sinne, die Zuordnung von Zahlen (Zahlzeichen) zu Objekten oder Ereignissen gemäß Regeln: "In its broadest sense measurement is the assignment of numerals to objects or events according to rules." (Stevens, 1951, S.1). Auf der Grundlage dieser Definition spezifizierte Stevens vier hierarchisch geordnete Meßniveaus bzw. Skalentypen, nämlich Nominal-, Ordinal-, Intervall- und Ratioskalen.

<u>Nominalskalen</u>. Die grundlegendste und zugleich simpelste Operation in jeder Wissenschaft ist die der Klassifizierung. Klassifizieren bedeutet Einordnen von Objekten in Klassen oder Kategorien im Hinblick auf eine bestimmte Variable. Alle anderen Meßoperationen, gleichgültig wie präzise sie sind, schließen die Klassifizierung als Minimaloperation ein. Nominalskalen, häufig auch <u>qualitative Klassifikationen</u> genannt, bestehen lediglich aus einem Satz rangmäßig ungeordneter Kategorien; sie repräsentieren das niedrigste Meßniveau.

Für Nominalskalen ist konstitutiv, daß die Kategorien <u>vollständig</u> sind (d.h. alle Fälle einschließen) und sich <u>gegenseitig ausschließen</u> (d.h. kein Fall darf in mehr als eine Kategorie gelangen). Beispielsweise ist die Variable Geschlecht eine Nominalskala: Alle Personen können entweder der Kategorie "männlich" oder der Kategorie "weiblich" zugeordnet werden; keine Person kann beiden Kategorien zugeordnet werden. Weitere Beispiele solcher Alternativklassifikationen (A und Nicht-A) sind: berufstätig - nicht berufstätig; unter 21 Jahre alt - 21 Jahre und älter; Ja-Antworten - Nein-Antworten. Die Variablen können jedoch beliebig viele Ausprägungen bzw. Kategorien haben, z.B. Familienstand: ledig - verheiratet - verwitwet - getrennt lebend - geschieden; oder Haarfarbe: blond - schwarz - rot - sonstige Farben; die Kategorie "sonstige Farben" ist hier Residualkategorie. (Hat eine Variable zwei Ausprägungen bzw. Kategorien, spricht man von einer Dichotomie, hat sie drei Kategorien, spricht man von einer Trichotomie, hat sie mehr als drei Kategorien, spricht man von einer Polytomie.) Wenn die Kategorien vollständig sind und sich gegenseitig ausschließen, sind die minimalen Voraussetzungen für die Anwendung bestimmter statistischer Verfahren gegeben.

Die Benennung der Kategorien kann willkürlich sein oder aber der Konvention folgen. Wir benötigen für die Benennung keine Zahlen, sondern nur eindeutige Zeichen. Diese können natürlich auch Zahlen sein, ebensogut aber auch Buchstaben, Wörter oder geometrische Figuren. Zahlen werden hier nur in ihrer Zeichenfunktion zugeordnet. Nehmen wir als Beispiel einen internationalen Sportwettbewerb, dessen aktive Teilnehmer Rückennummern tragen (etwa die Teilnehmer der Nation A die Nummern von 1 bis 17, die Teilnehmer der Nation B die Nummern von 18 bis 43, die Teilnehmer der Nation C die Nummern von 44 bis 57 usw.). Normalerweise implizieren diese Zahlen weder eine Rangordnung der Nationen noch eine Rangordnung der teilnehmenden Sportler; sie sind nichts weiter als Namen, die Kategorien bezeichnen bzw. der Identifizierung der Sportler dienen. Wenn Zahlen lediglich dem Zweck dienen, Kategorien voneinander zu unterscheiden, ist es nicht sinnvoll, sie den üblichen arithmetischen Operationen zu unterwerfen. Die Rückennummern von Sportlern (oder die Nummern von Autoschildern, Personalausweisen, Hotelzimmern) zu addieren, wäre offensichtlicher Unsinn.

Ordinalskalen. Häufig ist es möglich, Objekte im Hinblick auf den Grad, in dem sie eine bestimmte Eigenschaft besitzen, zu ordnen, obwohl wir nicht genau wissen, in welchem Maße sie diese Eigenschaft besitzen. In solchen Fällen kann man sich die Objekte auf einem Kontinuum angeordnet vorstellen, auf dem sie unterschiedliche Positionen einnehmen. Familien oder Individuen können z.B. danach klassifiziert werden, ob sie der Unterschicht, der Mittelschicht oder der Oberschicht angehören. Gleichermaßen können wir Personen danach klassifizieren, ob sie häufig, selten oder nie ins Theater gehen, oder ob sie mit ihrer Arbeitssituation sehr zufrieden, zufrieden, eher unzufrieden oder sehr unzufrieden sind.

Diese Art des Messens hat offensichtlich ein höheres Niveau als nominales Messen, denn wir sind nicht nur in der Lage, Objekte in separate Kategorien einzuordnen, sondern die Kategorien rangmäßig zu ordnen. Ordinales Messen informiert jedoch nicht über die Größe der Differenzen zwischen den Kategorien. Beispielsweise wissen wir von drei rangmäßig geordneten Kategorien A, B und C lediglich, daß A größer (oder kleiner) ist als B und C; wir wissen nicht, wieviel. Wir wissen ebenfalls nicht, ob die Differenz zwischen A und B größer oder kleiner ist als die zwischen B und C.

Wenn wir den Kategorien ordinaler Variablen Zahlen zuordnen, so müssen diese zur Rangordnung der Kategorien korrespondieren. Nehmen wir als Beispiel die Variable Schichtzugehörigkeit. Wir können der Kategorie "Unterschicht" die Zahl 1, der Kategorie "Mittelschicht" die Zahl 2 und der Kategorie "Oberschicht" die Zahl 3 zuweisen (oder aber 3, 2, 1). Wir können den Kategorien jedoch ebensogut die Zahlen 1, 5, 28 (bzw. 28, 5, 1) oder die Zahlen 56, 57, 1001 (bzw. 1001, 57, 56) zuordnen, weil bei Ordinalskalen die Größe der Differenzen zwischen den Kategorien unbekannt ist. Daraus folgt, daß wir nicht ohne weiteres die gewöhnlichen Operationen der Addition, Subtraktion, Multiplikation und Division auf die zugeordneten Zahlen anwenden können. Ordinale bzw. Rangzahlen indizieren eine Ordnung, nichts mehr.

Intervall- und Ratioskalen. Im engeren Sinne des Begriffes wird der Ausdruck Messen häufig nur in den Fällen angewandt, in denen Objekte nicht nur nach Maßgabe des Grades, in dem sie eine bestimmte Eigenschaft besitzen, geordnet werden können, sondern auch die exakten Abstände zwischen ihnen angegeben werden können. Wenn das möglich ist, spricht man von einer Intervallskala. Hat eine Skala alle Eigenschaften einer Intervallskala und überdies einen absoluten Nullpunkt, so ist sie eine Ratioskala.

Eigenschaften, die mit Skalen gemessen werden, bei denen die Distanz zwischen den Skalenpositionen 0 und 1, 1 und 2, 2 und 3 usw. gleich ist, werden häufig Intervallvariablen (oder metrische Variablen) und die erlangten Messungen intervallskalierte (oder metrische) Daten genannt. Diese Bezeichnungen bringen die sogenannte Äquidistanz der Intervalle zum Ausdruck. So ist z.B. die Entfernung von einem Kilometer stets dieselbe Distanz, gleichgültig ob es sich um den ersten oder hundertsten Kilometer einer Reise handelt. Gleicherweise ist die Differenz zwischen 110 und 100 Mark dieselbe wie die Differenz zwischen 1010 und 1000 oder die zwischen 10 und 20 Mark. In beiden Fällen, Kilometer und Mark, repräsentiert ein gegebenes Intervall (oder die Differenz zwischen zwei Beobachtungen) denselben Wert an jedem Ort der Skala. Der Grund ist, daß eine Skala mit konstantem Abstand (Intervall) benutzt wird, um Beobachtungsdaten bzw. Meßwerte zu erlangen. So hat ein Lineal ein konstantes Intervall (mm, cm), das sich auf der Skala ständig wiederholt. Ganz ähnlich ist die Struktur einer "monetären Skala", auf der sich eine konstante Einheit (Mark, Dollar, Rubel) permanent wiederholt.

Die bedeutendste Eigenschaft metrischer Daten ist, daß wir sie arithmetischen Operationen unterwerfen können. Wir können Objekten nach Maßgabe ihrer Position auf einer Intervallskala Zahlen zuordnen, so daß arithmetische Operationen sinnvoll auf die Differenzen zwischen den Zahlen angewendet werden können.

Bei Intervallskalen gibt es zwei willkürliche Momente, nämlich die Wahl der Intervallgröße (Einheit) und die Wahl des Nullpunktes. Beispielsweise ist unsere Kalenderrechnung eine Intervallskala, deren Intervallgröße ein Jahr (oder zwölf Monate) und deren Nullpunkt das Geburtsjahr Christi (nicht etwa das Geburtsjahr Mohammeds) ist. Die Eigenschaften von Intervallskalen werden gewöhnlich an einem anderen Beispiel, nämlich dem der Temperaturmessung illustriert. Betrachten wir dazu die folgenden drei Skalen:

	Temperaturskala nach		
	Celsius	Fahrenheit	Kelvin
Gefrierpunkt des Wassers	0°	32°	273°
Siedepunkt des Wassers	100°	212°	373°

Die Verhältnisse der Temperaturdifferenzen (Intervalle) sind unabhängig von der Einheit der Skala und der Lage ihres Nullpunktes. Der Gefrierpunkt des Wassers (nicht der Gefrierpunkt des Äthylalkohols) liegt auf der Celsiusskala bei 0° und der Siedepunkt bei 100°, auf der Fahrenheitskala bei 32° und 212°. Wenn wir dieselben Temperaturen auf beiden Skalen ablesen, erhalten wir z.B.

C	F
0°	32°
10°	50°
30°	86°
100°	212°

Das Verhältnis der Differenzen zwischen den Temperaturwerten der einen Skala ist gleich dem Verhältnis der entsprechenden Differenzen der anderen Skala. Auf der Celsiusskala ist z.B. das Verhältnis der Differenzen zwischen 30 und 10 und 10 und 0 gleich $\frac{30 - 10}{10 - 0} = 2$, auf der Fahrenheitskala $\frac{86 - 50}{50 - 32} = 2$. Es wäre allerdings nicht sinnvoll zu sagen, daß es bei einer Temperatur von $2o^{\circ}$ C doppelt so warm sei wie bei 10° C. Das leuchtet sofort ein, wenn wir die Celsius-Werte in Fahrenheit-Werte transformieren: 10° C entspricht 50° F, und 20° C entspricht 68° F. Es hat also keinen Sinn, hier Proportionen, d.h. Verhältnisse im Sinne von Quotienten zu bilden. Das wird erst möglich beim höchstwertigen Skalentyp, der Ratioskala.

Wenn, wie gesagt, eine Skala alle Eigenschaften der Intervallskala und außerdem einen invarianten Nullpunkt hat, ist sie eine Ratioskala. Beispiele für Ratioskalen sind die Variablen Länge, Gewicht und Lebensalter. Auch die Skala der Kardinalzahlen ist eine Ratioskala, jene Skala, die wir benutzen, um Individuen (z.B. die Anzahl der Personen eines Haushalts), Objekte (z.B. die Anzahl eigener Bücher) oder Ereignisse (z.B. die Anzahl der Verwandtenbesuche) zu zählen. Ein Haushalt mit vier Personen ist doppelt so groß wie ein Haushalt mit zwei

Personen, und ein Schüler, der 60 kg wiegt, ist doppelt so schwer wie ein Schüler, der 30 kg wiegt.

Die Unterscheidung von Intervall- und Ratioskalen wird von einigen Autoren statistischer Lehrbücher (z.B. von Blalock, 1972, S.18) als eine rein akademische Übung bezeichnet, weil die meisten statistischen Verfahren, die eine Äquidistanz der Intervalle voraussetzen (z.B. alle in diesem Skriptum behandelten), keinen absoluten Nullpunkt verlangen. Aus diesem Grunde werden intervall- und ratioskalierte Daten häufig nicht unterschieden, sondern kurz als "metrische Daten" bezeichnet.

2.2. Meßniveau und statistische Operationen

Die vier verschiedenen Meßniveaus bzw. Skalentypen bilden aufgrund der ihnen eigentümlichen Eigenschaften selber eine kumulative Skala. Die Ordinalskala besitzt alle Eigenschaften einer Nominalskala plus Ordinalität; die Intervallskala besitzt alle Eigenschaften der Ordinalskala plus Äquidistanz der Intervalle; die Ratioskala schließlich repräsentiert das höchste Meßniveau, da sie nicht nur gleiche Intervalle, sondern auch einen absoluten Nullpunkt hat.

Die kumulative Hierarchie dieser Skalen erlaubt es jederzeit, bei der statistischen Analyse der Daten eine oder mehrere Stufen zurückzugehen. Denn wenn wir eine Intervallskala haben, haben wir auch eine Ordinalskala. Daher ist es z.B. möglich, in der statistischen Analyse intervallskalierte Daten wie ordinalskalierte Daten zu behandeln. Wir nehmen allerdings einen Informationsverlust hin, wenn wir von dieser Möglichkeit Gebrauch machen. Beispiel: Wenn A ein Einkommen von DM 1.500,- und B ein Einkommen von DM 2.000,- hat und nur die Information ausgewertet wird, daß B mehr als A verdient, verzichten wir auf die Information, daß die Differenz DM 500,- beträgt. Im allgemeinen ist es deshalb von Vorteil, das erzielte Meßniveau, d.h. den Informationsgehalt der Daten nicht zu "verschenken".

Wenn wir den umgekehrten Weg gehen und z.B. ordinalskalierte Daten wie intervallskalierte Daten behandeln, müssen wir uns darüber im klaren sein, daß dieser Schritt nicht durch die statistischen oder arithmetischen Operationen, die wir letztlich durchführen, legitimiert wird. Die Anwendung bestimmter Verfahren setzt vielmehr schon voraus, daß ein bestimmtes Meßniveau erreicht wurde. Wie betont, sind die üblichen arithmetischen Operationen nur bei intervall- und ratioskalierten (metrischen) Daten erlaubt. Andererseits sind gerade nominales und ordinales Messen die am häufigsten erreichten Typen in der Sozialforschung. Infolgedessen kommt jenen Methoden und Maßzahlen, die für nominal- und ordinalskalierte Daten konzipiert worden sind, in der empirischen Sozialforschung eine besondere Bedeutung zu.

3. Univariate Verteilungen

3.1. Einführende Bemerkungen

Eingangs wurde festgestellt, daß sich Beobachtungsdaten besser zusammenfassen und mitteilen lassen, wenn man sich bestimmter statistischer Verfahren und Maßzahlen bedient. Welche dieser Verfahren und Maßzahlen der deskriptiven Statistik zu diesem Zweck heranzuziehen sind, hängt primär von zwei Fragen ab. Die erste Frage ist, ob wir einzelne Variablen isoliert betrachten, oder aber zwei oder mehrere Variablen zugleich. Die zweite Frage ist, welches Meßniveau die Variablen haben. Richtet sich unser Interesse auf einzelne Variablen, so haben wir uns mit univariaten (eindimensionalen) Verteilungen zu beschäftigen; richtet sich unser Interesse auf zwei Variablen, so haben wir uns mit bivariaten (zweidimensionalen) Verteilungen zu befassen; richtet sich unser Interesse auf mehr als zwei Variablen, so haben wir uns mit multivariaten (mehrdimensionalen) Verteilungen zu befassen. Diese alternativen Beschäftigungen sind ein Gliederungsgesichtspunkt des vorliegenden Skriptums, das in diesem Kapitel Methoden und Maßzahlen zur Beschreibung univariater Verteilungen behandelt. In den Kapiteln 4 bis 8 sind Methoden und Maßzahlen zur Beschreibung bivariater Verteilungen dargestellt. In Kapitel 9 werden einige elementare Informationen über multivariate Verteilungen gegeben. Was das Meßniveau der Variablen angeht, so sahen wir, daß zwischen nominalen, ordinalen und metrischen Variablen zu unterscheiden ist. Das Meßniveau der Variablen ist ein weiterer Gliederungsgesichtspunkt dieses Skriptums, das die für das niedrigste Meßniveau geeigneten Verfahren und Maßzahlen jeweils zuerst behandelt.

3.2. Häufigkeitsverteilungen

Der erste Schritt der univariaten Analyse besteht darin, die Beobachtungsdaten derart zu organisieren, daß die in ihnen enthaltenen Informationen in gedrängter Form zum Ausdruck gebracht werden können. Um Einsicht in die Struktur der Daten zu gewinnen, werden die (beispielsweise in einer Spalte der Datenmatrix enthaltenen) Rohdaten daraufhin untersucht, wie viele Untersuchungseinheiten auf jede Variablenausprägung entfallen. Die aus dieser Operation resultierende Zusammenstellung der Ausprägungen mit den zugehörigen Häufigkeiten heißt Häufigkeitsverteilung.

Wenn wir z.B. zehn Kinder einer Schulklasse im Hinblick auf die nominale Variable "Geschlecht" betrachten, könnten wir zunächst folgende Auflistung der Variablenwerte bzw. Merkmalsausprägungen erhalten:

männlich, weiblich, männlich, männlich, weiblich,
männlich, männlich, weiblich, männlich, weiblich.

Wenn wir dieselben zehn Kinder im Hinblick auf die ordinale Variable "Deutschnote" betrachten, könnte folgende Auflistung vorgefunden werden:

befriedigend, ausreichend, befriedigend, ausreichend,
gut, sehr gut, befriedigend, gut, befriedigend, gut.

Im Hinblick auf die metrische Variable "Alter" wäre folgende Auflistung denkbar:

8, 8, 8, 7, 8, 9, 8, 8, 9, 8.

Diese drei durch einfache Auszählung erzielten Auflistungen (oder Urlisten) sind ungeordnet und deshalb schwer zu lesen. Die zentralen Aspekte einer Verteilung können besser erkannt werden, wenn wir die Daten ordnen. Wir erhalten dann folgende Listen (oder primäre Tafeln):

Geschlecht: männlich, männlich, männlich, männlich, männlich, männlich, weiblich, weiblich, weiblich, weiblich.

Deutschnote: sehr gut, gut, gut, gut, befriedigend, befriedigend, befriedigend, befriedigend, ausreichend, ausreichend.

Alter: 7, 8, 8, 8, 8, 8, 8, 8, 9, 9.

Eine noch effektivere Art der Präsentation der Beobachtungsdaten stellt die Häufigkeitsverteilung dar, in der die vorkommenden Variablenausprägungen und Häufigkeiten in tabellarischer Form registriert sind:

Geschlecht	Häufigkeit
männlich	6
weiblich	4
	10

Deutschnote	Häufigkeit
sehr gut	1
gut	3
befriedigend	4
ausreichend	2
	10

Alter	Häufigkeit
7	1
8	7
9	2
	10

Kommen mehr als etwa zehn Ausprägungen einer Variablen vor, verliert die Häufigkeitsverteilung leicht die angestrebte Übersichtlichkeit. Nehmen wir z.B. 100 Einwohner eines kleinen Dorfes, deren Alter (in vollendeten Lebensjahren) gegeben sei. In aller Regel kann man davon ausgehen, daß die Altersverteilung einer normalen Population von 0 bis 100 Jahre reicht. Wenn wir in einem solchen Fall benachbarte Ausprägungen zu Klassenintervallen zusammenfassen, erhalten wir eine übersichtliche Häufigkeitsverteilung wie etwa die folgende (Anmerkung: In der statistischen Literatur, insbesondere der angelsächsischen, wird häufig die Bezeichnung "Gruppe" für "Klasse" gebraucht. Man kann infolgedessen sowohl die Wendung "klassierte Daten" als auch die Wendung "gruppierte Daten" finden bzw. benutzen):

Alter	Häufigkeit
unter 10	25
10 bis 19	15
20 bis 29	12
30 bis 39	13
40 bis 49	10
50 bis 59	10
60 bis 69	7
70 bis 79	5
80 und mehr	3
	100

Diese Zusammenfassung oder Verdichtung der Daten ist allerdings mit einem gewissen Informationsverlust verbunden. So wissen wir aufgrund der so gebildeten Häufigkeitsverteilung lediglich, daß fünf Personen zwischen 70 und 79 (einschließlich) Jahre alt sind; wo die fünf Fälle in dem fraglichen Klassenintervall lokalisiert sind, ist nicht mehr auszumachen.

Der Hauptgrund, weshalb Variablenausprägungen zusammengefaßt werden, muß nicht immer die Absicht sein, ein klares Bild von der Häufigkeitsverteilung zu erhalten; die Zusammenfassung kann auch auf theoretische Überlegungen zurückgehen. So läßt sich beispielsweise ein einfacher "Index der persönlichen Isolation" konstruieren, indem man die Ausprägungen ledig, verwitwet, getrennt lebend und geschieden der Variablen "Familienstand" zu einer Kategorie "isoliert" zusammenfaßt und der Kategorie verheiratet oder "nicht isoliert" gegenüberstellt. Solche auf theoretischen Konzepten beruhende Kombinationen der Variablenausprägungen bzw. Kategorien sind völlig legitime Zusammenfassungen.

Die <u>graphische Darstellung</u> von Häufigkeitsverteilungen hat den Zweck, die Vorstellung von der Form der Verteilung zu erleichtern. Die gebräuchlichsten Darstellungsweisen für metrische Daten sind das <u>Histogramm</u> und der <u>Polygonzug</u>. Nehmen wir als Beispiel die Altersverteilung der zehn Schulkinder; Histogramm und Polygonzug vermitteln im Prinzip dieselbe Information wie die entsprechende Tabelle. Wie aus Abb. 3.1 hervorgeht, kann der Polygonzug aus dem Histogramm entwickelt werden.

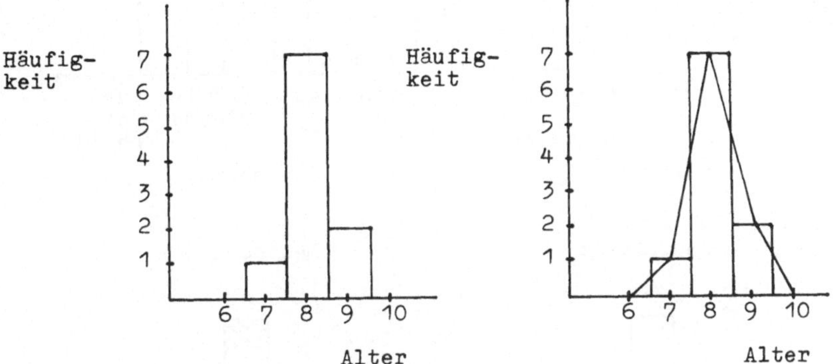

Abb. 3.1. Histogramm und Polygonzug

Die gebräuchlichste graphische Darstellungsform nicht-metrischer Daten ist das sogenannte <u>Streifendiagramm</u>. Bei nominalen und ordinalen Daten kommt es lediglich darauf an, die Häufigkeit jeder Kategorie proportional abzubilden; die Abstände zwischen den Säulen des Diagramms und die Lage der Häufigkeitsachse in der Darstellungsebene sind beliebig. Bei ordinalen Daten ist allerdings die Reihenfolge der Kategorien zu beachten, die bei nominalen Daten keine Rolle spielt. Die Beispiele der Abb. 3.2 deuten die Flexibilität an, mit der Streifendiagramme gehandhabt werden können. Bei der graphischen Darstellung von relativen Häufigkeiten ist die Basis der Prozentuierung (N = Anzahl der Untersuchungseinheiten bzw. Fälle) in Klammern zu setzen und in die Abbildung einzubringen. Da sich unsere einfachen Beispiele auf nur 10 Schüler beziehen, ist in Abb. 3.2 die ungewöhnlich geringe Anzahl von zehn Fällen als Prozentuierungsbasis ausgewiesen.

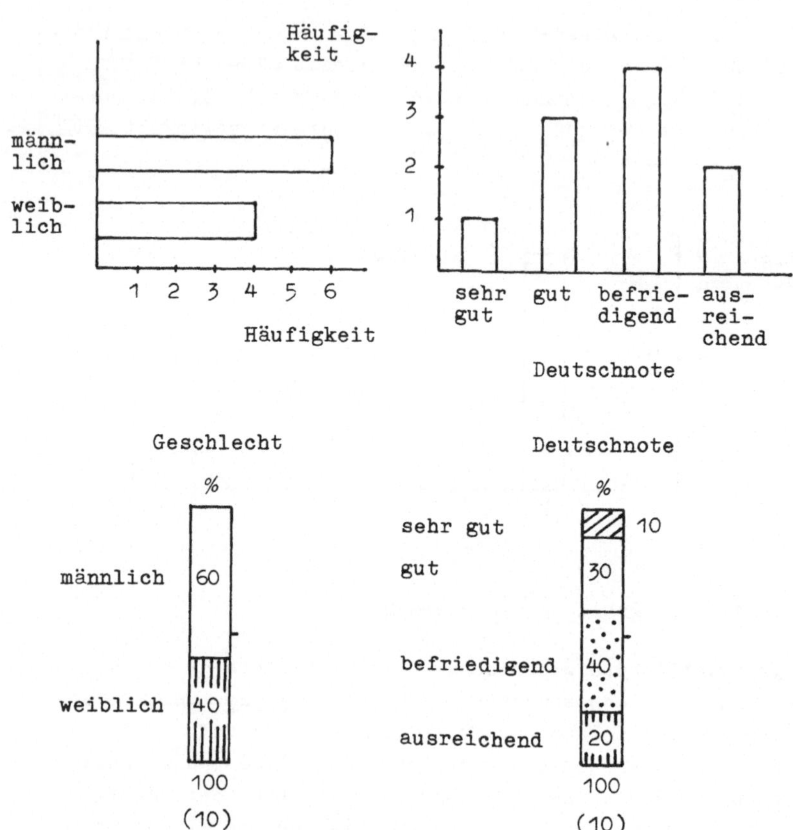

Abb. 3.2. Streifendiagramme

<u>Typische Verteilungsformen</u>. Bei stetigen (kontinuierlichen) Variablen mit sehr fein abgestuften Messungen und einer großen Anzahl von Beobachtungen nähert sich der Polygonzug einer Kurve, die theoretisch bei infinitesimal kleinen Meßintervallen und einer unbegrenzt großen Anzahl von Messungen erreicht werden kann. Obwohl es (der Grobheit der Meßinstrumente wegen) praktisch unmöglich ist, kontinuierliche Meßwerte zu erzielen, können bestimmte Variablen (wie Länge, Gewicht,

Alter) als kontinuierliche Variablen gedacht werden. In solchen Fällen kann man von Häufigkeitskurven sprechen. Nach der Form dieser Kurven lassen sich einige typische Verteilungsformen unterscheiden. Häufigkeitsverteilungen können z.B. nach der Anzahl der Häufigkeitsmaxima bzw. Gipfel, nach der Symmetrie bzw. Schiefe und nach der Steilheit bzw. Wölbung unterschieden werden. Abb. 3.3 veranschaulicht einige typische Verteilungsformen.

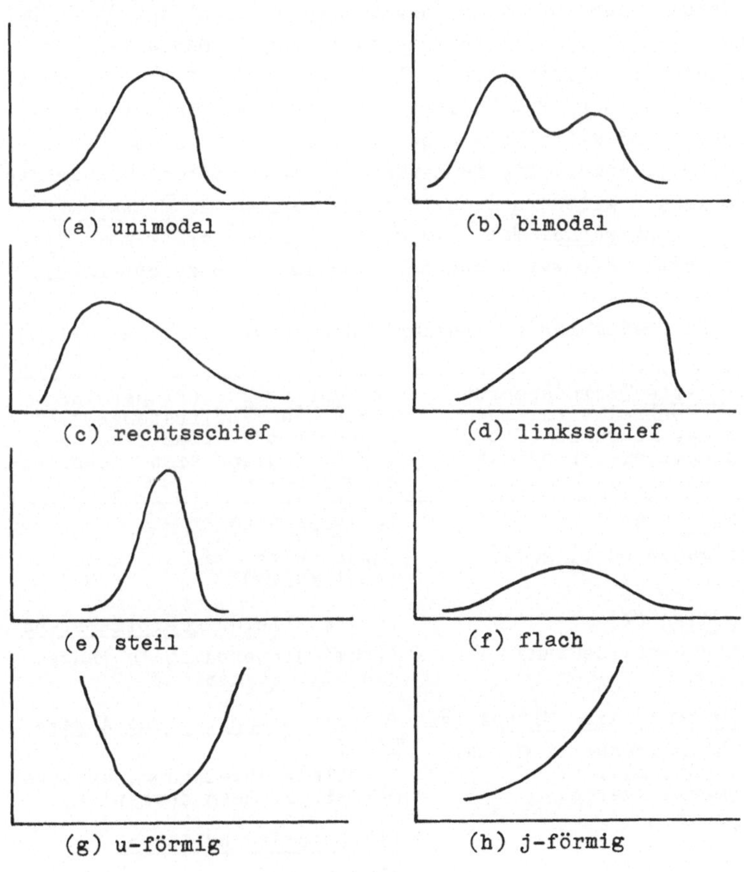

Abb. 3.3. Typische Verteilungsformen

3.3. Maßzahlen zur Beschreibung univariater Verteilungen

Das Bestreben der deskriptiven Statistik, Beobachtungsdaten knapp zu charakterisieren, hat zur Entwicklung einer ganzen Reihe von Maßzahlen geführt, die die Daten zu repräsentieren vermögen und zur Beschreibung ihrer Verteilung verwendet werden können. Diese Kennwerte können freilich den Einblick in die Häufigkeitsverteilung niemals völlig ersetzen, denn mit der Verdichtung der Daten (engl.: reduction of data) von Datenmatrizen über Häufigkeitsverteilungen zu Maßzahlen ist notwendig ein Informationsverlust verbunden. Dieser Nachteil wird jedoch in Kauf genommen, weil Maßzahlen leichter vergleichbar und mitteilbar sind als Datenmatrizen und Häufigkeitsverteilungen. Die Maßzahlen zur Beschreibung univariater Verteilungen gliedern sich in zwei Gruppen: in Mittelwerte und Streuungswerte. Tab. 3.1 gibt einen Überblick über die bekanntesten Kennwerte und ihre englischen Bezeichnungen.

Tab. 3.1. Maßzahlen zur Beschreibung univariater Verteilungen

Mittelwerte (Durchschnittswerte, Zentralwerte; means, averages, measures of central tendency, representative values)	Streuungswerte (Dispersionswerte, Variabilitätsmaße; measures of variability, measures of dispersion, measures of variation)
Der Modus (h) (häufigster Wert; mode)	Der 'Range' (R) (Spannweite, Variationsweite; total range)
Der Median ($\tilde{x}$) (Zentralwert; median)	Der (mittlere) Quartilabstand ((semi-)interquartile range, quartile deviation)
Das arithmetische Mittel ($\bar{x}$) (Durchschnittswert, Mittelwert; arithmetic mean, arithmetic average)	Die durchschnittliche Abweichung (AD) (mittlere Abweichung; average deviation, mean deviation)
	Die Standardabweichung (s) und Varianz (s^2) (standard deviation, variance)

Die Mittelwerte werden im Englischen sehr treffend als "measures of central tendency" oder "representative values" bezeichnet. Sie können insofern repräsentative Werte genannt werden, als sie den typischen, den zentralen oder durchschnittlichen Wert einer Verteilung beschreiben. Die Streuungswerte charakterisieren die Variabilität oder Heterogenität der Beobachtungen. Sie geben an, wie sehr die Werte einer Verteilung streuen bzw. wie ungleich sie dem "typischen" Wert sind.

3.3.1. Mittelwerte

Nehmen wir an, wir hätten eine gegebene Verteilung von Beobachtungswerten und wären aufgefordert, einen einzigen Wert zu nennen, der die gesamte Verteilung am besten repräsentiert. Unsere Aufgabe bestünde folglich darin, einen Wert zu suchen, der eine "gute Schätzung" für einen zufällig ausgewählten Fall dieser Verteilung ist. Dieser Wert müßte nicht für jeden gegebenen Fall genau zutreffen, sondern lediglich eine gute Schätzung sein. Es gibt drei verschiedene Möglichkeiten der Spezifizierung dessen, was als gute Schätzung bezeichnet werden kann (siehe Hays, 1963, S.158). Diese drei Alternativen sind auf die Indentifizierung (1) der häufigst vorkommenden Variablenausprägung bzw. Kategorie, (2) des Punktes, der exakt zwischen der unteren und oberen Hälfte der Verteilung liegt, und (3) des Durchschnittswertes der Verteilung gerichtet. Diesen alternativen Definitionen der zentralen Tendenz entsprechen drei verschiedene Kennwerte: der Modus, der Median und das arithmetische Mittel einer Verteilung.

3.3.1.1. Der Modus

Die einfachste Maßzahl der zentralen Tendenz ist der Modus (h), definiert als der am häufigsten vorkommende Wert einer Verteilung. Der Modus, auch Modalwert oder dichtester Wert genannt, ist sehr leicht zu identifizieren. Nehmen wir als Beispiel die folgenden zehn Werte:

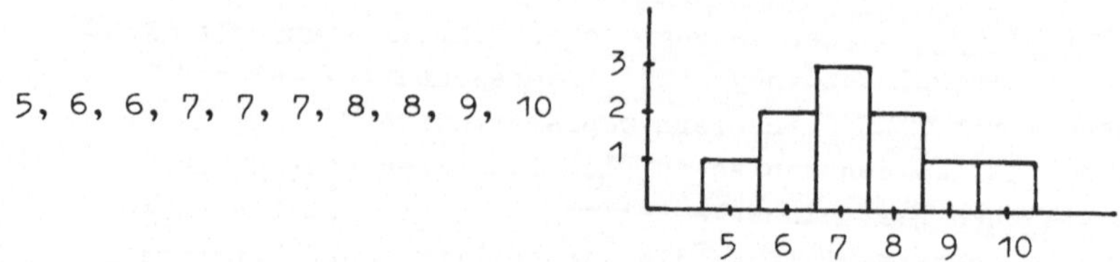

Hier ist h = 7, weil der Wert 7 häufiger vorkommt als jeder andere, nämlich dreimal. Treten nebeneinander liegende Werte gleich häufig auf, und ist ihre Häufigkeit größer als die der anderen Werte, so ist das arithmetische Mittel der häufigsten Werte als Modus definiert. Beispiel:

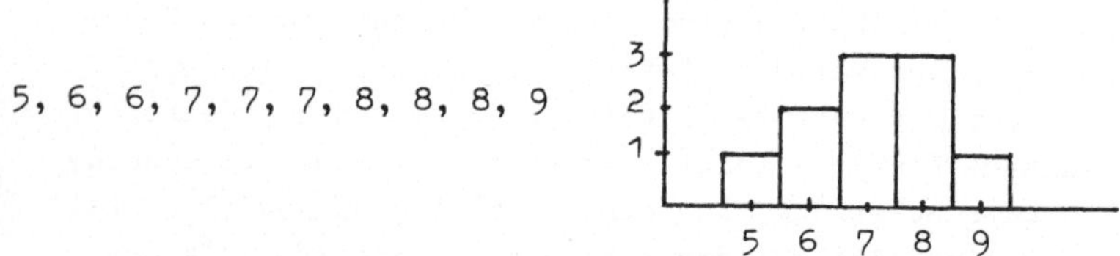

Hier kommen die Werte 7 und 8 je dreimal vor; folglich ist h = 7,5. Bei gruppierten (klassierten) Werten wird die Mitte derjenigen Klasse als Modalwert betrachtet, die die größte Häufigkeit hat. Die nützlichste Eigenschaft dieses Kennwertes ist, daß er zur Charakterisierung bi- oder multimodaler Verteilungen herangezogen werden kann. Beispielsweise hat die folgende Verteilung zwei relative Häufigkeitsmaxima:

4, 5, 5, 6, 6, 6, 6,
7, 7, 8, 9, 9, 9, 9,
9, 10, 11

Da die Werte 6 und 9 nicht benachbart sind, bilden sie selbständige Modalwerte. Als solche können sie zur Charakterisierung einer besonderen Eigenschaft der vorliegenden Verteilung, nämlich deren Bimodalität, verwendet werden.

Während die übrigen Mittelwerte ein höheres Meßniveau der Daten voraussetzen, kann der Modus auch für nominalskalierte Daten ermittelt werden. Bei einer qualitativen Klassifikation ist die am stärksten besetzte Kategorie als Modus definiert. Beispielsweise ist bei der in Abb. 3.2 dargestellten nominalen Variablen "Geschlecht" die Kategorie "männlich" Modalkategorie, weil sie die stärkste Besetzung aufweist.

3.3.1.2. Der Median

Wie der Name dieses Kennwertes andeutet, ist der Median (lies das Symbol $\tilde{x}$ "x-Schlange") jener Wert, der eine nach ihrer Größe geordnete Reihe von Meßwerten halbiert; die der Berechnung des Medians zugrundeliegenden Daten müssen also mindestens das Niveau einer Ordinalskala haben.

Die operationale Definition des Medians hängt davon ab, ob die Anzahl der Fälle (N) ungerade oder gerade ist. Liegt eine <u>ungerade</u> Anzahl von Fällen vor, so ist der Median der Wert des mittleren Falles (tatsächlich auftretender Wert); das ist der Wert des (N + 1)/2-ten Falles. Beispiel:

3, 4, 4, 5, 6, [7,] 8, 8, 8, 9, 10

Hier ist $\tilde{x} = 7$, denn es liegen ebenso viele Fälle unterhalb wie oberhalb des sechsten Falles. Man beachte, daß der Median nicht (N + 1)/2 = (11 + 1)/2 = 6 ist, sondern der Wert des sechsten Falles, also 7.

Bei einer <u>geraden</u> Anzahl von Fällen ist der Median als der halbierte Wert der mittleren beiden Fälle definiert (fiktiver Wert), d.h. als der halbierte Wert des N/2-ten und (N/2 + 1)-ten Falles. Beispiel:

3, 4, 4, 5, [6, 7,] 7, 8, 8, 9

Hier ist der Median der halbierte Wert des 10/2-ten und des (10/2 + 1)-ten Falles; das ist der halbierte Wert des fünften und sechsten Falles, also $\tilde{x} = (6 + 7)/2 = 6{,}5$.

Dem ersten Schritt zur Ermittlung des Medians nicht gruppierter Daten, nämlich der Ordnung der Werte vom niedrigsten bis zum höchsten Wert, entspricht der erste Schritt zur Berechnung des Medians <u>gruppierter</u> Daten, nämlich die sogenannte <u>Kumulierung</u> der Häufigkeiten. Die Häufigkeiten werden konventionell mit dem Buchstaben f bezeichnet; das Symbol f_i bezeichnet die Häufigkeit der i-ten Kategorie (bzw. des i-ten Klassenintervalls). Das folgende Beispiel illustriert, wie die Häufigkeiten 6, 8, 5 und 7 der rangmäßig geordneten Kategorien A, B, C und D - mit der Häufigkeit der niedrigsten Kategorie beginnend - in aufsteigender Reihenfolge kumuliert werden.

Kategorie	Häufigkeit f_i	kumulierte Häufigkeit f_{c_i}
A	6	6
B	8	6 + 8
C	5	6 + 8 + 5
D	7	6 + 8 + 5 + 7
.	.	.
.	.	.
.	.	.

Die Berechnung des Medians einer gruppierten Verteilung sei an den Daten der Tab. 3.2 erläutert, deren letzte Spalte die kumulierten (oder kumulativen) Häufigkeiten enthält. Dabei wird zunächst das Klassenintervall identifiziert, in das der

Tab. 3.2. Die Berechnung des Medians (gruppierte Daten)

Klassen-intervall	Häufigkeit f_i	kumulierte Häufigkeit f_{c_i}	
6 - 8	5	5	
9 - 11	10	15	
12 - 14	14	29	
15 - 17	13	42	
18 - 20	11	53	Eingriffs-spielraum
21 - 23	16	69	
24 - 26	19	88	
27 - 29	12	100	

N = 100

Median fällt, und dann durch Interpolation der Wert des Medians bestimmt (siehe die nachfolgende Formel). Für Tab. 3.2 mit N = 100 ist N/2 = 50; der Median liegt folglich im fünften Klassenintervall, dessen exakte Grenzen 17,5 und 20,5 sind. Dieser Bereich wird "Medianintervall" oder "Eingriffsspielraum" genannt; er umfaßt in unserem Beispiel den 43. bis 53. Fall. Die Berechnung des Medians durch Interpolation verlangt die Einführung der Annahme, daß die (11) Fälle des Eingriffsspielraums gleichmäßig über das gesamte Intervall verteilt sind. Unter dieser Annahme lautet die exakte Bestimmung des Medians wie folgt:

$$\text{Median} = \begin{matrix}\text{untere Grenze}\\ \text{des Eingriffs-}\\ \text{spielraums}\end{matrix} + \left[\frac{\frac{N}{2} - \begin{matrix}\text{kumulierte Häufig-}\\ \text{keit unterhalb des}\\ \text{Eingriffsspielraums}\end{matrix}}{\begin{matrix}\text{Häufigkeit im Ein-}\\ \text{griffsspielraum}\end{matrix}}\right] \begin{matrix}\text{Breite}\\ \text{des}\\ \text{Klassen-}\\ \text{intervalls}\end{matrix}$$

$$\tilde{x} = 17{,}5 + \left[\frac{50 - 42}{11}\right] 3 = 17{,}5 + 2{,}2 = 19{,}7$$

Die Beschreibung einer Verteilung mit Hilfe des Medians ist nur eine von mehreren Möglichkeiten, die Lage einer Verteilung durch die Bildung von Schnittpunkten zu kennzeichnen. Ebensogut können sogenannte Quartile oder Perzentile zur Charakterisierung von Verteilungen benutzt werden. Quartile zerlegen eine Verteilung in vier, Perzentile in 100 gleich große Abschnitte. Statt den Median zu ermitteln, jenen Wert also, unterhalb und oberhalb dessen gleich viele Fälle liegen ($\tilde{x} = Q_2 = P_{50}$), können wir z.B. den Wert des ersten Quartils ($Q_1 = P_{25}$) berechnen, jenen Wert, unterhalb dessen ein Viertel der Fälle liegt, oder aber den Wert des dritten Quartils ($Q_3 = P_{75}$), oberhalb dessen ein Viertel der Fälle liegt. Die Berechnung der Quartile und Perzentile erfolgt analog der Berechnung des Medians. (Zur Bestimmung der Quartile siehe Abschnitt 3.3.2.2.)

Der Median kann zur Beschreibung der Verteilung ordinaler wie metrischer Daten benutzt werden. Bei <u>ordinalen</u> Daten ist es jedoch - strenggenommen - nicht möglich, die oben durchgeführten arithmetischen Operationen durchzuführen, d.h. es ist weder legitim, bei einer geraden Anzahl von Fällen die Werte der mittleren beiden Fälle zu halbieren, noch ist es legitim, bei gruppierten Daten die Rechenformel zur exakten Bestimmung des Medians zu gebrauchen. Dennoch werden diese nur bei metrischen Daten sinnvollen arithmetischen Operationen häufig auch auf ordinale Daten angewendet. Der Purist wird bei einer geraden Anzahl von Fällen seine Feststellung auf die Aussage beschränken, daß der Median zwischen den beiden (mittleren) Fällen liegt, die die und die Werte haben (es sei denn, die beiden mittleren Fälle haben denselben Wert; dann hat auch der Median diesen Wert). Bei gruppierten Daten wird er die Suche nach dem Median auf die Identifizierung der Klasse (Kategorie) beschränken, in die der Median fällt.

Bei nominalen Daten ist die Ermittlung des Medians nicht möglich, weil keine Rangfolge der Kategorien gegeben ist.

3.3.1.3. Das arithmetische Mittel

Der bekannteste Kennwert der zentralen Tendenz einer Verteilung ist das arithmetische Mittel (lies das Symbol $\bar{x}$ "x-quer"), dessen Berechnung metrische Daten voraussetzt. Das arithmetische Mittel ist definiert als die Summe der Meßwerte, geteilt durch ihre Anzahl:

$$\bar{x} = \frac{x_1 + x_2 + \ldots + x_i + \ldots + x_N}{N} = \frac{\sum_{i=1}^{N} x_i}{N}$$

Kommen Meßwerte mehr als einmal vor, so können sie mit der Häufigkeit multipliziert werden, in der sie auftreten:

$$\bar{x} = \frac{f_1x_1 + f_2x_2 + \ldots + f_ix_i + \ldots + f_kx_k}{N} = \frac{\sum_{i=1}^{k} f_ix_i}{N}$$

wobei $\sum_{i=1}^{k} f_i = N$

Das arithmetische Mittel kann auf verschiedene Weise berechnet werden. Ist die Anzahl der Meßwerte klein, empfiehlt sich das sogenannte <u>direkte Verfahren</u>; ist die Anzahl der Meßwerte groß, bietet sich das <u>Verfahren des angenommenen Mittelwertes</u> an. Die folgenden Beispiele illustrieren die Anwendung beider Rechenverfahren auf nicht gruppierte und gruppierte Daten.

Nehmen wir an, es lägen uns metrische Daten von 50 Versuchspersonen vor (siehe die Tabellen 3.3 und 3.4). Bei der Anwendung des direkten Verfahrens auf die Daten der Tab. 3.3 bilden wir für jeden Meßwert das Produkt f_ix_i, summieren diese Produkte und teilen die Summe der Produkte durch N. Das ergibt für Tab. 3.3 einen Zahlenwert von $\bar{x}$ = 358/50 = 7,16.

Bei der Anwendung des Verfahrens des angenommenen Mittelwertes wird zunächst ein beliebiger Meßwert als angenommener Mittelwert (x_o) bezeichnet. Man wählt im allgemeinen - aber

Tab. 3.3. Die Berechnung des arithmetischen Mittels (nicht gruppierte Daten)

Meßwert x_i	Häufigkeit f_i	Direktes Verfahren $f_i x_i$	Verfahren des angenommenen Mittelwertes $x'_i = x_i - x_o$	$f_i x'_i$
0	1	0	-7	- 7
1	2	2	-6	-12
2	1	2	-5	- 5
3	3	9	-4	-12
4	3	12	-3	- 9
5	4	20	-2	- 8
6	5	30	-1	- 5
7 = x_o	7	49	0	0
8	6	48	1	6
9	6	54	2	12
10	5	50	3	15
11	4	44	4	16
12	2	24	5	10
14	1	14	7	7
Summe	50	358		+ 8

$$\bar{x} = \frac{\sum_{i=1}^{k} f_i x_i}{N} = \frac{358}{50} = 7{,}16$$

$$\bar{x} = x_o + \left[\frac{\sum_{i=1}^{k} f_i x'_i}{N}\right] = 7 + \frac{8}{50} = 7{,}16$$

nicht notwendigerweise - den am häufigsten vorkommenden Wert als angenommenen Mittelwert. Alsdann wird die Differenz eines jeden Meßwertes vom angenommenen Mittelwert bestimmt ($x'_i = x_i - x_o$), diese Differenz mit der Häufigkeit f_i multipliziert ($f_i x'_i$), die Summe der Produkte gebildet und die Summe der Produkte durch N geteilt (siehe Tab. 3.3). Das arithmetische Mittel wird berechnet, indem der angenommene Mittelwert (x_o)

nach der Formel $\bar{x} = x_o + \left[\frac{\sum_{i=1}^{k} f_i x'_i}{N} \right]$ korrigiert wird. Das ergibt für unser Rechenbeispiel einen identischen Zahlenwert von $\bar{x} = 7{,}16$. Die Berechnung des arithmetischen Mittels aus gruppierten Daten erfordert nur geringfügige Modifikationen.

Tab. 3.4. Die Berechnung des arithmetischen Mittels (gruppierte Daten)

Klassen-intervall	Klassenmitte x_i	Häufigkeit f_i	Direktes Verfahren $f_i x_i$	Verfahren des angenommenen Mittelwertes $x'_i = \frac{x_i - x_o}{h}$	$f_i x'_i$
0 - 2	1	4	4	-2	- 8
3 - 5	4	10	40	-1	-10
6 - 8	7 = x_o	18	126	0	0
9 - 11	10	15	150	1	15
12 - 14	13	3	39	2	6
Summe		50	359		+ 3

$$\bar{x} = \frac{\sum_{i=1}^{k} f_i x_i}{N} = \frac{359}{50} = 7{,}18$$

$$\bar{x} = x_o + \left[\frac{\sum_{i=1}^{k} f_i x'_i}{N} \right] h$$

$$= 7 + \left[\frac{3}{50} \right] 3$$

$$= 7 + 0{,}18 = 7{,}18$$

In Tab. 3.4 sind die Daten der Tab. 3.3 zu Klassenintervallen von je drei Einheiten zusammengefaßt. Bei gruppierten Daten werden die Klassenmitten als Meßwerte betrachtet, d.h. es wird die vereinfachende Annahme eingeführt, daß sich die Meßwerte der jeweiligen Klassenintervalle in der Mitte des Intervalls konzentrieren. Bei der Anwendung des direkten Verfahrens auf die gruppierten Daten der Tab. 3.4 erhalten wir einen Zahlenwert von $\bar{x} = 359/50 = 7,18$. Dieser Wert unterscheidet sich nur geringfügig von dem aus den nicht gruppierten Daten errechneten Wert. Der auf die Klassenbildung zurückzuführende Informationsverlust ist in diesem Fall so gering, daß man ihn als bedeutungslos bezeichnen kann.

Bei der Anwendung des alternativen Verfahrens auf die Daten der Tab. 3.4 wird nach Festlegung des angenommenen Mittelwertes die Differenz zwischen jedem Meßwert und dem angenommenen Mittelwert bestimmt und durch die Klassenbreite h geteilt:

$$x'_i = \frac{x_i - x_o}{h}$$

So erhalten wir beispielsweise für die erste Zeile der Tab. 3.4 einen Wert von

$$x'_1 = \frac{1 - 7}{3} = -2$$

und für den Ausdruck $\sum_{i=1}^{k} f_i x'_i$ einen Wert von +3. Die Berechnung des arithmetischen Mittels erfolgt schließlich durch die Korrektur des angenommenen Mittelwertes nach der Formel

$$\bar{x} = x_o + \left[\frac{\sum_{i=1}^{k} f_i x'_i}{N} \right] h$$

wobei das Symbol h die Breite des Klassenintervalls bezeichnet. Das Ergebnis dieser Rechnung ist mit dem ersten identisch (siehe Tab. 3.4).

Das arithmetische Mittel hat drei wichtige Eigenschaften, die hier unter Verzicht auf Beweise und Illustrationen angeführt werden sollen (siehe z.B. Guilford, 1965, S.57-60):

1. Die Addition einer bestimmten Zahl zu allen Einzelwerten einer Verteilung vergrößert das arithmetische Mittel um diese Zahl. Das Gleiche gilt für die Subtraktion. Das oben beschriebene Verfahren des angenommenen Mittelwertes basiert auf dieser Eigenschaft des arithmetischen Mittels.

2. Die Summe der Abweichungen aller Meßwerte von ihrem arithmetischen Mittel ist gleich Null:

$$\sum_{i=1}^{N}(x_i - \bar{x}) = 0$$

Diese Eigenschaft ist für die Konstruktion mittelwertbezogener Streuungsmaße von Bedeutung (siehe S.55-58).

3. Die Summe der quadrierten Abweichungen aller Meßwerte von ihrem arithmetischen Mittel (die sogenannte Variation) ist ein Minimum, d.h. kleiner als die Summe der quadrierten Abweichungen aller Meßwerte von einem beliebigen anderen Wert:

$$\sum_{i=1}^{N}(x_i - \bar{x})^2 = \min$$

Diese Eigenschaft ist die Grundlage der in Abschnitt 7.2 dargestellten Methode der kleinsten Quadrate.

<u>Zusammenfassung</u>. Da wir gelegentlich die Möglichkeit haben, zwischen alternativen Maßzahlen der zentralen Tendenz einer Verteilung zu wählen, stellt sich die Frage, welcher Mittelwert für konkrete Verteilungen auszuwählen ist. Zunächst ist festzustellen, daß es keinen Mittelwert gibt, der den anderen in jeder Hinsicht überlegen wäre oder universell verwendet werden könnte. In den meisten Fällen wird die Wahlmöglichkeit bereits durch das Meßniveau der Daten eingeschränkt. Des weiteren ist zu bedenken, daß Mittelwerte repräsentative Werte sind, die bestimmte Charakteristika einer Verteilung in einer einzigen Zahl zum Ausdruck bringen. Dabei gehen notwendig Informationen über die Verteilung verloren.

Der Modus ist der häufigste Wert einer Verteilung, d.h. der Punkt ihrer größten Dichte. Modalwerte sind besonders gut geeignet, mehrgipflige (bimodale und multimodale) Verteilungen, d.h. Verteilungen mit mehreren Bereichen großer Dichte zu beschreiben. Der Modus ist der einzige Mittelwert, der auch auf nominale Daten anwendbar ist.

Der Median ist jener Wert, der eine Verteilung rangmäßig geordneter Daten halbiert, so daß je eine Hälfte der Beobachtungsfälle unterhalb und oberhalb dieses Wertes liegt. Er kann auch für unvollständige Verteilungen (mit offenen Enden) berechnet werden. Der Median ist besonders nützlich, wenn stark asymmetrische (schiefe) Verteilungen bzw. Verteilungen mit einigen sehr extremen Werten beschrieben werden soll. Er ist nicht auf nominale Daten anwendbar.

Das arithmetische Mittel ist eine Funktion aller Meßwerte der Verteilung. Die Summen der Abweichungen beiderseits des arithmetischen Mittels sind bis auf das Vorzeichen gleich, weshalb die algebraische Summe der Abweichungen gleich Null ist. Seine Berechnung empfiehlt sich, wenn der "Schwerpunkt" einer Verteilung identifiziert werden soll. Im übrigen ist das arithmetische Mittel zur Charakterisierung relativ symmetrischer unimodaler Verteilungen geeignet. Es sollte nicht berechnet werden, wenn die Verteilung mehrgipflig oder ausgeprägt a-symmetrisch ist. Weist die Verteilung offene Enden auf, ist die Berechnung des arithmetischen Mittels ausgeschlossen. Es ist nur auf metrische Daten anwendbar.

Ist eine Verteilung unimodal und symmetrisch, fallen Modus, Median und arithmetisches Mittel zusammen. Bei unimodalen rechtsschiefen Verteilungen ist die Reihenfolge der Mittelwerte $h < \tilde{x} < \bar{x}$, bei unimodalen linksschiefen Verteilungen umgekehrt (siehe Abb. 3.4).

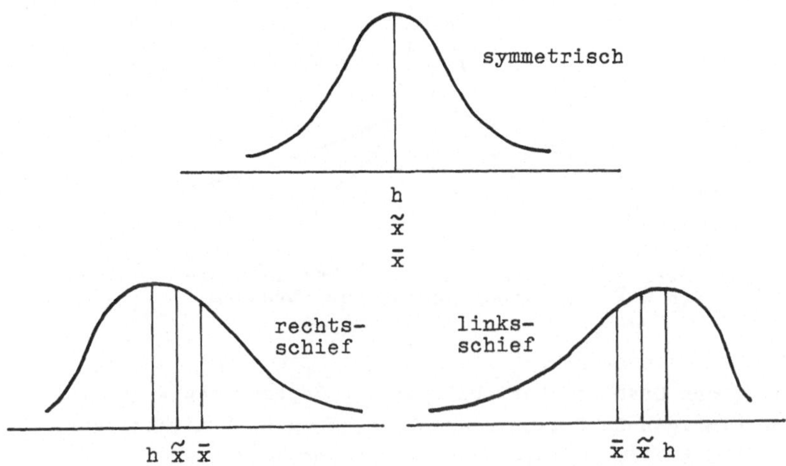

Abb. 3.4. Die Lage der Mittelwerte in verschiedenen Verteilungen

3.3.2. Streuungswerte

Mittelwerte informieren über einen wichtigen Aspekt von Verteilungen, nämlich deren zentrale Tendenz; sie geben keinen Aufschluß über den Grad der Homogenität bzw. Heterogenität der Beobachtungswerte. Wenn wir Verteilungen unter diesem Gesichtspunkt betrachten, sind wir mit dem Konzept der Streuung (Dispersion, Variabilität) befaßt. Wie Abb. 3.5 demonstriert, können Verteilungen mit gleicher zentraler Tendenz durch eine ungleiche Streuung gekennzeichnet sein. Die in Abb. 3.5 veranschaulichte unterschiedliche Streuung der Meßwerte von Verteilungen kann mit verschiedenen Maßzahlen beschrieben werden. Wie zur Charakterisierung der zentralen Tendenz von Verteilungen, so stehen uns etliche Maßzahlen zur Kennzeichnung der Streuung zur Verfügung, deren Aufgabe

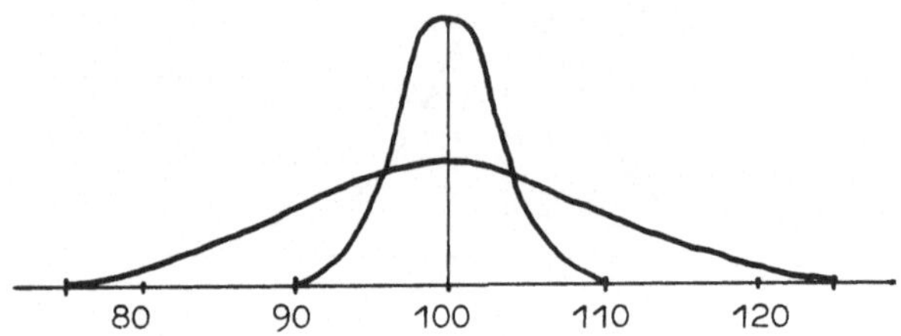

Abb. 3.5. Zwei Verteilungen mit gleicher zentraler Tendenz ($h = \tilde{x} = \bar{x}$), aber ungleicher Streuung

es ist, den Grad der Variabilität der Beobachtungswerte in einer einzigen Zahl zum Ausdruck zu bringen. Einige dieser Maßzahlen sollen im folgenden besprochen werden.

3.3.2.1. Der Range

Das einfachste Streuungsmaß ist der Range (R), ein Kennwert, der im Englischen auch "total range" genannt wird (die deutschen Bezeichnungen "Spannweite" und "Variationsweite" werden nur selten verwendet). Der Range ist definiert als die Differenz zwischen dem größten und kleinsten Meßwert einer Verteilung:

$$R = x_{max} - x_{min}$$

Beispielsweise erhalten wir für die Verteilungen der Abb. 3.5 zwei Werte, die den beträchtlichen Unterschied der Streuung anzeigen, nämlich R = 125 - 75 = 50 und R = 110 - 90 = 20. Oder nehmen wir die folgenden Werte: 6, 8, 9, 9, 10, 11, 12, 14, 14, 15. Hier ist R = 15 - 6 = 9. Bei gruppierten Daten wird die Differenz zwischen den Mittelpunkten der extremen Klassenintervalle gebildet. Beispiel: Bei $x_{max} = 20{,}5$ und $x_{min} = 12{,}5$ ist R = 20,5 - 12,5 = 8.

Der Vorteil dieses Streuungsmaßes, seine Einfachheit, ist zugleich sein gewichtigster Nachteil. Da es auf den beiden Extremwerten der Verteilung basiert, wissen wir nichts über die Streuung der übrigen Werte, außer der Tatsache, daß sie irgendwo zwischen diesen Extremwerten liegen.

Die Verwendung des Ranges zur Beschreibung der Streuung einer Verteilung setzt prinzipiell metrische Daten voraus. Dies wird gelegentlich übersehen, wenn der Range auch für ordinale Daten berechnet wird, bei denen die Äquidistanz der Intervalle nicht gewährleistet ist.

3.3.2.2. Der (mittlere) Quartilabstand

Es gibt zwei weitere einfache Streuungsmaße, die erheblich stabiler sind als der Range, weil sie nicht von den Extremwerten der Verteilung beeinflußt werden. Das erste Maß ist der Quartilabstand (engl.: interquartile range), definiert als

$$\text{Quartilabstand} = Q_3 - Q_1$$

das zweite Maß ist der mittlere Quartilabstand (engl.: semiinterquartile range, quartile deviation), definiert als

$$\text{mittlerer Quartilabstand} = \frac{Q_3 - Q_1}{2}$$

wobei Q_3 das dritte und Q_1 das erste Quartil der Verteilung bezeichnet. Dabei sind Q_3 und Q_1 Schnittpunkte zwischen den Vierteln der Verteilung; sie trennen die oberen bzw. unteren 25 Prozent der Fälle einer Verteilung von den mittleren 50 Prozent (siehe Abb. 3.6).

Normalerweise werden diese Streuungmaße - wenn überhaupt - für gruppierte Daten berechnet. Greifen wir zur Illustration ihrer Berechnung auf die Daten der Tab. 3.2 zurück. In Analogie zum Verfahren der Bestimmung des Medians (bzw. des zwei-

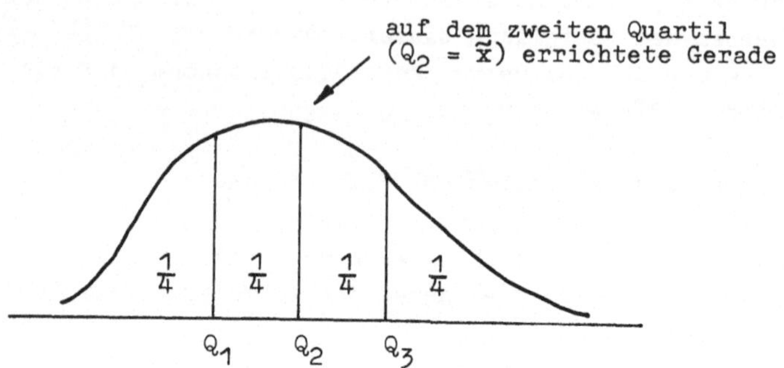

Abb. 3.6. Illustration der Quartile in einer etwas rechtsschiefen Verteilung

ten Quartils) ist zunächst festzustellen, in welches Klassenintervall das erste Quartil und in welches Klassenintervall das dritte Quartil fällt. Ferner sind die unteren Grenzen und die Häufigkeiten der Eingriffsspielräume für Q_1 und Q_3, die

Tab. 3.5. Die Berechnung der Quartile Q_1 und Q_3

Klassenintervall	Häufigkeit f_i	kumulierte Häufigkeit f_{c_i}	
6 - 8	5	5	
9 - 11	10	15	
12 - 14	14	29	Eingriffsspielraum Q_1
15 - 17	13	42	
18 - 20	11	53	
21 - 23	16	69	
24 - 26	19	88	Eingriffsspielraum Q_3
27 - 29	12	100	

N = 100

jeweiligen kumulierten Häufigkeiten sowie die Breiten der Klassenintervalle zu identifizieren. Durch Anwendung der modifizierten Formel zur Berechnung des Medians erhalten wir dann für die Daten der Tab. 3.5 folgende Zahlenwerte für Q_1 und Q_3:

$$Q_1 = 11{,}5 + \left[\frac{\frac{1}{4}100 - 15}{14}\right]3 = 11{,}5 + 2{,}1 = 13{,}6$$

$$Q_3 = 23{,}5 + \left[\frac{\frac{3}{4}100 - 69}{19}\right]3 = 23{,}5 + 0{,}9 = 24{,}4$$

Setzen wir die errechneten Werte von Q_1 und Q_3 in die obigen Definitionsformeln ein, so erhalten wir:

$$\text{Quartilabstand} = Q_3 - Q_1 = 24{,}4 - 13{,}6 = 10{,}8$$

$$\text{mittlerer Quartilabstand} = \frac{Q_3 - Q_1}{2} = \frac{10{,}8}{2} = 5{,}4$$

Der Leser wird sich vielleicht fragen, warum bei dem zweiten Maß ($Q_3 - Q_1$) durch 2 geteilt wird. Die Antwort ist: aus purer Konvention. Warum die Differenz zwischen Q_3 und Q_1 ermittelt wird, ist einleuchtend: man will die Streuung mit einer einzigen Zahl ausdrücken. Ebenso sinnfällig wäre allerdings die Aussage, daß die mittleren 50 Prozent der Fälle zwischen dem und dem Wert liegen, in unserem Beispiel zwischen $Q_1 = 13{,}6$ und $Q_3 = 24{,}4$. Bei großer Variabilität sind diese Werte sehr verschieden, bei geringer Variabilität sehr ähnlich.

Da die Quartile (wie der Median) nicht von den Extremwerten beeinflußt werden, liegt es nahe, sie in Kombination mit dem Median zu verwenden. Man kann nämlich auf die Symmetrie bzw. Schiefe der Verteilung schließen, wenn man die Differenz zwischen Q_1 und $\tilde{x}$ mit der Differenz zwischen Q_3 und $\tilde{x}$ vergleicht. Ist die Verteilung symmetrisch, so haben Q_1 und Q_3 den glei-

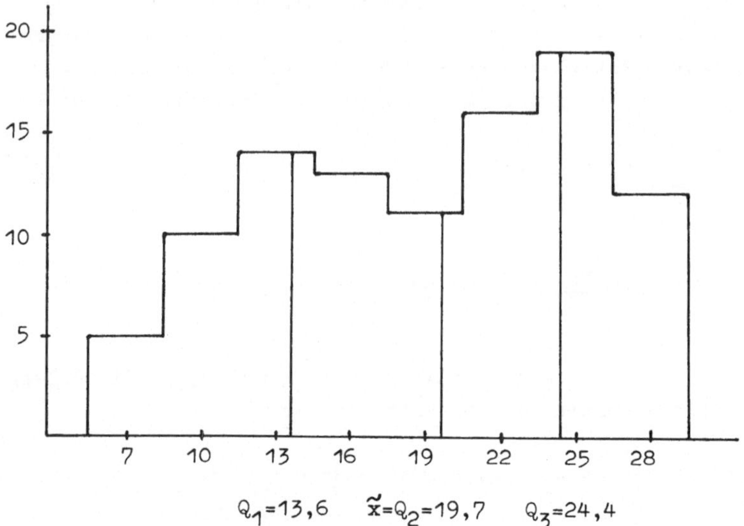

Abb. 3.7. Histogramm zu den Tabellen 3.2 und 3.5

chen Abstand vom Median; ist die Verteilung schief, so sind diese Abstände ungleich. In unserem Beispiel ist die Differenz $\tilde{x} - Q_1 = 19{,}7 - 13{,}6 = 6{,}1$ größer als die Differenz $Q_3 - \tilde{x} = 24{,}4 - 19{,}7 = 4{,}7$; es liegt demnach eine linksschiefe Verteilung vor (siehe auch Abb. 3.7).

Die oben durchgeführten arithmetischen Operationen zur Bestimmung des (mittleren) Quartilabstandes verlangen prinzipiell metrische Daten. Das gilt auch für die nachfolgend dargestellten mittelwertbezogenen Streuungsmaße. Dennoch werden Quartilabstand und mittlerer Quartilabstand mitunter auch für ordinale Daten berechnet. - Die auf den Mittelwert $\bar{x}$ bezogenen Streuungsmaße (die durchschnittliche Abweichung AD, die Standardabweichung s und die Varianz s^2) berücksichtigen alle Meßwerte einer Verteilung, indem sie die Abweichungen der Meßwerte von ihrem arithmetischen Mittel in die Rechnung einbeziehen. Nun ist aber, wie erwähnt, die Summe der Differenzen zwischen den Meßwerten und ihrem arithmetischen Mittel gleich Null:

$$\sum_{i=1}^{N} (x_i - \bar{x}) = 0$$

Es ist unmittelbar einsichtig, daß diese Quantität schwerlich zur Berechnung eines Streuungswertes verwendet werden kann. Das wird erst möglich, wenn die Vorzeichen ignoriert und die absoluten Differenzen berechnet werden (wie bei der durchschnittlichen Abweichung), oder wenn die Differenzen quadriert werden (wie bei der Standardabweichung und der Varianz).

3.3.2.3. Die durchschnittliche Abweichung

Dieses Streuungsmaß ist definiert als das arithmetische Mittel der absoluten Abweichungen aller Meßwerte vom arithmetischen Mittel der Verteilung:

$$AD = \frac{\sum_{i=1}^{N} |x_i - \bar{x}|}{N} \quad \text{bzw.} \quad AD = \frac{\sum_{i=1}^{k} f_i |x_i - \bar{x}|}{N}$$

Nehmen wir die folgenden fünf Meßwerte als Beispiel: 6, 7, 11, 12, 14. Das arithmetische Mittel dieser Werte ist 10. Wenn wir die <u>absoluten</u> Abweichungen der Einzelwerte von diesem Mittelwert summieren und durch N teilen, erhalten wir:

$$AD = \frac{\sum_{i=1}^{N} |x_i - \bar{x}|}{N} = \frac{|6-10| + |7-10| + |11-10| + |12-10| + |14-10|}{5}$$

$$= \frac{4 + 3 + 1 + 2 + 4}{5} = \frac{14}{5} = 2,8$$

Die Einzelwerte differieren folglich im Durchschnitt um 2,8 Einheiten von ihrem arithmetischen Mittel. Dieses plausible, für deskriptive Zwecke durchaus geeignete Streuungsmaß ist aus der jüngeren Forschungsliteratur so gut wie völlig verschwunden. Statt der durchschnittlichen Abweichung wird heute die Standardabweichung berechnet, ein Streuungsmaß, das eine weiterreichende theoretische Bedeutung hat und in der schließenden Statistik eine zentrale Stellung einnimmt.

3.3.2.4. Standardabweichung und Varianz

Die Standardabweichung (s) ist das weitaus gebräuchlichste Streuungsmaß, definiert als die Quadratwurzel aus der Varianz (s^2), die ihrerseits definiert ist als die Summe der quadrierten Abweichungen aller Meßwerte von ihrem arithmetischen Mittel, geteilt durch N:

$$s^2 = \frac{\sum_{i=1}^{N} (x_i - \bar{x})^2}{N} \quad \text{bzw.} \quad s^2 = \frac{\sum_{i=1}^{k} f_i (x_i - \bar{x})^2}{N}$$

$$s = \sqrt{\frac{\sum_{i=1}^{N} (x_i - \bar{x})^2}{N}} \quad \text{bzw.} \quad s = \sqrt{\frac{\sum_{i=1}^{k} f_i (x_i - \bar{x})^2}{N}}$$

Zur Berechnung dieser Streuungswerte stehen etliche weitere Formeln zur Verfügung, die sämtlich auf die obigen Definitionsformeln zurückgehen. Da die Rechenformeln lediglich den Zweck haben, den Rechenaufwand gering zu halten und das Rechenfehlerrisiko zu vermindern, können wir uns darauf beschränken, die Berechnung der Varianz und der Standardabweichung mit Hilfe der zitierten Basisformeln durchzuführen.

Die nachfolgenden Berechnungen beruhen auf den Daten der Tab. 3.3, für die wir einen Mittelwert von $\bar{x}$ = 7,16 errechneten, und auf den Daten der Tab. 3.4, für die wir einen Mittelwert von $\bar{x}$ = 7,18 errechneten.

Tab. 3.6. Die Berechnung der Varianz und Standardabweichung (nicht gruppierte Daten)

Meß-wert x_i	Häufig-keit f_i	Abweichung vom Mittel-wert $x_i - \bar{x}$	Quadrat der Abweichung $(x_i - \bar{x})^2$	Produkt aus Häufigkeit und Abweichungsquadrat $f_i(x_i - \bar{x})^2$
0	1	-7,16	51,27	51,27
1	2	-6,16	37,95	75,90
2	1	-5,16	26,63	26,63
3	3	-4,16	17,31	51,93
4	3	-3,16	9,99	29,97
5	4	-2,16	4,67	18,68
6	5	-1,16	1,35	6,75
7	7	-0,16	0,03	0,21
8	6	0,84	0,71	4,26
9	6	1,84	3,39	20,34
10	5	2,84	8,07	40,35
11	4	3,84	14,75	59,00
12	2	4,84	23,43	46,86
14	1	6,84	46,79	46,79
Summe	50			478,94

$$s^2 = \frac{\sum_{i=1}^{k} f_i(x_i - \bar{x})^2}{N} = \frac{478,94}{50} = 9,58$$

$$s = \sqrt{9,58} = 3,10$$

Tab. 3.7. Die Berechnung der Varianz und Standardabweichung (gruppierte Daten)

Klassen-intervall	Klassen-mitte x_i	Häufig-keit f_i	Abweichung vom Mittelwert $x_i - \bar{x}$	Quadrat der Abweichung $(x_i - \bar{x})^2$	Produkt aus Häufigkeit und Abweichungsquadrat $f_i(x_i - \bar{x})^2$
0 - 2	1	4	-6,18	38,19	152,76
3 - 5	4	10	-3,18	10,11	101,10
6 - 8	7	18	-0,18	0,03	0,54
9 - 11	10	15	2,82	7,95	119,25
12 - 14	13	3	5,82	33,87	101,61
Summe		50			475,26

$$s^2 = \frac{\sum_{i=1}^{k} f_i(x_i - \bar{x})^2}{N} = \frac{475,26}{50} = 9,51$$

$$s = \sqrt{9,51} = 3,08$$

Standardabweichung und Varianz sind grundsätzlich als gleichwertige Streuungsmaße anzusehen, denn wenn die Varianz groß ist, ist auch die Standardabweichung groß. Für deskriptive Zwecke ist allerdings die Standardabweichung eher geeignet als die Varianz, weil sie ein Kennwert in der Dimension der zugrundeliegenden Meßwerte ist (beispielsweise nicht cm^2 oder Min^2, sondern cm oder Min).

Zusammenfassung. Auf die Frage, welcher Streuungswert zur Beschreibung der Dispersion (Variabilität) gegebener Verteilungen heranzuziehen ist, kann ebensowenig eine allgemein verbindliche Antwort gegeben werden wie auf die Frage nach einem angemessenen Mittelwert zur Beschreibung der zentralen Tendenz von Verteilungen.

Der Range ist die Differenz zwischen dem höchsten und dem niedrigsten Meßwert einer Verteilung. Er ist schnell zu ermitteln und leicht zu verstehen. Seine Verwendung ist angeraten, wenn die Information über die extremen Werte relevant ist. Bei der Berechnung des Ranges für ordinale Daten sollte man sich darüber im klaren sein, daß das Meßniveau der Daten an sich keine Subtraktion der Meßwerte erlaubt.

Der (mittlere) Quartilabstand ignoriert je 25 Prozent der am unteren und oberen Ende der Verteilung liegenden Fälle. Infolgedessen empfiehlt sich seine Berechnung, wenn die mittleren 50 Prozent der Fälle von besonderem Interesse sind. Das kann der Fall sein, wenn die Verteilung extrem schief ist bzw. einige sehr extreme Werte aufweist. Der (mittlere) Quartilabstand wird mitunter auch für ordinale Daten berechnet, obwohl die dabei vorgenommenen arithmetischen Operationen metrische Daten voraussetzen.

Die durchschnittliche Abweichung ist ein aus der Mode gekommenes Streuungsmaß, das auf den absoluten Abweichungen aller Meßwerte von ihrem arithmetischen Mittel beruht. Es ist üblich geworden, diesem ehrenwerten Maß einen gewissen didaktischen Wert zuzuschreiben, den es zweifellos haben dürfte. An seine Stelle ist die Standardabweichung getreten.

Standardabweichung und Varianz basieren auf den quadrierten Abweichungen aller Meßwerte von ihrem arithmetischen Mittel, sind also eine algebraische Funktion sämtlicher Meßwerte einer Verteilung. Diese Streuungsmaße sind zu bevorzugen, wenn alle Meßwerte repräsentiert werden sollen. Das ist regelmäßig der Fall, wenn weitergehende Berechnungen mit Streuungswerten durchgeführt werden. Standardabweichung und Varianz setzen prinzipiell metrische Daten voraus.

4. Bivariate Verteilungen

4.1. Einführende Bemerkungen

Wir haben in den voraufgegangenen Abschnitten verschiedene Verfahren und Maßzahlen diskutiert, mit deren Hilfe univariate Verteilungen charakterisiert werden können. Die Beschreibung univariater Verteilungen ist jedoch in der empirischen Sozialforschung niemals Endzweck; sie dient eher der Vorbereitung der eigentlichen Analyse, die sich stets auf die Untersuchung von Beziehungen (Assoziationen, Korrelationen) zwischen Variablen konzentriert. Deshalb sind weniger univariate als bivariate Verteilungen grundlegende Bestandteile fast aller quantitativen Beiträge der Sozialforschung.

Ähnlich wie sich relevante Aspekte univariater Verteilungen durch eine einzige Maßzahl kennzeichnen lassen, können bivariate Verteilungen durch eine einzige Maßzahl, einen sogenannten Koeffizienten charakterisiert werden. Diese Kennwerte der bivariaten Statistik sind den Kennwerten der univariaten Statistik (etwa dem Modus, dem Median oder dem arithmetischen Mittel) insofern ähnlich, als diese wie jene bestimmte Eigenschaften der Verteilung summarisch mit einer einzigen Zahl beschreiben. Das Prinzip der Datenreduktion im Sinne eines gezielten Informationsverzichts manifestiert sich bei den Maßzahlen der bivariaten Statistik darin, daß diese Kennwerte zweidimensionaler Verteilungen in jedem Fall den _Grad_ (die Stärke, die Enge), in bestimmten Fällen auch die _Richtung_ der Beziehung zwischen zwei Variablen durch den Zahlenwert des Koeffizienten ausdrücken. Die Zahlenwerte der meisten Koeffizienten variieren zwischen 0 (keine Beziehung) und 1 (perfekte Beziehung). Die Zahlenwerte der Koeffizienten, die auch die Richtung der Beziehung angeben, variieren zwischen -1 (perfekte negative Beziehung) und +1 (perfekte positive Beziehung).

Ebensowenig wie die Maßzahlen zur Beschreibung univariater Verteilungen können die Maßzahlen zur Beschreibung bivariater Verteilungen alle Details einer Verteilung widerspiegeln. Die Assoziationsmaße reflektieren jenen spezifischen Aspekt bivariater Verteilungen, der durch die Tendenz zweier Variablen erzeugt wird, gemeinsam aufzutreten oder gemeinsam zu variieren. Einige dieser Assoziationsmaße sind besonders nützlich, weil sie über das Ausmaß bzw. den Grad der Genauigkeit informieren, in dem die eine Variable auf der Basis der anderen Variablen vorhergesagt werden kann. Wie wir später sehen werden, kann der Grad der relativen Genauigkeit der Vorhersage der einen Variablen auf der Basis der anderen als der Grad der Assoziation bezeichnet werden.

Die Beziehung zwischen Variablen (Merkmalen, Eigenschaften) hat viele Bezeichnungen, obwohl die zugrundeliegende Idee dieselbe ist. Beschäftigt sich ein Statistiker mit dem Phänomen der Beziehung zwischen Variablen, so spricht er gewöhnlich von Kontingenz, Assoziation oder Korrelation. Der Laie verwendet zur Beschreibung desselben Sachverhalts gewöhnlich Ausdrücke wie Zusammenhang, Übereinstimmung, Verbindung, Entsprechung usw.

Die den Grad der Beziehung zwischen Variablen ausdrückenden Koeffizienten werden in der statistischen Literatur als Kontingenz-, Assoziations- und Korrelationskoeffizienten bezeichnet. Allerdings ist die Nomenklatur nicht einheitlich. So sprechen einige Autoren von Kontingenzen, wenn die Variablen nominalskaliert sind, von Assoziationen, wenn die Variablen ordinalskaliert sind, und von Korrelationen, wenn die Variablen das Niveau einer Intervall- oder Ratioskala haben. Wir schließen uns jenen Autoren an, die die Begriffe Assoziation, Korrelation und Beziehung als sinngleich und austauschbar betrachten (z.B. Davis, 1971).

Wichtiger als die Benennung der Maßzahlen ist die Befolgung ihrer meßtheoretischen Forderungen. Ähnlich wie bei den Maßzahlen der univariaten Statistik ist auch bei den Maßzahlen der bivariaten Statistik zu beachten, welches Meßniveau sie voraussetzen. Wie betont, können wir Daten nicht ohne weiteres so behandeln, als ob sie auf einem höheren als dem tatsächlich erzielten Niveau gemessen worden wären. Wir können jedoch jederzeit den umgekehrten Weg gehen, d.h. wir können Daten so behandeln, als seien sie auf einem niedrigeren Niveau als dem aktuell erzielten gemessen worden. So wäre es beispielsweise möglich, eine zur Verfügung stehende Information über das Einkommen (Ratioskala) wie eine Information zu behandeln, die die Individuen lediglich rangmäßig zu unterscheiden erlaubt, nämlich nach der Maßgabe , ob sie wenig, mittelmäßig oder viel verdienen (Ordinalskala). Gleichermaßen können wir sämtliche Daten höheren Meßniveaus behandeln, als seien sie nominalskaliert. Wenn derartige Reduktionen des Meßniveaus auch prinzipiell möglich sind, so heißt das nicht, daß man leichten Herzens so verfahren sollte. Die generelle Regel lautet vielmehr: Verwende in der Datenanalyse das Meßniveau, das bei der Erhebung der Daten erzielt wurde. Haben also die Daten das Meßniveau einer Ratio- oder Intervallskala, so sollten sie mit Maßzahlen beschrieben werden, die den (metrischen) Eigenschaften dieser Originaldaten entsprechen (vgl. hierzu die in Abschnitt 6 erläuterten Einschränkungen). Gleiches gilt für ordinalskalierte Ausgangsdaten. Der Grund dieser Regel ist leicht einzusehen. Wenn wir das Meßniveau reduzieren, leisten wir uns einen unklugen Informationsverzicht; unklug deshalb, weil wir die unter Umständen mühselig erreichte präzisere Information aus der Datenerhebung leichtfertig verspielen. Gegen diese Regel wird häufig verstoßen, weil dem praktisch tätigen Sozialforscher nicht alle Maßzahlen geläufig sind, die den verschiedenen Meßniveaus angemessen sind.

Die Assoziationsmaße müssen nicht nur den Eigenschaften der Daten, sondern auch dem Forschungsproblem adäquat sein. Daher gibt es eine Vielzahl von Maßzahlen, die für die verschiedensten Fragestellungen und Probleme geeignet sein können. Die Auswahl der in den folgenden Abschnitten dargestellten Maßzahlen orientiert sich primär an deren Anwendbarkeit auf Daten, mit denen es der empirische Sozialforscher häufig zu tun hat. Besonderes Gewicht und breiterer Raum wird einigen Maßzahlen gegeben, die - im Gegensatz zu anderen - eine einfache und klare Interpretation erlauben. Es sind dies Maßzahlen der Assoziation, die im Sinne der proportionalen Fehlerreduktion interpretierbar sind, kurz PRE-Maße (engl.: proportional reduction in error measures) genannt.

Die Reihenfolge der Darstellung ist so gewählt, daß die Maßzahlen für Daten des niedrigsten Meßniveaus zuerst besprochen werden. Wir betrachten zunächst solche Maßzahlen, die lediglich eine Klassifikation der Untersuchungseinheiten nach Eigenschaften, also nominalskalierte Daten voraussetzen. Danach behandeln wir Maßzahlen, die rangmäßig geordnete Kategorien, also ordinalskalierte Daten voraussetzen. Alsdann stellen wir einen Koeffizienten dar, der für intervall- und ratioskalierte, d.h. metrische Daten berechnet werden kann. Schließlich befassen wir uns mit einer Maßzahl, die bei nur einer der beiden Variablen metrisches Meßniveau voraussetzt.

Jede dieser Maßzahlen kann berechnet werden, wenn die Daten in Form einer gemeinsamen Häufigkeitsverteilung, einer sogenannten <u>bivariaten Verteilung</u> vorliegen, d.h. wenn für jede Untersuchungseinheit (jeden Merkmalsträger) die Werte (Merkmalsausprägungen) je zweier Variablen (Merkmale) registriert und in einer bestimmten Weise organisiert wurden. Diese Organisierung findet ihren Ausdruck in der <u>gemeinsamen Häufigkeitstabelle</u> oder <u>bivariaten Tabelle</u> (auch Kontingenz-, Assoziations- oder Korrelationstabelle genannt). Die Form dieser Tabelle ist für alle Meßniveaus dieselbe. Wie die bivariate Tabelle aufgebaut ist, wie sie zu lesen und zu interpretieren ist, soll im folgenden Abschnitt erläutert werden.

4.2. Die bivariate Tabelle

Bivariate (zweidimensionale) Häufigkeitsverteilungen werden gewöhnlich in der Form bivariater (zweidimensionaler) Tabellen präsentiert, die Ausgangspunkt und Hauptbestandteil der Tabellenanalyse, der verbreitetsten Analysemethode in der empirischen Sozialforschung sind. Die in bivariaten Tabellen enthaltenen gemeinsamen Häufigkeitsverteilungen können sowohl Signifikanztests unterworfen werden (siehe hierzu etwa Sahner, 1971) als auch durch Assoziationsmaße zusammenfassend beschrieben werden.

Bivariate Tabellen entstehen durch Kreuztabulation zweier Variablen. Was unter Kreuztabulation zu verstehen ist, kann am besten an einem Beispiel verdeutlicht werden. Betrachten wir die folgenden Informationen über die im Wintersemester 1971/72 an den Fakultäten der Universität zu Köln eingeschriebenen 1240 ausländischen Studenten:

Tab. 4.1. Herkunft und Studium ausländischer Studenten an den Fakultäten der Kölner Universität, WS 1971/72

	Variable X	Variable Y
Student(in)	Herkunft	Fakultät
0001	Europa	Jur.
0002	Nicht-Europa	Med.
0003	Nicht-Europa	Phil.
0004	Europa	Wiso.
0005	Europa	Math.-Nat.
0006	Nicht-Europa	Phil.
.	.	.
.	.	.
.	.	.
1240	Europa	Wiso.

Die so registrierten Informationen können in Form einer bivariaten Tabelle wie folgt dargestellt werden:

Tab. 4.2. Herkunft und Studium ausländischer Studenten an den Fakultäten der Kölner Universität, WS 1971/72

		Herkunft (X)		
		Europa	Nicht-Europa	
Fakultät (Y)	Med.	46	82	128
	Jur.	38	20	58
	Wiso.	179	197	376
	Phil.	238	189	427
	Math.-Nat.	97	154	251
		598	642	1240

Quelle: Universität zu Köln, Vorlesungsverzeichnis für das Sommersemester 1973, S.337-339.

Diese bivariate Tabelle ist durch Kreuzklassifikation, d.h. durch vertikale Anordnung der Kategorien der einen Variablen und durch horizontale Anordnung der Kategorien der anderen Variablen entstanden, wobei die unabhängige, mit "X" bezeichnete Variable in den Tabellenkopf, die abhängige, mit "Y" bezeichnete Variable an den linken Tabellenrand geschrieben wurde. Durch diese Anordnung wurden Zellen gebildet, in denen die Häufigkeiten registriert sind. Die Häufigkeit oder Besetzung einer jeden Zelle gibt an, wie oft die einzelnen Ausprägungen beider Variablen unter den 1240 ausländischen Studenten kombiniert vorkamen. So studierten beispielsweise 46 der aus Europa stammenden 598 ausländischen Studenten das Fach Medizin. Die Häufigkeit bezieht sich also auf das gemeinsame Auftreten einer Kategorie der einen Variablen und einer Kategorie der anderen Variablen. Die gemeinsamen Häufigkeiten der einzelnen Zellen addieren sich zu Randhäufigkeiten, deren Summe die Gesamthäufigkeit ist.

4.2.1. Die generelle Struktur der bivariaten Tabelle

Die bivariate Tabelle besteht zunächst aus einer bestimmten Anzahl von Zeilen, Spalten und Zellen. Die Zellen werden durch die Subskripte i und j identifiziert, wobei das erste Subskript i die Zeile und das zweite Subskript j die Spalte bezeichnet, in der die Zelle lokalisiert ist. Zelle_{ij} ist folglich die Zelle der i-ten Zeile und j-ten Spalte.

Tab. 4.3. Die Bezeichnungen der Zeilen, Spalten und Zellen der bivariaten Tabelle

		Variable X		
		j=1	j=2	j=3
Variable Y	i=1			
	i=2			
	i=3		Zelle_{32}	
	i=4			

Die Häufigkeit der Zelle_{ij} wird mit f_{ij} oder n_{ij} bezeichnet; sie informiert über die Anzahl der Untersuchungseinheiten, die die Merkmalsausprägung $y_i \mid x_j$ aufweisen.

Die vollständige bivariate Tabelle enthält außerdem zwei Randhäufigkeiten (das sind die univariaten Verteilungen der beiden kreuztabulierten Variablen) und die Gesamthäufigkeit sowie eine möglichst ausführliche Beschriftung. Die Randhäufigkeiten heißen auch marginale Häufigkeiten; sie werden mit dem Buchstaben "n" bezeichnet, dem ein Subskript und ein Punkt bzw. ein Punkt und ein Subskript folgt. Beispielsweise ist die Summe der Zellenhäufigkeiten der ersten Zeile der Tab. 4.4 durch $n_{1.}$ symbolisiert, wobei die Zahl 1 anzeigt, daß es sich um die erste Zeile handelt, und der Punkt angibt, daß der Zahlenwert eine Summe über alle Spalten ist. Sinngemäß symbolisiert $n_{.1}$ die Summe der ersten Spalte, wobei der Punkt vor der Zahl 1 angibt, daß wir über alle Zeilen summiert haben. Die vollständige Tabelle sieht dann wie folgt aus:

Tab. 4.4. Die generelle Struktur der bivariaten Tabelle

		Variable X			
		x_1	x_2	x_3	
Variable Y	y_1	f_{11}	f_{12}	f_{13}	$n_{1.}$
	y_2	f_{21}	f_{22}	f_{23}	$n_{2.}$
	y_3	f_{31}	f_{32}	f_{33}	$n_{3.}$
	y_4	f_{41}	f_{42}	f_{43}	$n_{4.}$
		$n_{.1}$	$n_{.2}$	$n_{.3}$	N

Bivariate Tabellen können selbstverständlich mehr (oder weniger) Zeilen und Spalten als die hier erwähnten Tabellen haben. Die einfachste Form einer bivariaten Tabelle ist die sogenannte Vierfelder- oder 2 x 2-Tabelle, die Tabelle zweier originär dichotomer oder dichotomisierter Variablen. Werden zwei trichotomisierte Variablen kreuztabuliert, so ergibt das eine 3 x 3-Tabelle mit neun Feldern oder Zellen. Generell ist das Ergebnis der Kreuztabulation zweier Variablen mit "r" (engl.: row für Zeile) und "c" (engl.: column für Spalte) Kategorien eine r x c-Tabelle.

Das folgende Beispiel aus einer jüngeren Untersuchung soll verdeutlichen, welche Informationen und Einsichten eine bivariate Tabelle vermittelt. Diese von Armer und Youtz (1971) veröffentlichte Untersuchung basiert auf der zentralen Hypothese, daß eine formale westliche Ausbildung die Perspektiven in traditionalen, nicht-industrialisierten Gesellschaften "modernisiert". In Tab. 4.5 finden wir die unabhängige

Variable "Ausbildungsniveau" mit der am Median dichotomisierten abhängigen Variablen "individuelle Modernität" kreuztabuliert. Die Daten entstammen strukturierten Interviews mit 591 Jugendlichen aus Kano in Nigeria. (Die Berechnung der Zahlenwerte des Gamma-Koeffizienten - für Tab. 4.5 wurde ein Wert von $\gamma = 0{,}48$ errechnet - und anderer nachfolgend zitierter Assoziationsmaße wird in späteren Abschnitten erläutert.)

Tab. 4.5. Ausbildungsniveau und individuelle Modernität

		Ausbildungsniveau (X)			
		Keine formale Ausbildung	Primäre Ausbildung	Sekundäre Ausbildung	
Modernität (Y)	niedrig	194	94	11	299
	hoch	118	117	57	292
		312	211	68	591

Quelle: Armer und Youtz (1971), S.611. $\gamma = 0{,}48$

Wir können die drei Spalten der Tab. 4.5 als univariate oder <u>konditionale</u> Verteilungen betrachten, wobei die Spaltenüberschriften die Bedingungen spezifizieren. So beschreibt die erste Spalte die individuelle Modernität derjenigen Jugendlichen, die keine formale Ausbildung haben: Von den 312 Jugendlichen ohne formale Ausbildung zeichnen sich 194 durch "niedrige" und 118 durch "hohe" individuelle Modernität aus; die Bedingung ist "keine formale Ausbildung". Die zweite Spalte beschreibt die konditionale Verteilung der Variablen "individuelle Modernität" unter der Bedingung einer "primären Ausbildung", die dritte Spalte unter der Bedingung einer "sekundären Ausbildung".

Man kann jedoch stets zwei Arten von konditionalen Verteilungen unterscheiden. Wir können, Armer und Youtz folgend,

(a) die Verteilung der individuellen Modernität unter verschiedenen Ausbildungsbedingungen studieren. Diese Betrachtungsweise impliziert die Hypothese, daß die individuelle Modernität vom Ausbildungsniveau abhängt, nicht umgekehrt. Wir könnten jedoch, im Gegensatz zu Armer und Youtz, (b) die Verteilung des Ausbildungsniveaus unter den verschiedenen Bedingungen der individuellen Modernität studieren. Diese Betrachtungsweise implizierte die - ebenfalls vertretbare - Hypothese, daß das Ausbildungsniveau von der individuellen Modernität (die als Stimulus für den Schulbesuch aufgefaßt werden kann) abhängt, nicht umgekehrt. Im Fall (a) wird die "individuelle Modernität" als abhängige Variable betrachtet, die mit der unabhängigen Variablen "Ausbildungsniveau" erklärt werden soll. Demgemäß gibt es drei verschiedene Bedingungen, unter denen die Verteilung der zweifach gestuften Variablen "individuelle Modernität" studiert werden kann. Im Fall (b) wird das "Ausbildungsniveau" als abhängige Variable betrachtet, die mit der unabhängigen Variablen "individuelle Modernität" erklärt werden soll. Demgemäß gibt es zwei verschiedene Bedingungen, unter denen die Verteilung der dreifach ausgeprägten Variablen "Ausbildungsniveau" studiert werden kann.

Fall (a) und Fall (b) sind Beispiele für die Annahme asymmetrischer Beziehungen. Es gibt außerdem den Fall (c), nämlich die Annahme einer symmetrischen Beziehung. Eine symmetrische Beziehung liegt vor, wenn keine der beiden Variablen als abhängig bzw. unabhängig betrachtet oder wenn jede Variable als von der anderen abhängig aufgefaßt werden kann. Üblicherweise erklärt man dann eine der beiden Variablen zur X-Variablen und verfährt im übrigen wie bei asymmetrischen Beziehungen. Wie symmetrische Beziehungen ansonsten behandelt werden können, wird in späteren Abschnitten zu diskutieren sein.

Wie wir sehen werden, ist mit der Entscheidung der Frage, welche Variable als unabhängig bzw. abhängig zu betrachten ist, eine Vorentscheidung darüber getroffen, welche Maßzahlen in welcher Anwendung zur Beschreibung der bivariaten Verteilung in Betracht kommen. Da im vorliegenden Fall zwei ordinalskalierte Variablen kreuztabuliert wurden, von denen die abhängige Variable dichotomisiert ist, sind Prozentzahlen durchaus geeignete Hilfsmittel, um die Verteilung summarisch darzustellen. Diese Prozentzahlen werden wie folgt berechnet: Wir finden in der ersten Spalte der Tab. 4.5 die Kategorie "niedrig" mit 194 besetzt; das sind (194/312)(100) oder 62,2 Prozent der 312 Jugendlichen ohne formale Ausbildung. Die Differenz zu 100 Prozent ist das Produkt (118/312)(100) oder 37,8 Prozent der 312 Jugendlichen ohne formale Ausbildung. In <u>relativen</u> Häufigkeiten ausgedrückt sieht Tab. 4.5 dann wie Tab. 4.6 bzw. Abb. 4.1 aus.

Wenn, wie in Tab. 4.6 und Abb. 4.1, die bivariate Verteilung in Prozentzahlen ausgedrückt wird, muß die Basis der Prozentuierung stets ausgewiesen werden, so daß die <u>absoluten</u> Häufigkeiten jederzeit zurückgerechnet werden können (deshalb auch die sonst unübliche Angabe der Prozentwerte in Tab. 4.6 mit einer Dezimalstelle nach dem Komma). Die Grundregel der Prozentuierung lautet: Nimm die als unabhängig betrachtete Variable, d.h. die Variable, deren Effekt untersucht werden soll, als Basis der Prozentuierung. Das heißt bei konventioneller Anordnung der X-Variablen im Tabellenkopf: prozentuiere spaltenweise und vergleiche zeilenweise. (Eine hervorragende Darstellung der Tabellenanalyse durch Anwendung dieser und weiterer Prozentuierungsregeln findet der Leser in Zeisel, 1970.)

Im vorliegenden Fall führt der Vergleich der Prozentzahlen zu der Aussage, daß nur 38 Prozent der Jugendlichen ohne formale Ausbildung in die mit "hoch" bezeichnete Kategorie der abhängigen Variablen "individuelle Modernität" fallen, wäh-

Tab. 4.6. Ausbildungsniveau und individuelle Modernität

	Ausbildungsniveau (X)			
Individuelle Modernität (Y)	Keine formale Ausbildung	Primäre Ausbildung	Sekundäre Ausbildung	Insgesamt
niedrig	62,2 %	44,5 %	16,2 %	50,6 %
hoch	37,8	55,5	83,8	49,4
Insgesamt	100,0	100,0	100,0	100,0
(N)	(312)	(211)	(68)	(591)

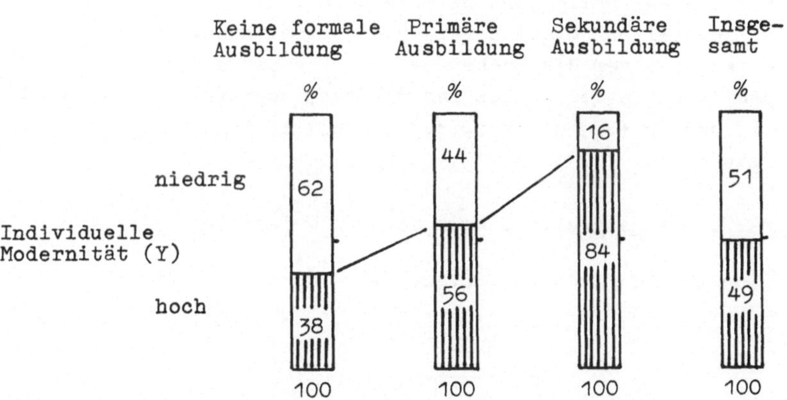

Abb. 4.1. Ausbildungsniveau und individuelle Modernität (graphische Darstellung zu Tab. 4.6)

rend der entsprechende Prozentsatz bei den Jugendlichen mit Primärausbildung bereits 56 Prozent und bei den Jugendlichen mit Sekundärausbildung 84 Prozent beträgt. Offensichtlich ist das Ergebnis dieses Vergleichs geeignet, die Haupthypothese der Autoren Armer und Youtz zu unterstützen, nach der die formale westliche Ausbildung einen modernisierenden Einfluß auf die Jugend in traditionalen, nicht-westlichen Gesellschaften hat. Wir werden in späteren Abschnitten sehen, wie ein solches Ergebnis der Tabellenanalyse in einer einzigen Zahl zum Ausdruck gebracht werden kann.

4.2.2. Die Vierfelder- oder 2 x 2-Tabelle

Ein wichtiger Spezialfall der bivariaten Tabelle ist die bereits erwähnte Vierfelder- bzw. 2 x 2-Tabelle, auf die einige nachfolgend behandelte Maßzahlen zugeschnitten sind. Ihre besondere Bedeutung liegt darin, daß prinzipiell jede Variable durch Zusammenfassung ihrer Ausprägungen auf eine Dichotomie reduziert werden kann.

Für die 2 x 2-Tabelle gibt es eine parallel zur oben erläuterten generellen Notation verwendete Bezeichnung ihrer Häufigkeiten, bei der die Buchstaben a, b, c und d die absoluten Häufigkeiten der Zellen und die Ausdrücke (a + b), (c + d) (a + c) und (b + d) die marginalen Häufigkeiten symbolisieren (siehe Tab. 4.7).

Tab. 4.7. Das generelle Schema der 2 x 2-Tabelle

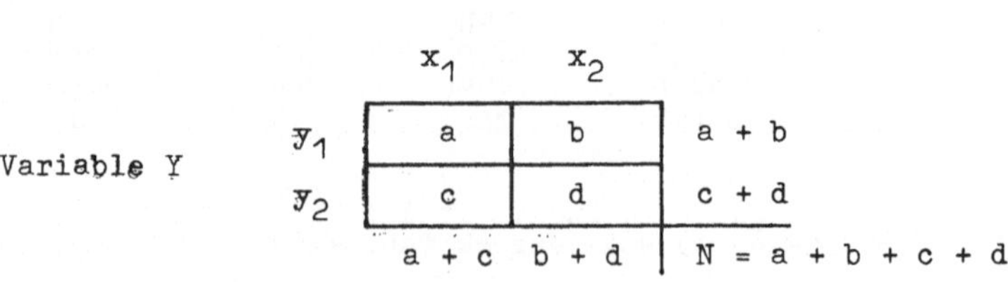

		Variable X		
		x_1	x_2	
Variable Y	y_1	a	b	a + b
	y_2	c	d	c + d
		a + c	b + d	N = a + b + c + d

Werden die Dichotomien der kreuztabulierten Variablen durch Zusammenfassung (Kollabierung) der Ausprägungen einer Ordinal- Intervall- oder Ratioskala gebildet, so sind die Variablen derart anzuordnen, daß die Ausprägungen x_1 und y_1 zu der Benennung "niedrig" und die Ausprägungen x_2 und y_2 zu der

Benennung "hoch" korrespondieren. Mit anderen Worten: Die Variablenwerte sind so anzuordnen, daß sie von links nach rechts und von oben nach unten zunehmen. Die Beachtung dieser Regel ist deshalb wichtig, weil einige Koeffizienten über das Vorzeichen die Richtung der Beziehung angeben. (Diese Konvention wird allerdings häufig verletzt, siehe z.B. die auf S.101 zitierten Tabellen. Die Vorzeichen der dort berechneten Phi-Koeffizienten reflektieren dennoch korrekt positive Beziehungen, weil die Ausprägungen <u>beider</u> Variablen anders als hier beschrieben angeordnet wurden, was unschädlich ist.)

4.2.3. Zur Bildung der Kategorien kreuztabulierter Variablen

Die Zahlenwerte aller Assoziationsmaße werden durch die Art und Weise, in der die Kategorien der kreuztabulierten Variablen gebildet werden, mehr oder weniger stark beeinflußt. Negativ formuliert heißt das: Die Größe des Koeffizienten ist durch die Bildung der Variablenklassen (durch die Wahl der Schnittpunkte) manipulierbar. Nehmen wir zur Illustration das folgende Beispiel einer 4 x 4-Tabelle:

Tab. 4.8. Beispiel einer 4 x 4-Tabelle

		Variable X				
		x_1	x_2	x_3	x_4	
Variable Y	y_1		25			25
	y_2	25				25
	y_3				25	25
	y_4			25		25
		25	25	25	25	100

Wenn wir die benachbarten Klassen dieser Tabelle, d.h. x_1 und x_2, x_3 und x_4, y_1 und y_2 sowie y_3 und y_4 zusammenfassen, erhalten wir die in Tab. 4.9 dargestellte Vierfelder-Tabelle.

Tab. 4.9. Beispiel einer 2 x 2-Tabelle

		Variable X		
		x_1	x_2	
Variable Y	y_1	50		50
	y_2		50	50
		50	50	100

Diese Zusammenfassung der Kategorien kann eine drastische Veränderung des Zahlenwertes des Assoziationsmaßes bewirken. Eine andere Kombination der Kategorien ist die folgende:

Tab. 4.10. Beispiel einer 2 x 2-Tabelle

		Variable X		
		x_1	x_2	
Variable Y	y_1		25	25
	y_2	25	50	75
		25	75	100

In Tab. 4.10 sind die drei unteren Zeilen und die drei letzten Spalten der Tab. 4.8 zusammengefaßt worden. Diese Zusammenfassung ergibt ein völlig anderes Bild der Beziehung zwischen den Variablen.

Dies sind zwar extreme Beispiele; nichtsdestoweniger können sie bei fast jeder Kreuztabulierung produziert werden. Wenn aber die beliebige Kombination von Kategorien höchst unterschiedliche Zahlenwerte der Assoziationsmaße hervorbringen kann, drängt sich die Frage auf, welchen tieferen Sinn die Berechnung derartiger Maße haben soll. Die Antwort auf diese

Frage kann nur lauten: Der Zahlenwert des Assoziationsmaßes reflektiert die Stärke der Beziehung zwischen den Variablen, wie diese Variablen definiert sind. Auf unser Beispiel der Tab. 4.5 angewandt, heißt das: Man sollte nicht von einer Beziehung zwischen dem Ausbildungsniveau und der individuellen Modernität sprechen, ohne die Kategorien der kreuztabulierten Variablen genau spezifiziert zu haben. In der Tat erfüllen Armer und Youtz diese Forderung, indem sie die Kategorien der X-Variablen "Ausbildungsniveau" wie folgt spezifizieren: Mit Primärausbildung ist ein ein- bis siebenjährigen Besuch einer Primärschule, mit Sekundärausbildung ein mindestens einjähriger Schulbesuch jenseits der Primärschule bezeichnet. Gleichermaßen geben Armer und Youtz genau an, wie die Variable "individuelle Modernität" gemessen wurde, nämlich mit Hilfe einer bestimmten Skala, und wie die Kategorien gebildet wurden, nämlich durch Dichotomisierung der Verteilung am Median.

Es muß hinzugefügt werden, daß eine sinnvolle Reorganisation der Kategorien in vielen Fällen keine drastische Veränderung des Zahlenwertes des Assoziationskoeffizienten bewirkt. Da aber die Definition der Variablenklassen den Grad der gemessenen Beziehung beeinflussen kann, haben Produzenten und Konsumenten von Assoziationskoeffizienten der Kategorienbildung (der Interpretation der Ergebnisse wegen) Aufmerksamkeit zu schenken.

4.3. Das Konzept der Assoziation

Bevor wir verschiedene Aspekte des Konzepts der Beziehung (Assoziation) diskutieren, seien zwei weitere substantielle Beispiele aus der empirischen Sozialforschung zitiert, die geeignet sind, ein intuitives Verständnis für die Beziehung zwischen Variablen zu vermitteln; beide Beispiele sind übrigens von wissenssoziologischem Interesse.

Edward Gross (1968) stellte bei einer groß angelegten Untersuchung in den USA fest, daß die Administratoren und Fakultätsmitglieder von 68 ausgewählten Universitäten als das höchste Ziel der Universität die Bewahrung der akademischen Freiheit bezeichneten. (An zweiter Stelle rangierte das Ziel, das Prestige der Universität zu steigern, an dritter, die Spitzenqualität wichtiger Programme zu erhalten, an vierter, das Vertrauen und die Unterstützung derjenigen zu sichern, die die Universität finanziell und materiell ausstatten, usw. Höchst bemerkenswert findet Gross die Tatsache, daß die meisten der 18 Ziele mit direktem Bezug zu studentischen Belangen - von insgesamt 47 im Fragebogen vorgegebenen Zielen - nicht nur nicht an der Spitze der Rangliste, sondern an deren Ende zu finden sind.) Die uns hier interessierende Unterteilung der Universitäten nach Staats- und Privatuniversitäten sowie die graduelle Differenzierung der Betonung des in beiden Typen an der Spitze rangierenden Ziels ergab folgende Tabelle:

Tab. 4.11. Grad der Betonung der akademischen Freiheit und Universitätstyp

		Universitätstyp		
		Staatliche Universität	Private Universität	
Grad der Betonung der akademischen Freiheit	niedrig	20	3	23
	mittel	13	9	22
	hoch	9	14	23
		42	26	68

Quelle: Edward Gross (1968), S.533. $\gamma = +0{,}627$

Tab. 4.11 demonstriert, daß die Bewahrung der akademischen Freiheit als wichtigstes Ziel in beträchtlich größerem Ausmaß in privaten als in staatlichen Universitäten betont wird: Über die Hälfte (nämlich 14) der 26 privaten Universitäten fallen in das mit "hoch" bezeichnete Drittel, während fast die Hälfte der 42 staatlichen Universitäten (nämlich 20) in das mit "niedrig" bezeichnete Drittel fallen. Es besteht also offensichtlich eine enge Beziehung zwischen den Variablen "Universitätstyp" und "Grad der Betonung der akademischen Freiheit". Gross fügt seiner Interpretation des Tabelleninhalts den folgenden Satz hinzu: "Ein ziemlich hoher Gamma-Wert (γ = +0,627) zeigt, daß unser aus der Inspektion der Tabelle gewonnene Eindruck durch dieses Maß, das die Stärke der Beziehung mißt, unterstützt wird."

Als zweites Beispiel sei eine Tabelle zitiert, die ebenfalls einer Untersuchung aus den USA entstammt. John Walton (1966) fand bei der Durchsicht einschlägiger Forschungsarbeiten von 33 Autoren bzw. Autorengruppen, die 55 Lokalgemeinden auf deren Machtstruktur hin untersucht hatten, folgende Beziehung zwischen der Disziplin der Forscher und der von den Forschern angewandten Methode:

Tab. 4.12. Klassifikation von Gemeinde-Machtstruktur-Untersuchungen nach der Disziplin der Forscher und der angewandten Forschungstechnik

		Disziplin der Forscher		
		Soziologie	Politische Wissenschaft	
Angewandte Forschungstechnik	Reputationstechnik	23	4	27
	Andere Techniken	5	23	28
		28	27	55

Quelle: John Walton (1966), S.687. Q = +0,93

Aus Tab. 4.12 geht hervor, daß sich die Soziologen weit häufiger als die politischen Wissenschaftler der Reputationstechnik bedienten (bei der die Informanten gebeten werden, die einflußreichsten Personen der Gemeinde zu nennen). Da jedoch - wie Walton zeigt - die Forschungstechniken nicht ergebnisneutral sind, d.h. den Typ der identifizierten Machtstruktur beeinflussen, illustriert Tab. 4.12 den Einfluß ideologischer Perspektiven in einem Spezialbereich der empirischen Sozialforschung. Walton verwendet ein anderes Assoziationsmaß als Gross, um die Stärke der Beziehung zwischen den Variablen auszudrücken, nämlich Q, dessen aktueller Zahlenwert (+0,93) sehr nahe 1 ist. Offenbar wurde hier eine sehr starke Beziehung zwischen den Variablen "Disziplin der Forscher" und "angewandte Forschungstechnik" nachgewiesen.

Wenn wir im Anschluß an die Betrachtung der bisher vorgeführten Tabellen eine Definition der Assoziation (Beziehung) geben wollten, so könnte diese wie folgt lauten: Zwei Variablen sind miteinander assoziiert, wenn die konditionalen Verteilungen (ausgedrückt in Prozentsätzen oder Proportionen) voneinander abweichen. Oder anders formuliert: Zwei Variablen stehen <u>nicht</u> miteinander in Beziehung, wenn die konditionalen Verteilungen identisch sind. Dies illustrieren die folgenden Tabellen.

Tab. 4.13. Verschiedene Grade der Beziehung in 2 x 2-Tabellen mit identischen Randverteilungen

(a) <u>Keine Beziehung</u>

		Beschäftigtenstatus		
		Arbeiter	Angestellte	
Lohnzufriedenheit	gering	25	25	50
	hoch	25	25	50
		50	50	100

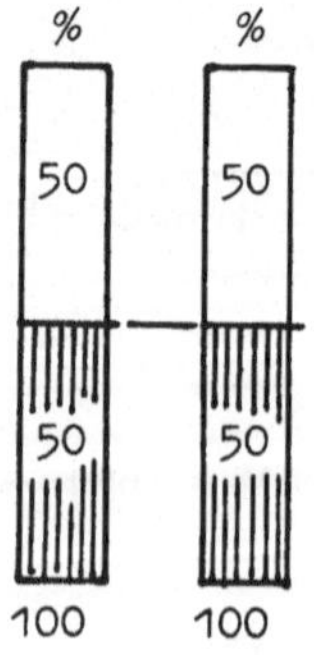

%	%
50	50
50	50
100	100

Tab. 4.13. (Fortsetzung)

(b) <u>Schwache Beziehung</u>

		Beschäftigtenstatus		
		Arbeiter	Angestellte	
Lohnzufriedenheit	gering	28	22	50
	hoch	22	28	50
		50	50	100

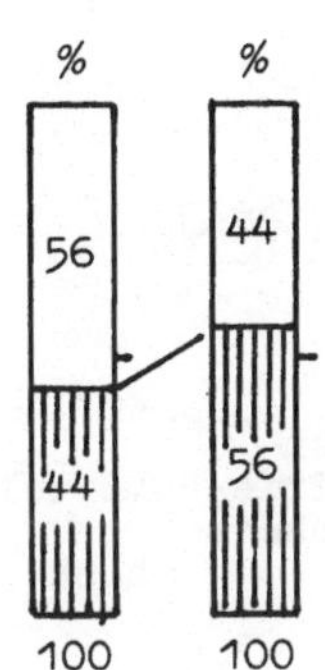

(c) <u>Starke Beziehung</u>

		Beschäftigtenstatus		
		Arbeiter	Angestellte	
Lohnzufriedenheit	gering	40	10	50
	hoch	10	40	50
		50	50	100

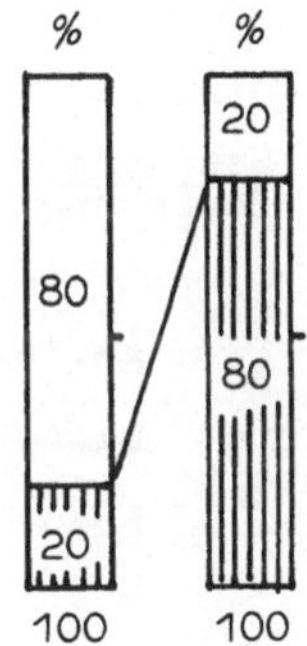

(d) <u>Perfekte Beziehung</u>

		Beschäftigtenstatus		
		Arbeiter	Angestellte	
Lohnzufriedenheit	gering	50		50
	hoch		50	50
		50	50	100

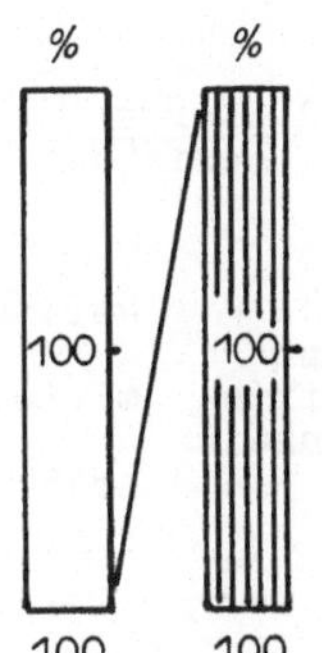

Tab. 4.14. Verschiedene Grade der Beziehung in 3 x 3-Tabellen mit identischen Randverteilungen

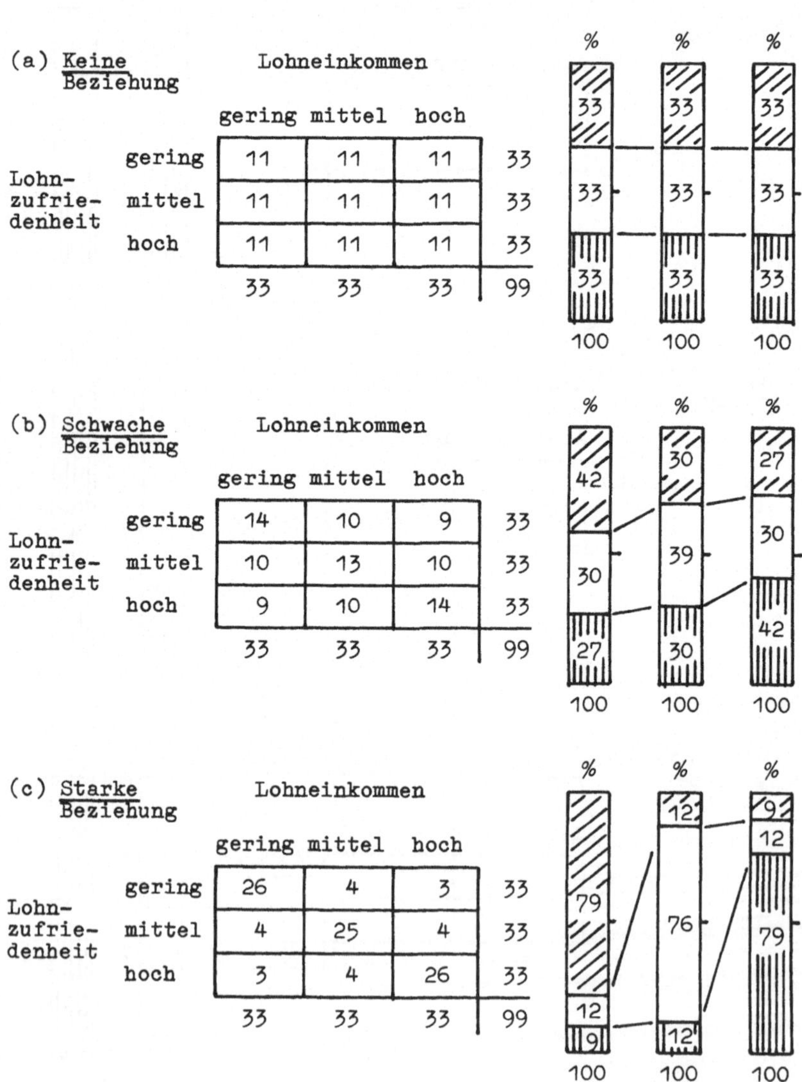

(a) Keine Beziehung

Lohnzufriedenheit \ Lohneinkommen	gering	mittel	hoch	
gering	11	11	11	33
mittel	11	11	11	33
hoch	11	11	11	33
	33	33	33	99

(b) Schwache Beziehung

Lohnzufriedenheit \ Lohneinkommen	gering	mittel	hoch	
gering	14	10	9	33
mittel	10	13	10	33
hoch	9	10	14	33
	33	33	33	99

(c) Starke Beziehung

Lohnzufriedenheit \ Lohneinkommen	gering	mittel	hoch	
gering	26	4	3	33
mittel	4	25	4	33
hoch	3	4	26	33
	33	33	33	99

Tab. 4.14. (Fortsetzung)

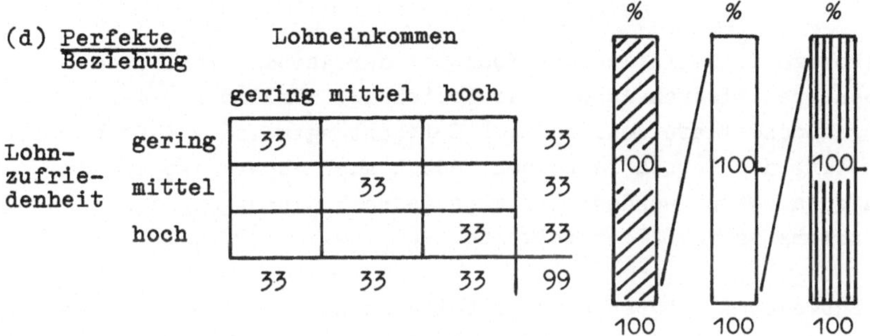

(d) Perfekte Beziehung

Lohnzufriedenheit	Lohneinkommen: gering	mittel	hoch	
gering	33			33
mittel		33		33
hoch			33	33
	33	33	33	99

In den Tabellen 4.13a und 4.14a differieren die (konditionalen) Verteilungen der einzelnen Subgruppen nicht voneinander und damit nicht von den Randverteilungen; in diesen Fällen liegt keine Beziehung zwischen den Variablen vor. In den Tabellen 4.13b und 4.13c sowie 4.14b und 4.14c sind die Differenzen zwischen den Verteilungen der Subgruppen mehr oder weniger stark ausgeprägt; in diesen Fällen ist eine Beziehung zwischen den Variablen vorhanden. In den Tabellen 4.13d und 4.14d liegen maximale Differenzen zwischen den Verteilungen der Subgruppen vor; in diesen Fällen ist eine perfekte Beziehung zwischen den Variablen gegeben. (Für die Überprüfung der Frage, ob eine Beziehung zwischen den Variablen besteht, ist es gleichgültig, welche Richtung der Prozentuierung gewählt wird. Wenn die Verteilungen der Subgruppen in den Werten bzw. Ausprägungen der einen Variablen differieren, differieren sie auch in denen der anderen.)

Die Betrachtung bzw. Diskussion der Beziehung zwischen Variablen impliziert immer den Vergleich von Subgruppen. Es ist nämlich sinnlos, danach zu fragen, ob eine Variable mit einer anderen in Beziehung steht, ohne einen Vergleich der Untersuchungseinheiten, die eine bestimmte Ausprägung einer bestimmten Variablen aufweisen, mit anderen Untersuchungseinheiten, die eine andere Ausprägung dieser Variablen aufweisen, anzustellen.

Die obige Illustration des Konzepts der Assoziation betont einen spezifischen Aspekt der Beziehung, nämlich den der Subgruppendifferenzen. Je nach Betrachtungsweise und Problemstellung des Forschers können jedoch auch andere Aspekte des Konzepts betont werden. Der klassische Gedankengang des Statistikers ist z.B. der folgende (vgl. Davis, 1971, S.36):

1. Entweder die Daten einer Tabelle stehen in einer Beziehung zueinander (X und Y sind assoziiert), oder aber nicht.
2. Man prüft zunächst, wie die Tabelle aussähe, wenn X und Y nicht assoziiert wären.
3. Alsdann vergleicht man die Daten der aktuellen Tabelle (in diesem Zusammenhang häufig Kontingenztabelle genannt) mit den Daten der Tabelle der "Nicht-Beziehung" zwischen X und Y (in diesem Zusammenhang häufig Indifferenztabelle genannt).
4. Differieren die Daten der Kontingenztabelle und der Indifferenztabelle, so folgert man, daß X und Y miteinander in Beziehung stehen.

(Der Terminus technicus für Indifferenz bzw. Nicht-Beziehung ist statistische Unabhängigkeit.) Das Ausmaß der Differenzen zwischen den Beobachtungsdaten und den unter der Annahme der Unabhängigkeit erwarteten "theoretischen" Daten gibt dann über den Grad der Beziehung zwischen X und Y Aufschluß.

Eine andere Betrachtungsweise der Assoziation geht von paarweisen Vergleichen der Untersuchungseinheiten im Hinblick auf die Variablen X und Y aus (siehe dazu die folgenden Schemata).

	x_1	x_2
y_1	/	
y_2		/

	x_1	x_2
y_1		/
y_2	/	

Wird beispielsweise eine Untersuchungseinheit, die die Eigenschaft x_1 und y_1 hat, mit einer Untersuchungseinheit verglichen, die die Eigenschaft x_2 und y_2 hat, so wird dieses Paar ein konkordantes (konsistentes, "gleichsinniges") Paar genannt. Wird hingegen eine Untersuchungseinheit, die die Eigenschaft x_2 und y_1 hat, mit einer Untersuchungseinheit verglichen, die die Eigenschaft x_1 und y_2 hat, so wird dieses Paar ein diskordantes (inkonsistentes, "gegensinniges") Paar genannt. Ein solcher Vergleich aller Untersuchungseinheiten miteinander erlaubt die Beantwortung der Frage, ob und in welchem Maße eine Dominanz konkordanter oder diskordanter Paare vorliegt. Über den Grad der Assoziation informiert dann der Überschuß oder das Defizit konkordanter Paare. (Zum Begriff der Paare siehe auch Abschnitt 6.1.)

Schließlich kann das Konzept der Assoziation wie folgt betrachtet werden. Angenommen, wir stellten uns der Aufgabe, eine Kategorie bzw. einen typischen Wert der Variablen Y vorherzusagen, und zwar zunächst ohne Kenntnis der Variablen X. Das Ergebnis dieser ersten Vorhersage kann mit dem Ergebnis einer zweiten Vorhersage verglichen werden, die auch die Information über die Variable X auswertet. Hier ist der Grad der Beziehung zwischen X und Y als das Ausmaß definiert, in dem die Information über die X-Variable die Vorhersage der Y-Variablen verbessert.

Je nach Maßgabe der Hervorhebung des einen oder anderen Aspekts der Assoziation können folgende Konzeptionen und mit ihnen korrespondierende Assoziationsmaße unterschieden werden. Danach ist mit dem Grad der Assoziation gemeint (siehe auch Weiss, 1968, S.161):

1. Die Größe der Subgruppendifferenzen. Wenn eine Beziehung zwischen zwei Variablen besteht, kann ihr Grad durch den Vergleich der Subgruppendifferenzen ausgedrückt werden. Auf dieser Betrachtungsweise basiert die Prozentsatzdifferenz, ein Maß, das wir in Abschnitt 5.1 besprechen werden.

2. <u>Die Abweichung von der statistischen Unabhängigkeit</u>. Hierbei werden die Daten zunächst daraufhin untersucht, wie sie aussähen, wenn keine Beziehung zwischen den Variablen bestünde. Der Grad der Assoziation hängt von dem Ausmaß ab, in dem die Beobachtungsdaten von den "theoretischen" Daten abweichen. Auf dieser Konzeption beruhen die sogenannten chi-quadrat-basierten Assoziationsmaße, die in Abschnitt 5.2 behandelt werden.

3. <u>Das Resultat des paarweisen Vergleichs</u>. Bei dieser Konzeption werden alle Untersuchungseinheiten miteinander verglichen. Danach wird geprüft, ob die konkordanten oder diskordanten Paare dominieren. Diese Betrachtungsweise liegt den in den Abschnitten 5.3 und 6.2 vorgestellten Assoziationsmaßen zugrunde.

4. <u>Die proportionale Fehlerreduktion (PRE)</u>.
Nach dieser Konzeption ist der Grad der "prädiktiven" Assoziation zwischen zwei Variablen X und Y definiert als das Ausmaß, in dem uns die Information über X hilft, eine Vorhersage von Y zu verbessern. Maßzahlen, die im Sinne dieser Definition interpretierbar sind, werden in den verschiedenen Abschnitten, deren Folge sich nach dem Meßniveau der Daten richtet, ausführlich dargestellt.

4.4. Assoziationsmaße

Wie wir sahen, kann man sich auf die verschiedenste Weise Aufschluß über den Grad und die Richtung der Beziehung zwischen Variablen verschaffen, z.B. durch sorgfältige Inspektion der bivariaten Tabelle, durch die Berechnung der relativen Häufigkeiten der Subgruppen und deren Differenzen wie auch durch die Beantwortung der Frage, ob die beobachteten Häufigkeiten von den unter der Annahme der Unabhängigkeit erwarteten ("theoretischen") Häufigkeiten abweichen oder nicht. Mit diesen elementaren Aktivitäten der Tabellenanalyse ist jedoch noch kein summarisches Maß gewonnen, das uns in die Lage versetzt, den wesentlichen Inhalt der Tabelle mit einer einzigen Zahl zu beschreiben, einer Zahl, die sich mit anderen Zahlen leicht vergleichen läßt (leichter als Tabellen mit Tabellen) und im übrigen leicht mitteilen läßt (z.B. in wissenschaftlichen Publikationen). Genau dies ermöglichen die Assoziationsmaße, auch Assoziationskoeffizienten oder Korrelationskoeffizienten genannt.

4.4.1. Generelle Eigenschaften der Assoziationsmaße

Assoziationsmaße können definiert werden als Kennwerte, die den Grad der Beziehung zwischen zwei Variablen zusammenfassend beschreiben. Zur Erfüllung dieser Funktion sollten sie eine Reihe von Eigenschaften besitzen, von denen nachfolgend nur die wichtigsten genannt werden sollen. (Siehe beispielsweise die Auflistung und Abwägung der Einzelkriterien bei Galtung, 1967, Kap. 2). Wie wir sehen werden, besitzt kein Assoziationsmaß alle erwünschten Eigenschaften.

1. Konventionell sollen die Zahlenwerte der Assoziationsmaße zwischen 0 und 1 variieren, wobei der Wert 1 eine perfekte Beziehung und der Wert 0 die vollständige Unabhängigkeit anzeigen soll. Für den Fall, daß das Assoziationsmaß auch die Richtung der Beziehung angibt, kommt hinzu, daß der Wert -1 eine perfekte negative (oder inverse) Beziehung, der Wert +1 eine perfekte positive Beziehung indizieren soll. Nicht alle (ohnehin vorzeichenlosen) Koeffizienten, die auf der Maßzahl Chi-Quadrat basieren, erfüllen die Forderung, als Obergrenze den Zahlenwert 1 zu haben. Andererseits kann z.B. das PRE-Maß Lambda den Zahlenwert 0 annehmen, ohne daß eine statistische Unabhängigkeit vorliegt.

2. Die vielleicht wichtigste Forderung ist die einer klaren inhaltlichen Interpretation. Der Koeffizient sollte eine

eindeutige Aussage ermöglichen, wie etwa die PRE-Maße die Interpretation erlauben, daß bei der Vorhersage der einen Variablen durch die Auswertung der Information über die zweite Variable eine Fehlerreduktion von soundsoviel Prozent erzielt wird. Einige Maßzahlen erlauben jedoch keine andere Aussage als die, daß ein höherer Zahlenwert des Koeffizienten eine engere Beziehung ausdrückt als ein niedrigerer Wert. Die sogenannten "traditionellen" chi-quadrat-basierten Maßzahlen lassen in dieser Hinsicht nahezu alles vermissen. Ihre für unterschiedlich große Tabellen berechneten Werte können kaum sinnvoll miteinander verglichen werden. Goodman und Kruskal (1954) bemerken hierzu, daß sie nicht in der Lage waren, in der statistischen Literatur eine einzige überzeugende Verteidigung chi-quadratbasierter Assoziationsmaße zu finden.

3. Assoziationsmaße sollen für unterschiedliche Grade der Beziehung empfindlich sein, d.h. mit dem Grad der Beziehung variieren. Oder anders formuliert: Sie sollen keine identischen oder annähernd identischen Werte für Tabellen ergeben, die offensichtlich durch unterschiedliche Grade der Assoziation gekennzeichnet sind. Die PRE-Maße lassen diesbezüglich einiges zu wünschen übrig.

4. Die Maßzahlen sollen invariant sein gegenüber unterschiedlichen absoluten Häufigkeiten der Tabellen, d.h. nicht für unterschiedliche absolute Häufigkeiten, sondern nur für unterschiedliche Proportionen empfindlich sein. Einige Maße, z.B. die Prozentsatzdifferenz und das Assoziationsmaß Q, besitzen diese Eigenschaft, andere nicht.

5. Des weiteren sollen die Assoziationskoeffizienten auch gegenüber unterschiedlichen Zahlen der Variablenkategorien invariant sein, eine Forderung, die das in Abschnitt 4.2.3 angesprochene Problem der Zusammenfassung von Variablenausprägungen berührt. Die Unabhängigkeit des Assoziations-

maßes von der Anzahl der Variablenausprägungen ist deshalb wünschenswert, weil die in der Forschungsliteratur publizierten Koeffizienten von den verschiedensten Autoren stammen und deshalb sehr häufig auf Variablen mit unterschiedlich zusammengefaßten Ausprägungen, d.h. auf Tabellen unterschiedlicher Größe beruhen. Mit Ausnahme des Koeffizienten C, der unter bestimmten Bedingungen (bei symmetrischen Verteilungen der Variablen) in dieser Hinsicht relativ stabil ist, variieren alle Maßzahlen mehr oder weniger stark, wenn die Anzahl der Kategorien der kreuztabulierten Variablen vermindert oder vermehrt und dadurch die Tabelle verkleinert oder vergrößert wird.

4.4.2. Das Modell der proportionalen Fehlerreduktion (PRE-Modell)

Statt Assoziationsmaße aus bloßer Tradition oder Konvention mehr oder weniger unreflektiert auszuwählen, empfehlen Goodman und Kruskal (1954) dem empirischen Forscher, eher solche Maße zu verwenden, die eine klare Bedeutung haben. Einen ähnlichen Vorschlag hatte schon Louis Guttman (1941) unterbreitet, der dafür eintrat, die Assoziation zwischen zwei Variablen als den Grad zu definieren, in dem uns die eine Variable hilft, die andere vorherzusagen. Die von Guttman gegebene Definition eines dieser Konzeption entsprechenden Assoziationsmaßes lautet wie folgt:

> "By a measure of the association of variate x (whether x is qualitative or quantitative) with variate y (whether y is qualitative or quantitative) is meant a measure whose absolute value increases with the decrease in amount of errors of prediction of x from knowledge of the bivariate distribution of x and y and knowledge of the y values of the individuals, the decrease being from the amount of error of prediction that would exist from knowledge of the univariate distribution of x alone." (1941, S.261-2).

Goodman und Kruskal entwickelten in ihrem 1954er Aufsatz einige inzwischen gut eingeführte Assoziationsmaße, die eine "predictive interpretation", d.h. eine Interpretation im Sinne der von Guttman definierten relativen Fehlerreduktion erlauben.

Derartige Maßzahlen favorisiert auch Costner (1965), dessen Empfehlung dahin geht, in der soziologischen Forschung prinzipiell Assoziationsmaße zu bevorzugen, die im Sinne der proportionalen Fehlerreduktion, die durch eine gegebene Beziehung zwischen zwei Variablen ermöglicht wird, interpretierbar sind.

Dieses generelle Interpretationsmodell soll im folgenden kurz erläutert werden. Die hier präsentierte Darstellung lehnt sich sehr eng an den Aufsatz von Costner (1965) und das vorzügliche Lehrbuch von Mueller, Schuessler und Costner (1970) an, die ihrerseits einen engen Bezug zu den Arbeiten von Guttman (1941) und Goodman und Kruskal (1954) haben. Dabei werden wir auch die im angelsächsischen Sprachgebrauch übliche Abkürzung "PRE" (proportional reduction in error), z.B. die Ausdrücke "PRE-Interpretation" und "PRE-Maße" verwenden. Wenn also von PRE-Maßen die Rede ist, sind jene Assoziationsmaße gemeint, die im Sinne der proportionalen Fehlerreduktion interpretierbar sind, d.h. eine PRE-Interpretation erlauben. Wie wir sehen werden, gibt es PRE-Maße, die für nominal-, ordinal- und intervall- bzw. ratioskalierte Daten verwendet werden können.

Bei der Berechnung von PRE-Maßen kommen zwei Vorhersageregeln zur Anwendung: 1. eine Regel für die Vorhersage der abhängigen Variablen <u>ohne</u> Auswertung der Information über die unabhängige Variable und 2. eine Regel für die Vorhersage der abhängigen Variablen <u>mit</u> Auswertung der Information über die unabhängige Variable. Alsdann wird ein Verhältnis berechnet, das die proportionale Fehlerreduktion bzw. die graduelle Verbesserung der Vorhersage ausdrückt, die bei der Anwendung der beiden Vorhersageregeln erzielt wird.

Greifen wir zur Illustration der Vorgehensweise auf die Beispiele der Tabellen 4.13 und 4.14 zurück. Tab. 4.13d und 4.14d sind Beispiele perfekter Beziehungen. Die Kenntnis des Beschäftigtenstatus ermöglicht es, die Lohnzufriedenheit vorherzusagen, ohne einen Vorhersagefehler zu begehen; denn wenn wir wissen, daß ein Mitglied der betrachteten Population Arbeiter ist, wissen wir auch, daß dieses Individuum sich durch eine geringe Lohnzufriedenheit auszeichnet, und wenn wir wissen, daß jemand Angestellter ist, wissen wir auch, daß er sich durch eine hohe Lohnzufriedenheit auszeichnet. Gleichermaßen erlaubt die in Tab. 4.14d dargestellte Beziehung zwischen der Variablen "Lohneinkommen" und der Variablen "Lohnzufriedenheit", die Lohnzufriedenheit aufgrund der Kenntnis des Lohneinkommens nach der folgenden Regel exakt vorherzusagen: "Wenn das Lohneinkommen gering ist, ist auch die Lohnzufriedenheit gering; wenn das Lohneinkommen mittelmäßig ist, ist auch die Lohnzufriedenheit mittelmäßig; und wenn das Lohneinkommen hoch ist, ist auch die Lohnzufriedenheit hoch." Perfekte Beziehungen wie diese kommen in der Realität höchst selten vor, weil 1. auch andere Variablen als die isoliert betrachtete unabhängige Variable die abhängige Variable beeinflussen und 2. fast immer Klassifikations- bzw. Meßfehler auftreten (etwa bei der Unterscheidung von Arbeitern und Angestellten). Im übrigen sind perfekte Beziehungen erfahrenen Forschern eher suspekt, weil sie nicht selten Tautologien oder Trivialitäten reflektieren, die die Wissenschaft wenig interessieren.

In Tab. 4.13c ist keine perfekte, sondern eine starke Beziehung dargestellt. Nichtsdestoweniger können wir aufgrund der Kenntnis des Beschäftigtenstatus die Lohnzufriedenheit vorhersagen. Unsere Vorhersage ist allerdings bei Anwendung derselben Regel: "Wenn Arbeiter, dann geringe Lohnzufriedenheit, und wenn Angestellter, dann hohe Lohnzufriedenheit" mit einem gewissen Fehler behaftet. Bei der Anwendung dieser Regel auf alle 100 Beschäftigten trifft unsere Vorhersage in 80 Prozent der Fälle zu, in 20 Prozent der Fälle nicht. Der Wert 0,80 wäre allerdings kein sinnvoller Kennwert der Assoziation zwischen den Variablen, weil er nicht den Grad der Vorhersagegenauigkeit berücksichtigt, den man erzielt, wenn man die Lohnzufriedenheit <u>ohne</u> Kenntnis des Beschäftigtenstatus vorhersagt. Kurzum: der Zahlenwert 0,80 wäre der Wert eines nicht genormten Assoziationsmaßes. In Tab. 4.13c entfallen je 50 Beschäftigte auf die Kategorie "gering" und "hoch" der Variablen "Lohnzufriedenheit". Allein auf diese Information gestützt, können wir die Hälfte der Fälle korrekt klassifizieren. Wenn wir für jeden Beschäftigten entweder eine geringe oder eine hohe Lohnzufriedenheit vorhersagen, sind 50 dieser Vorhersagen falsch. Wie wir sahen, waren bei Anwendung der anderen Regel von 100 Vorhersagen nur 20 falsch. Mit anderen Worten: Bei der Vorhersage der Lohnzufriedenheit hilft uns die Kenntnis des Beschäftigtenstatus die Vorhersage erheblich zu verbessern, weil wir bei 100 Vorhersagen nur 20 statt 50 Fehler begehen. Das bedeutet eine Fehlerreduktion von (50 - 20)/50 = 0,60 oder 60 Prozent.

Bei Anwendung der Vorhersageregel: "Wenn das Lohneinkommen gering ist, ist auch die Lohnzufriedenheit gering; ..." auf Tab. 4.14c können wir die Lohnzufriedenheit für die in der Diagonalen vorfindbaren Fälle (26 + 25 + 26 = 77) genau vorhersagen. Wir sind allerdings nicht an der Anzahl korrekter Vorhersagen, sondern - siehe unten - an der proportionalen bzw. prozentualen Fehlerreduktion interessiert. In Tab. 4.14c hat die Variable "Lohnzufriedenheit" drei mit je 33 Fällen besetzte Kategorien. Ohne Berücksichtigung des Lohneinkommens kann deshalb die Vorhersage einer dieser drei Kategorien (z.B. "hoch") für alle 99 Beschäftigten in nur 33 Fällen korrekt sein; 66 Vorhersagen sind notwendig falsche Vorhersagen. <u>Ohne</u> Kenntnis des Lohneinkommens begehen wir folglich

66 Fehler, mit Kenntnis des Lohneinkommens hingegen nur 99 - 77 = 22 Fehler. Die Fehlerreduktion beträgt in diesem Fall (66 - 22)/66 = 0,67 oder 67 Prozent.

Betrachten wir schließlich die in den Tabellen 4.13b und 4.14b dargestellten schwachen Beziehungen. Im ersten Beispiel ist die Vorhersage der Lohnzufriedenheit bei Berücksichtigung des Beschäftigtenstatus in 28 + 28 = 56 von 100 Fällen korrekt und in 44 Fällen falsch. Auf der Basis der Randverteilung der Variablen "Lohnzufriedenheit" allein begehen wir 50 Vorhersagefehler. Die Fehlerreduktion ist in diesem Beispiel sehr gering, nämlich nur (50 - 44)/50 = 0,12 oder 12 Prozent. Bei Tab. 4.14b führt die Auswertung der Information über das Lohneinkommen zu 14 + 13 + 14 = 41 fehlerfreien Vorhersagen der Lohnzufriedenheit; in diesem Beispiel sind also 99 - 41 = 58 Vorhersagen falsch. Gegenüber der auf der Randverteilung der Variablen "Lohnzufriedenheit" basierenden Vorhersage mit 66 Fehlern stellt dies eine sehr geringe Fehlerreduktion dar, nämlich nur (66 - 58)/66 = 0,12 oder 12 Prozent.

Aus den in den Tabellen 4.13a und 4.14a dargestellten "Nicht-Beziehungen" erhellt unmittelbar, daß die Kenntnis der zweiten Variablen nicht zur Vorhersageverbesserung beiträgt; aufgrund der Datenstruktur ist keine Fehlerreduktion und damit keine Verbesserung der Vorhersage möglich.

Die obigen Beispiele illustrieren nicht nur die Anwendung gewisser Regeln zur Berechnung eines PRE-Maßes, sondern auch gewisse generelle Eigenschaften des PRE-Modells. Diese Eigenschaften können wie folgt charakterisiert werden: Jedes PRE-Maß repräsentiert die proportionale bzw. (mit 100 multipliziert) relative Fehlerreduktion, die aus der Enge der Beziehung zwischen den Variablen resultiert. Die PRE-Maße unterscheiden sich zwar nach Vorhersageregeln und Definitionen der Vorhersagefehler; sie haben jedoch eine gemeinsame Logik.

Die gemeinsame Logik besteht in der Bestimmung des Fehlers einer Vorhersage, den man begeht, wenn lediglich die Rand- bzw. Marginalverteilung der einen Variablen die Basis der Vorhersage ist, und in einer Spezifikation des Grades, in dem dieser Fehler reduziert werden kann bei Anwendung einer Vorhersageregel, die die Information über die zweite Variable auswertet.

Demgemäß sind den PRE-Maßen vier Elemente gemeinsam: 1. eine Vorhersageregel, die auf der Marginalverteilung der abhängigen Variablen basiert, 2. eine Vorhersageregel, die auf der Beziehung zwischen den Variablen basiert, 3. eine Fehlerdefinition und 4. eine Formel, nach der die proportionale Fehlerreduktion berechnet wird. Die PRE-Interpretation eines Assoziationsmaßes setzt folglich voraus:

1. <u>Eine Regel für die Vorhersage der abhängigen Variablen auf der Basis ihrer eigenen Verteilung</u>. Bei der Analyse der Tabellen 4.13 und 4.14 lief die Anwendung dieser Regel darauf hinaus, daß wir jeweils eine der (in diesen Fällen gleich stark besetzten) Kategorien der abhängigen Variablen für alle gegebenen Untersuchungseinheiten vorhersagten. Wie wir sehen werden, lautet die Regel für die Vorhersage der abhängigen Variablen auf der Basis ihrer eigenen Verteilung bei anderen Daten bzw. bei verschiedenen PRE-Maßen anders.

2. <u>Eine Regel für die Vorhersage der abhängigen Variablen auf der Basis der unabhängigen Variablen</u>. In jedem der obigen Rechenbeispiele lautete die auf der unabhängigen Variablen basierende Vorhersageregel: "Wenn Arbeiter, dann geringe Lohnzufriedenheit, ..." und "Wenn geringes Lohneinkommen, dann geringe Lohnzufriedenheit; ...". Auf andere Daten sind andere Regeln für die Vorhersage der abhängigen Variablen auf der Grundlage der unabhängigen Variablen zugeschnitten. Wie wir sehen werden, ist es

sogar entbehrlich, diese für das Verständnis der PRE-Interpretation wichtigen Schritte im einzelnen nachzuvollziehen, weil Rechenformeln zur Verfügung stehen, die eine direkte Berechnung der PRE-Maße ermöglichen.

3. Eine Fehlerdefinition. Die obigen Rechenbeispiele implizieren eine unmittelbar einsichtige Fehlerdefinition: Jeder nicht korrekt klassifizierte (d.h. von einer Vorhersageregel abweichende) Fall wurde als Fehler behandelt. Wie wir sehen werden, beziehen sich die Vorhersagen bei metrischen Daten nicht auf die kategoriale Zugehörigkeit oder Nicht-Zugehörigkeit. Bei metrischen Daten geht die exakte Größe der Differenzen zwischen Beobachtungs- und Vorhersagewerten in die Berechnung des Fehlers und damit des PRE-Maßes ein. Damit ist angedeutet, daß die Fehlerdefinition bei Daten mit anderem Meßniveau eine andere ist.

4. Eine Definition des PRE-Maßes. Obwohl die Vorhersageregeln und Fehlerdefinitionen bei verschiedenen Assoziationsmaßen verschieden sind, haben alle PRE-Maße diese generelle Form:

$$\text{PRE-Maß} = \frac{(\text{Fehler nach Regel 1}) - (\text{Fehler nach Regel 2})}{(\text{Fehler nach Regel 1})}$$

$$= \frac{E_1 - E_2}{E_1}$$

In den folgenden Kapiteln wird die PRE-Interpretation der Assoziationsmaße λ (S.125-137), ρ (S.169-175), r^2 (S.205-214) und η^2 (S.234-242) erläutert.

5. Die Beschreibung der Beziehung zwischen nominalen Variablen

Da es eine Vielzahl von Maßen gibt, die zur Beschreibung der Beziehung zwischen nominalskalierten Daten vorgeschlagen wurden, können wir hier nur eine Auswahl besprechen. Einige dieser Maßzahlen repräsentieren verschiedene Konzeptionen der Assoziation, wie sie in Abschnitt 4.3 skizziert wurden. Wir sahen dort, daß das Konzept der Assoziation Aspekte hat, die sich weder notwendigerweise ausschließen noch ergänzen.

Die um die Jahrhundertwende entwickelten Assoziationsmaße haben eine so lange Geschichte, daß man sie als "traditionelle" Maßzahlen bezeichnet. Damit sind gewöhnlich die chi-quadrat-basierten Maßzahlen gemeint. Diese Maße erfahren häufig berechtigte Kritik, weil deren Zahlenwerte nur schwer interpretierbar sind. Nichtsdestoweniger werden wir diese Maße besprechen, weil man ihnen nicht nur in der älteren Forschungsliteratur häufig begegnet. Wir werden aber auch Maßzahlen behandeln, die den "traditionellen" Maßen in dieser Hinsicht überlegen sind, wie etwa das von Goodman und Kruskal vorgeschlagene Maß Lambda.

Die in diesem Kapitel besprochenen Maßzahlen sind sämtlich geeignet, die Beziehung zwischen Variablen zu beschreiben, die lediglich das Meßniveau einer Nominalskala haben, wie z.B. die Variablen Geschlecht, Konfessionszugehörigkeit, Rassenzugehörigkeit, Familienstand, Parteipräferenz, Berufszugehörigkeit, Nationalität usw. Die für nominalskalierte Daten angemessenen Maßzahlen können lediglich voraussetzen, daß eine Klassifizierung der Untersuchungseinheiten in <u>ungeordnete</u> Kategorien vorgenommen wurde. Da diese Kategorien bei nominalen Variablen beliebig angeordnet, d.h. jederzeit vertauscht werden können, ist unmittelbar einsichtig, daß wir nicht von "positiven" oder "negativen" Beziehungen sprechen können, wenn die kreuztabulierten Variablen nominales Meßniveau haben. Die Maßzahlen zur Charakterisierung der Beziehung zwischen nominalen Variablen brauchen aus diesem Grunde nicht über die Richtung der Beziehung zu informieren; sie können vorzeichenlos sein, weil die Vorzeichen bei nominalen Variablen inhaltlich nicht interpretierbar sind.

In der Tat sind etliche für nominale Variablen geeignete Maße vorzeichenlose Kennwerte, z.B. alle chi-quadrat-basierten Maßzahlen. Drei der auf nominale Variablen anwendbare und im folgenden behandelte Assoziationsmaße produzieren jedoch Vorzeichen; es sind dies die Prozentsatzdifferenz, der Phi-Koeffizient (falls er aus den Originaldaten einer 2 x 2-Tabelle berechnet wird) und der Assoziationskoeffizient Q. Deren über den Richtungssinn einer Beziehung informierende Vorzeichen können von besonderem Interesse sein, wenn - was prinzipiell möglich ist - d%, Phi oder Q für dichotomisierte Variablen höheren Meßniveaus berechnet werden. Bei nominalen Variablen beschränkt sich die Interpretation der Vorzeichen dieser Maße auf die Feststellung, daß bei positivem Vorzeichen eine Dominanz entlang der (ad)-Diagonalen und bei negativem Vorzeichen eine Dominanz entlang der (bc)-Diagonalen der 2 x 2-Tabelle vorliegt (vgl. Abschnitt 4.2.2).

5.1. Die Prozentsatzdifferenz: d%

Die meisten soziologischen Forschungsberichte weisen die Rohergebnisse in Form von Prozentsätzen aus. Nehmen wir das folgende Beispiel aus einer von Hyman und Wright (1971) durchgeführten umfänglichen Replikationsstudie, in der die Mitgliedschaft amerikanischer Erwachsener in freiwilligen Organisationen untersucht wurde. Die von Hyman und Wright zitierten Daten entstammen einer Befragung von US-Bürgern aus dem Jahre 1960; sie zeigen, daß Neger seltener als Weiße Mitglieder freiwilliger Organisationen (ohne Gewerkschaften) sind (siehe Tab. 5.1).

Tab. 5.1. Percent of Respondents Belonging to Voluntary Associations (Excluding Unions) by Race, 1960

Race	0	1	2+	N
Negro	59 %	19 %	22 %	96
White	48 %	22 %	30 %	834

Quelle: Hyman und Wright (1971), S.204.

Da Hyman und Wright die Basis der Prozentuierung mitteilen, können wir die Daten der Tab. 5.1 wie folgt rekonstruieren:

Tab. 5.2. Rassenzugehörigkeit und Mitgliedschaft in freiwilligen Organisationen

		Rassenzugehörigkeit		
		Neger	Weiße	
Mitglied freiwilliger Organisationen	nein	57	400	457
	ja	39	434	473
		96	834	930

Rassenzugehörigkeit

Mitglied freiwilliger Organisationen

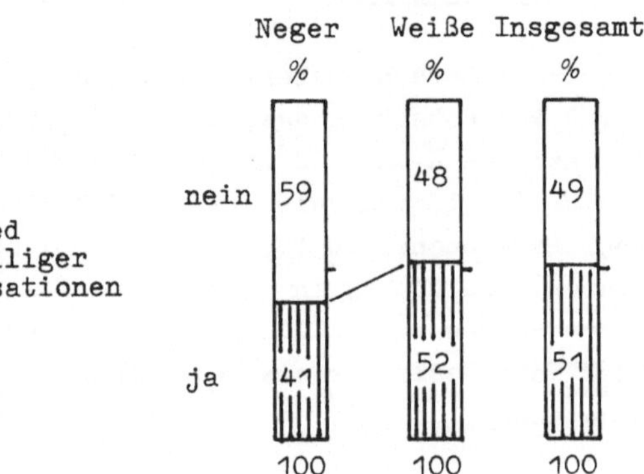

Abb. 5.1. Rassenzugehörigkeit und Mitgliedschaft in freiwilligen Organisationen (graph. Darst. zu Tab. 5.2)

Diese Form der Daten legt es nahe, die Differenz zwischen den Prozentsätzen zur Beschreibung der Beziehung zwischen den Variablen "Rassenzugehörigkeit" und "Mitgliedschaft in freiwilligen Organisationen" zu verwenden.

Abb. 5.1 ist zu entnehmen, daß 49 Prozent aller Befragten nicht Mitglied freiwilliger Organisationen sind. Abb. 5.1 drückt jedoch nicht nur die Marginalverteilung, sondern auch die konditionalen Verteilungen in Prozentsätzen aus. Wir können infolgedessen prüfen, in welchem Maße die Mitgliedschaft in freiwilligen Assoziationen mit der Rassenzugehörigkeit assoziiert ist. Wie leicht auszumachen ist, beträgt die Differenz zwischen den beiden Subgruppen 59 - 48 = 11 Prozentpunkte. Diese Differenz ist ein Maß für den Grad der Beziehung zwischen den beiden Variablen. Die Generalisierung unseres Ergebnisses ergibt folgende Formel für die Berechnung der Prozentsatzdifferenz in 2 x 2-Tabellen:

$$d\% = 100\left(\frac{a}{a + c} - \frac{b}{b + d}\right)$$

oder

$$d\% = \frac{100(ad - bc)}{(a + c)(b + d)}$$

Auf unser obiges Beispiel angewandt, lautet die Rechnung:

$$d\% = 100\left(\frac{57}{96} - \frac{400}{834}\right) = 100(0,59 - 0,48) = 100(0,11) = 11 \text{ bzw.}$$

$$d\% = \frac{100\left[(57)(434) - (400)(39)\right]}{(96)(834)} = \frac{100(24738 - 15600)}{80064}$$

$$= \frac{100(9138)}{80064} = \frac{913800}{80064} = 11$$

Die Prozentsatzdifferenz beträgt bei vollständiger Unabhängigkeit (Indifferenz) 0, bei vollständiger Abhängigkeit bzw. Assoziation ±100. Dieser Variationsbereich könnte unter Verzicht auf die Multiplikation mit 100 in den Variationsbereich zwischen -1 und +1 umgewandelt und auf diese Weise die Prozentsatzdifferenz den Koeffizienten, die konventionell zwischen -1 und +1 variieren, angeglichen werden. Das ist jedoch nicht üblich. Insofern nimmt die Prozentsatzdifferenz unter den Assoziationsmaßen für die Vierfelder-Tabelle eine Sonderstellung ein.

Die Prozentsatzdifferenz vermittelt als einfaches, leicht errechnetes Maß einen sehr guten Eindruck von der Art der Beziehung zwischen den Variablen. Die Richtung wird durch das Vorzeichen ausgedrückt. Ein positives Vorzeichen gibt zu erkennen, daß die Beziehung entlang der (ad)-Diagonalen verläuft, während ein negatives Vorzeichen das Übergewicht entlang der (bc)-Diagonalen anzeigt.

Es gibt keinen Grund, die Prozentsatzdifferenz als ein primitives Assoziationsmaß zu betrachten, das eines qualifizierten Forschers unwürdig ist, weil es keinen Grund gibt, ein Konzept seiner klaren Bedeutung wegen abzulehnen. Prozentwerte sind die einzigen Kennwerte, die nicht-professionellen Lesern geläufig sind. Man kann sicher sein, daß jedes andere Assoziationsmaß bei Laien auf größere Verständnisschwierigkeiten stößt. Da aber sehr viele Forschungsberichte an ein nicht einschlägig vorgebildetes Publikum gerichtet sind, sollte man die erhellende Funktion eines leicht verständlichen Assoziationsmaßes nicht unterschätzen. Die Prozentsatzdifferenz ist durchaus geeignet, ein intuitives, wenn nicht fundamentales Verständnis für das Konzept der Assoziation zu vermitteln. Infolgedessen ist die Verwendung der Prozentsatzdifferenz als Maß der Beziehung stets zu erwägen, wenn die kreuztabulierten Variablen zwei Kategorien haben (d.h. Dichotomien sind).

Was für 2 x 2-Tabellen gilt, gilt nicht für beliebig große Tabellen. Größere als 2 x 2-Tabellen weisen mehr als eine Prozentsatzdifferenz auf. Nehmen wir beispielsweise an, eine aus der Kreuztabulation der dichotomisierten Variablen "Autoritarismus" (niedrig/hoch) und der trichotomisierten Variablen "Schichtzugehörigkeit" (Unterschicht/Mittelschicht/Oberschicht) resultierende 2 x 3-Tabelle hätte folgende Prozentwerte in der Kategorie "niedrig": Unterschicht 70 Prozent, Mittelschicht 60 Prozent, und Oberschicht 40 Prozent. Hier ist die Differenz zwischen der Unter- und Mittelschicht 10 Prozent, zwischen der Unter- und Oberschicht 30 Prozent, und zwischen der Mittel- und Oberschicht 20 Prozent. Wäre die Variable "Autoritarismus" überdies nicht dichotomisiert, sondern trichotomisiert worden, wäre das Bild noch komplizierter, weil dann in jeder Schicht drei statt zwei Prozentwerte aufträten. Es liegt auf der Hand, daß bei größeren als 2 x 2-Tabellen der Rekurs auf Prozentsatzdifferenzen den Leser eher verwirren würde als ein Assoziationsmaß, das unabhängig von der Tabellengröße die Beziehung zwischen den Variablen mit einer einzigen Zahl beschreibt.

Prinzipiell besteht natürlich immer die Möglichkeit, eine größere als 2 x 2-Tabelle durch Zusammenfassung der Kategorien auf eine 2 x 2-Tabelle zu reduzieren. Von dieser Möglichkeit haben wir in unserem oben zitierten Beispiel aus Hyman und Wright (1971) Gebrauch gemacht. Man sollte sich jedoch hüten, dieses Verfahren als eine geschickte Datenanalyse-Politik zu betrachten. Denn es kann keinen Zweifel geben, daß wir dabei Informationen vergeudet und genauere Einsichten in die Datenstruktur verhindert haben. So haben wir in unserem Beispiel lediglich die Information ausgewertet, die sich auf die Dichotomie "Mitgliedschaft" versus "Nicht-Mitgliedschaft" bezieht; wir haben darauf verzichtet, die gegebene Information zu berücksichtigen, daß nur 19 Prozent der befragten Neger, aber 22 Prozent der befragten Weißen Mitglied <u>einer</u> freiwilligen Organisation sind, und daß nur 22 Prozent der befragten Neger, aber 30 Prozent der befragten Weißen Mitglied <u>zweier oder mehrerer</u> freiwilliger Organisationen sind. Es sollte klar sein, daß nichts dafür spricht, diese Information zu unterschlagen, sondern alles dafür, sie auszuwerten. Dazu benötigen wir Assoziationsmaße, die für größere als 2 x 2-Tabellen geeignet sind.

5.2. Maßzahlen auf der Basis von Chi-Quadrat: ϕ, T, V und C

Statt, wie bei der Prozentsatzdifferenz, die Subgruppen einer Vierfelder-Tabelle miteinander zu vergleichen, kann man die vorgefundene Besetzung der Zellen mit einer Besetzung vergleichen, die man erwarten würde, wenn keine Beziehung zwischen den Variablen bestünde. Auf diesem Vergleich der absoluten Häufigkeiten der sogenannten Kontingenztabelle (f_b) mit den absoluten Häufigkeiten der sogenannten Indifferenztabelle (f_e) beruhen die traditionellen chi-quadrat-basierten Assoziationsmaße, die sich für Daten aller Meßniveaus, also auch für nominalskalierte Daten berechnen lassen. Dabei wird die Maßzahl Chi-Quadrat (χ^2) nach der folgenden Formel berechnet:

$$\chi^2 = \sum \frac{(f_b - f_e)^2}{f_e}$$

Wie wir sehen werden, kann Chi-Quadrat für Vierfelder-Tabellen unter Verzicht auf die Ermittlung der erwarteten Häufigkeiten nach der folgenden Formel berechnet werden:

$$\chi^2 = \frac{N(ad - bc)^2}{(a + b)(c + d)(a + c)(b + d)}$$

In allen anderen Fällen besteht der erste Schritt zur Berechnung eines chi-quadrat-basierten Assoziationsmaßes darin, die erwarteten Häufigkeiten der Indifferenztabelle zu ermitteln. Die Indifferenztabelle ist insofern eine imaginäre Tabelle, als sie die gemeinsamen Häufigkeiten bei gegebenen Randverteilungen in einer Weise darstellt, wie wir sie anträfen bzw. zu erwarten hätten, wenn keine Beziehung zwischen den beiden

Variablen bestünde, d.h. wenn die beiden Variablen statistisch unabhängig wären. Der zweite Schritt besteht darin, die beobachteten gemeinsamen Häufigkeiten der Kontingenztabelle mit den erwarteten ("theoretischen") gemeinsamen Häufigkeiten der Indifferenztabelle zu vergleichen. Je größer die Differenz zwischen den Häufigkeiten beider Tabellen ist, desto größer ist die Abweichung von der statistischen Unabhängigkeit bzw. der Grad der Assoziation zwischen den Variablen. Der dritte und letzte Schritt besteht darin, die Tabellendifferenzen zur Berechnung des Assoziationsmaßes heranzuziehen.

In Tab. 5.3 und Abb. 5.2 sind Teilergebnisse einer Untersuchung von McDill und Coleman (1963) zitiert, die uns als Beispiel dienen sollen. McDill und Coleman fanden bei der Analyse von Befragungsdaten aus den Jahren 1957 und 1961 folgende Beziehungen zwischen dem sozialen Status (innerhalb der Schülerschaft) amerikanischer "High-School"-Besucher, die zunächst als "Freshmen" (1957) und später als "Seniors" (1961) ein zweites Mal befragt worden waren, und deren Absicht, nach dem Besuch der "High-School" ein "College" zu besuchen:

Tab. 5.3. Beziehungen zwischen dem Status in einem Sozialsystem und College-Besuchs-Absichten

		(a) Freshmen			(b) Seniors		
		Social Status			Social Status		
		High	Low		High	Low	
College Plans	Yes	85	206	291	112	155	267
	No	59	252	311	57	278	335
		144	458	602	169	433	602
		$\phi = 0{,}12$			$\phi = 0{,}28$		

Quelle: McDill und Coleman (1963)

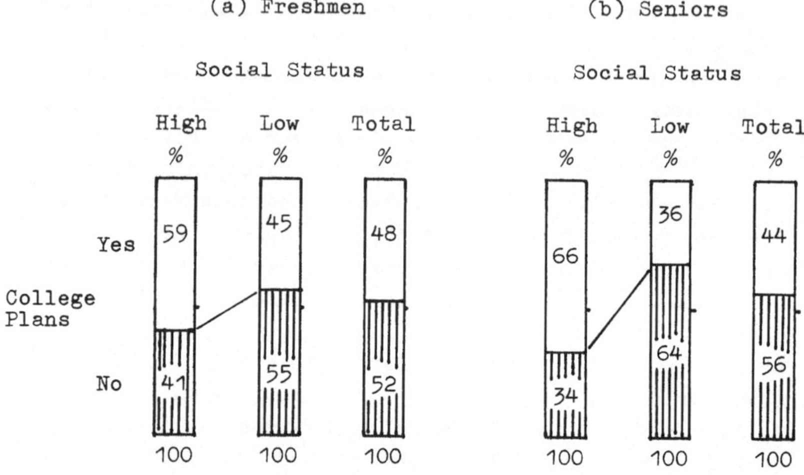

Abb. 5.2. Beziehungen zwischen dem Status in einem Sozialsystem und College-Besuchs-Absichten (graphische Darstellung zu Tab. 5.3)

Aus Tab. 5.3 und Abb. 5.2 geht hervor, daß (a) die Korrelation zwischen den Variablen "sozialer Status" und "Collegepläne" zu beiden Befragungszeitpunkten "positiv" ist und daß (b) die Korrelation im Laufe der vier Schuljahre, die zwischen den beiden Befragungen liegen, zunimmt. Darüber geben nicht nur die in Tab. 5.3 ausgewiesenen Zahlenwerte des von McDill und Coleman verwendeten (und gleich zu erläuternden) Phi-Koeffizienten Aufschluß (ϕ = 0,12 bzw. 0,28), sondern auch die schnell berechneten Prozentsatzdifferenzen: Für die "Freshmen" erhalten wir einen Wert von d% = 59 - 45 = 14 und für die "Seniors" einen Wert von d% = 66 - 36 = 30 (siehe Abb. 5.2).

Uns soll zunächst die Frage beschäftigen, wie die gemeinsamen Häufigkeiten der Indifferenztabelle berechnet werden. Wie wir uns erinnern, bezieht sich das Konzept der Assoziation nicht auf die Marginalverteilungen, sondern auf die konditionalen Verteilungen. Deshalb werden zur Ermittlung der Häufigkeiten der Indifferenztabelle die marginalen Häufigkeiten der Kontingenztabelle herangezogen. Auf der Basis der marginalen Häufigkeiten der Kontingenztabelle wird für jede Zelle der Indifferenztabelle die sogenannte theoretische oder erwartete Häufigkeit berechnet. Das Ergebnis dieser Berechnung sind konditionale Verteilungen, die - in Prozentwerten ausgedrückt - unterschiedslos oder "indifferent" sind. Nach der in Abschnitt 4.2.1 beschriebenen Notation hat Zelle$_{ij}$ der Indifferenztabelle die erwartete Häufigkeit

$$f_{e_{ij}} = \frac{n_{i.}n_{.j}}{N}$$

Beziehen wir uns auf Tab. 5.3a, so erhalten wir beispielsweise für Zelle$_{11}$ die erwartete Häufigkeit

$$f_{e_{11}} = \frac{n_{1.}n_{.1}}{N} = \frac{(291)(144)}{602} = \frac{41904}{602} = 69,6$$

Das Ergebnis der gesamten Rechnung ist die in Tab. 5.4 mit der Kontingenztabelle kontrastierte Indifferenztabelle.

Tab. 5.4. Die Berechnung der erwarteten Häufigkeiten f_e

Kontingenztabelle (f_b)

College Plans	Freshmen Social Status High	Low	
Yes	85	206	291
No	59	252	311
	144	458	602

Indifferenztabelle (f_e)

College Plans	Freshmen Social Status High	Low	
Yes	$\frac{291 \cdot 144}{602}=69,6$	$\frac{291 \cdot 458}{602}=221,4$	291
No	$\frac{311 \cdot 144}{602}=74,4$	$\frac{311 \cdot 458}{602}=236,6$	311
	144	458	602

Man beachte und kontrolliere, daß sich die Häufigkeiten der Indifferenztabelle zu den Randhäufigkeiten der Tabelle addieren. (Da die marginalen Häufigkeiten der Indifferenztabelle fixiert sind, ist eine 2 x 2-Tabelle mit der Bestimmung von nur einer erwarteten Häufigkeit determiniert; die erwarteten Häufigkeiten der übrigen drei Zellen sind die jeweilige Differenz zwischen der errechneten Häufigkeit und der entsprechenden Marginalhäufigkeit. Zur Vermeidung von Folgefehlern empfiehlt sich jedoch die Berechnung aller erwarteten Häufigkeiten nach dem in Tab. 5.4 dargestellten Verfahren.)

Ob die ermittelten theoretischen Häufigkeiten der Indifferenztabelle in der Tat eine Tabelle ergeben, in der die Variablen nicht assoziiert sind, läßt sich durch die Berechnung der relativen Häufigkeiten der konditionalen Verteilungen leicht überprüfen. Wenn keine Beziehung zwischen den Variablen besteht, müssen per definitionem die konditionalen Verteilungen (in Proportionen oder Prozentwerten ausgedrückt) identisch sein; nur dann liegt eine Indifferenztabelle vor. Da die abhängige Variable "College Plans" lediglich zwei Kategorien hat, genügt es im vorliegenden Fall, die Prozentwerte von nur einer Kategorie jeder konditionalen Verteilung zu berechnen. Es zeigt sich, daß die Subgruppen tatsächlich unterschiedslos sind und mit der Marginalverteilung der Variablen "College Plans" identisch sind (siehe auch Abb. 5.3):

$$\frac{69,6}{144}(100) = 48,34; \qquad \frac{221,4}{458}(100) = 48,34; \qquad \frac{291}{602}(100) = 48,34$$

Durch Rundungen ergeben sich bei dieser Kontrolle gelegentlich geringe Differenzen.

Mit der Bestimmung der Indifferenztabelle, d.h. mit der Berechnung der erwarteten Häufigkeiten ist der erste Schritt zur Berechnung chi-quadrat-basierter Assoziationsmaße getan. Der zweite Schritt besteht darin, die Differenzen zwischen den beobachteten Häufigkeiten der Kontingenztabelle und den erwar-

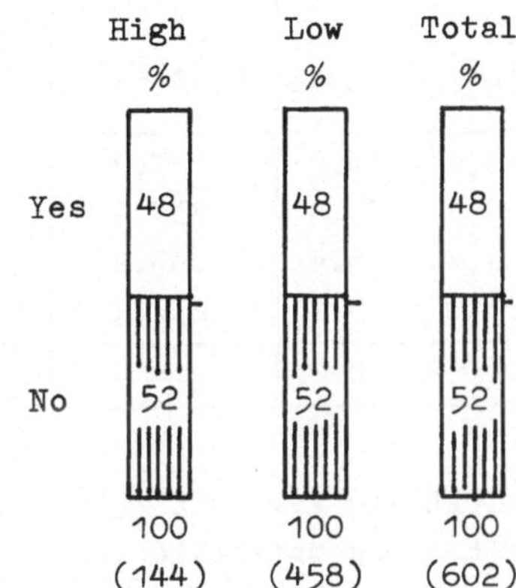

Abb. 5.3. Graphische Darstellung der Indifferenztabelle (siehe Tab. 5.4)

teten Häufigkeiten der Indifferenztabelle festzustellen. Faktisch bedeutet dies, die Maßzahl Chi-Quadrat zu berechnen. Dazu bedienen wir uns einer sinnvollen Arbeitstabelle und einer vereinfachten Notation. Die vereinfachte Notation benutzt statt der Symbole $f_{b_{ij}}$ und $f_{e_{ij}}$ für die beobachteten bzw. erwarteten Häufigkeiten die Symbole f_b und f_e. Sie verzichtet überdies auf Doppelsummen und die Angabe der Summierungsgrenzen.

Die aktuelle Berechnung der Maßzahl Chi-Quadrat mittels einer Arbeitstabelle ist überaus einfach. Dabei wird die Differenz zwischen der beobachteten Häufigkeit und der erwarteten Häufigkeit einer jeden Zelle berechnet, jede Differenz quadriert, jede quadrierte Differenz durch die erwartete Häufigkeit dividiert und über alle Zellen summiert. Für unser Beispiel lautet die Rechnung:

Tab. 5.5. Die Berechnung von Chi-Quadrat

Zeile i	Spalte j	f_b	f_e	$f_b - f_e$	$(f_b - f_e)^2$	$\frac{(f_b - f_e)^2}{f_e}$
1	1	85	69,6	15,4	237,2	3,408
1	2	206	221,4	-15,4	237,2	1,071
2	1	59	74,4	-15,4	237,2	3,188
2	2	252	236,6	15,4	237,2	1,003
Summe		602	602	0		8,670

Obwohl der in Tab. 5.5 errechnete Wert von $\chi^2 = 8{,}67$ das Ausmaß der Abweichung der Kontingenztabelle von der Indifferenztabelle, d.h. den Grad der Abweichung der Variablen von der statistischen Unabhängigkeit reflektiert, kann er in dieser Form nicht als sinnvoller Kennwert der Beziehung zwischen den Variablen fungieren. Wie die in Tab. 5.6 dargestellten gemeinsamen Häufigkeitsverteilungen zeigen, führt nämlich die Verdoppelung der Zellenhäufigkeiten bei identischen konditionalen Verteilungen bzw. gleichen Proportionen der Tabellen zur Verdoppelung des Chi-Quadrat-Wertes:

Tab. 5.6. Chi-Quadrat-Werte von Tabellen mit identischen Proportionen

24	16	40
16	24	40
40	40	80

$\chi^2 = 3{,}2$

48	32	80
32	48	80
80	80	160

$\chi^2 = 6{,}4$

96	64	160
64	96	160
160	160	320

$\chi^2 = 12{,}8$

Chi-Quadrat variiert also direkt mit N. Wir sind allerdings nicht an einem Assoziationsmaß interessiert, das bei identischen Graden der Beziehung in Abhängigkeit von der Anzahl der zugrundeliegenden Untersuchungseinheiten unterschiedliche Werte annimmt. Ein auf Chi-Quadrat basierendes Assoziationsmaß muß deshalb die Anzahl der Fälle berücksichtigen. Ein solches Maß ist der Punkt-Korrelations- bzw. Phi-Koeffizient, definiert als

$$\phi^2 = \frac{\chi^2}{N} \quad \text{bzw.} \quad \phi = \sqrt{\frac{\chi^2}{N}}$$

Auf die in Tab. 5.6 genannten Beispiele angewandt, ist

$$\phi = \sqrt{\frac{3{,}2}{80}} = \sqrt{\frac{6{,}4}{160}} = \sqrt{\frac{12{,}8}{320}} = 0{,}2$$

Der letzte Schritt zur Berechnung eines chi-quadrat-basierten Assoziationsmaßes besteht - wie gezeigt - in der Einsetzung der aktuellen Werte in die jeweilige Formel. Für unser obiges Rechenbeispiel erhalten wir bei $\chi^2 = 8{,}67$ und $N = 602$ einen Zahlenwert von

$$\phi^2 = \frac{\chi^2}{N} = \frac{8{,}67}{602} = 0{,}0144$$

bzw.

$$\phi = \sqrt{0{,}0144} = 0{,}12$$

Wie eingangs erwähnt, hätten wir den Chi-Quadrat-Wert für unsere Vierfelder-Tabelle auch ohne Ermittlung der erwarteten Häufigkeiten nach der Formel

$$\chi^2 = \frac{N(ad - bc)^2}{(a + b)(c + d)(a + c)(b + d)}$$

berechnen können. Das Ergebnis der folgenden Rechnung zeigt, daß die Chi-Quadrat-Werte bis auf eine geringfügige, auf Rundungen zurückzuführende Minimaldifferenz in der Tat identisch sind:

$$\chi^2 = \frac{602(85 \cdot 252 - 206 \cdot 59)^2}{(291)(311)(144)(458)} = 8{,}66$$

Eine mit der oben genannten Definitionsformel von Phi algebraisch übereinstimmende, auf das Vierfelder-Schema bezogene Formel zur direkten Berechnung des Phi-Koeffizienten aus den Daten einer 2 x 2-Tabelle ist

$$\phi = \frac{ad - bc}{\sqrt{(a + b)(c + d)(a + c)(b + d)}}$$

Auf unser Rechenbeispiel angewandt, erhalten wir mit dieser Formel einen Wert von

$$\phi = \frac{(85)(252) - (206)(59)}{\sqrt{(291)(311)(144)(458)}} = 0,12$$

Dieser Zahlenwert ist mit dem oben errechneten identisch. Ein beachtenswerter Unterschied liegt darin, daß ein nach der Formel $\phi^2 = \chi^2/N$ berechneter Wert vorzeichenlos ist, ein nach der zuletzt verwendeten Formel berechneter Wert jedoch zwischen -1 und +1 variieren kann. Da es stets von Interesse ist, die Richtung der Beziehung zu kennen (Übergewicht entlang der (ad)-Diagonalen oder der (bc)-Diagonalen), ist die auf die Vierfelder-Tabelle zugeschnittene Formel zu bevorzugen. Bei ordinal- und metrisch skalierten Daten kommt hinzu, daß das Vorzeichen nicht nur formal, sondern auch inhaltlich interpretiert werden kann.

Für 2 x 2-Tabellen ist ϕ ein sensibles Assoziationsmaß. Es nimmt den Wert 0 an, wenn die beobachteten Häufigkeiten mit den unter der Annahme der statistischen Unabhängigkeit erwarteten Häufigkeiten übereinstimmen; Phi erreicht den Wert 1, wenn Chi-Quadrat seinen maximalen Wert, nämlich N erreicht. Das ist der Fall, wenn zwei Diagonalzellen der 2 x 2-Tabelle unbesetzt sind.

Für größere als 2 x 2-Tabellen kann $\phi^2 > 1$ werden - eine bei Assoziationsmaßen unerwünschte Eigenschaft, die sie als Vergleichsgrößen untauglich werden läßt. Deshalb sind für r x c-Tabellen andere Koeffizienten vorgeschlagen worden, die ebenfalls eine Funktion der Maßzahl Chi-Quadrat sind, aber den Wert 1 als Obergrenze haben. Eines dieser Maße ist der nach Tschuprow benannte Koeffizient T, definiert als

$$T^2 = \frac{\chi^2}{N\sqrt{(r-1)(c-1)}} \quad \text{bzw.} \quad T = \sqrt{\frac{\chi^2}{N\sqrt{(r-1)(c-1)}}}$$

wobei r die Anzahl der Zeilen und c die Anzahl der Spalten symbolisiert. Bei 2 x 2-Tabellen ist T^2 mit ϕ^2 identisch, weil dann der Wurzelausdruck im Nenner $\sqrt{(2-1)(2-1)} = 1$ ist. T kann allerdings die Obergrenze 1 nur dann erreichen, wenn die Anzahl der Zeilen und Spalten der Tabelle gleich ist. In einer 2 x 3- oder 3 x 4-Tabelle ist T stets kleiner als 1. Dieser Schwäche wegen spielt der Koeffizient T in der Sozialforschung praktisch keine Rolle.

Eine Variante, die gelegentlich in der empirischen Sozialforschung verwendet wird, ist der von Cramér vorgeschlagene Koeffizient V, definiert als

$$V^2 = \frac{\chi^2}{N \min(r-1,c-1)} \quad \text{bzw.} \quad V = \sqrt{\frac{\chi^2}{N \min(r-1,c-1)}}$$

wobei r die Anzahl der Zeilen und c die Anzahl der Spalten bezeichnet. Der Ausdruck "min" steht für "Minimum" und besagt, daß zunächst zu prüfen ist, ob die Anzahl der Zeilen oder der Spalten geringer ist; der kleinere Wert geht in die Berechnung des Koeffizienten ein. Auch V^2 ist bei 2 x 2-Tabellen mit ϕ^2 identisch, weil dann der Klammerausdruck im Nenner (2 - 1) = 1 ist. V ist T überlegen, weil der Koeffizient auch dann den Wert 1 annehmen kann, wenn r und c ungleich sind.

Als Anwendungsbeispiele des Koeffizienten V sind in den Tabellen 5.7 und 5.8 Teilergebnisse einer jüngeren Forschungsarbeit wiedergegeben, die auf die Überprüfung der Hypothese angelegt war, daß die Integration des manuellen Arbeiters in die betriebliche Organisation vom Typ des sozio-technischen Systems beeinflußt wird. Ihr Autor Fullan (1970) unterschied drei Typen industrieller Technologie: den Typ des kontinuierlichen Produktionsprozesses (Mineralöl-Industrie), den Typ der handwerklichen Fertigung (Druck-Industrie) und den Typ der Massengüterproduktion (Automobil-Industrie). Das zugrundeliegende Untersuchungsmaterial sind schriftliche Befragungsdaten von N = 1491 kanadischen Arbeitern, die in diesen Industrien beschäftigt waren.

Die beiden abhängigen Variablen der Tabellen 5.7 und 5.8 verlangen eine kurze Erläuterung. Die Arbeiter waren u.a. gefragt worden, ob ihr Vorarbeiter normalerweise eine Anweisung erteile ("tells"), ob er eine Bitte ausspreche ("asks") oder ob er eine Erklärung gebe ("explains"), wenn das, was getan werden solle, einige Informationen erfordere. Die so operationalisierte Variable "Kommunikationsstil des Vorarbeiters" ist in Tab. 5.7 mit der Variablen "Industrietyp" kreuztabuliert. Die Variable "Firmenbewertung" (Tab. 5.8) basiert auf fünf Fragen, aus denen ein hier nicht näher zu diskutierender Index konstruiert wurde. Die Antworten der Arbeiter auf diese fünf Fragen informierten darüber, ob die Firma, verglichen mit anderen Firmen, als besser oder schlechter beurteilt wurde, ob die Firma nach Ansicht des Befragten eher an Kostensenkung als an ihre Beschäftigten dächte, ob die Beschäftigten für das, was sie von der Firma erhielten, kämpfen müßten, ob die Firmenleitung vom Befragten positiv beurteilt wurde, und ob der Befragte sich als über Firmenangelegenheiten gut informiert betrachtete.

Fullan ermittelte folgende Beziehungen zwischen den genannten Variablen:

Tab. 5.7. Type of Communication from Foreman by Industry

Communication from Foreman		Industry: Oil	Printing	Automobile	
	Tells	36 % (166)	46 % (274)	50 % (210)	44 % (650)
	Asks	29 % (135)	36 % (213)	32 % (131)	33 % (479)
	Explains	35 % (164)	18 % (104)	18 % (77)	23 % (345)
		100 % (465)	100 % (591)	100 % (418)	100 % (1474)

$\chi^2 = 56{,}80$ $\quad$ $V = 0{,}139$

Quelle: Fullan (1970), S.1034.

Tab. 5.8. Index of Company Evaluation by Industry

Index of Company Evaluation		Industry: Oil	Printing	Automobile	
	High	70 % (329)	65 % (390)	32 % (136)	57 % (855)
	Low	30 % (144)	35 % (207)	68 % (282)	43 % (633)
		100 % (473)	100 % (597)	100 % (418)	100 % (1488)

$\chi^2 = 149{,}66$ $\quad$ $V = 0{,}317$

Quelle: Fullan (1970), S.1036.

Wir erhalten die von Fullan ausgewiesenen V-Werte der Tabellen 5.7 und 5.8 durch Einsetzen der entsprechenden Größen in die Formel

$$V^2 = \frac{\chi^2}{N \min (r-1, c-1)}$$

Für Tab. 5.7 mit 3 Zeilen und 3 Spalten, einem Chi-Quadrat-Wert von 56,80 und N = 1474 Befragten erhalten wir

$$V^2 = \frac{56{,}80}{1474(2)} = 0{,}0193 \quad \text{bzw.} \quad V = \sqrt{0{,}0193} = 0{,}139$$

Für Tab. 5.8 mit 2 Zeilen und 3 Spalten, einem Chi-Quadrat-Wert von 149,66 und N = 1488 Befragten erhalten wir

$$V^2 = \frac{149{,}66}{1488(1)} = 0{,}1006 \quad \text{bzw.} \quad V = \sqrt{0{,}1006} = 0{,}317$$

Fullan erläutert in einer Fußnote zu seiner Arbeit, daß er Cramérs V wählte, weil dieser Koeffizient ein adäquates Maß für den Vergleich der Stärke der Beziehungen verschiedener Tabellen sei, die nominalskalierte Variablen enthielten und eine unterschiedliche Anzahl von Zeilen und Spalten aufwiesen (so auch Blalock, 1972, S.297) und erklärt: "Although it is not possible to attach a precise meaning to Cramér's V, it can be a useful guideline for comparing the relative strength of relationships across tables" (S.1032).

Die älteste chi-quadrat-basierte Maßzahl ist der von Pearson entwickelte Kontingenzkoeffizient C, definiert als

$$C = \sqrt{\frac{\chi^2}{\chi^2 + N}}$$

Der Kontingenzkoeffizient C hat den Vorteil, für Tabellen beliebiger Größe (rechteckige oder quadratische) berechnet werden zu können. Wie die obigen auf Chi-Quadrat beruhenden Maße nimmt C den Wert 0 an, wenn keine Beziehung zwischen den Variablen besteht. Der Hauptnachteil des Koeffizienten C liegt darin, daß er praktisch eine unterhalb 1 liegende Obergrenze hat, obwohl sich die Obergrenze 1 nähert, wenn die Anzahl der Zeilen und Spalten zunimmt. Der Maximalwert hängt also von der Größe der zugrundeliegenden Tabelle ab. Im Falle einer 2 x 2-Tabelle mit zwei unbesetzten Diagonalfeldern wird

$C = \sqrt{\frac{N}{N + N}}$, weil χ^2 den Höchstwert N erreicht. Wie das folgende Beispiel veranschaulicht, ist der Maximalwert des Kontingenzkoeffizienten für die Vierfelder-Tabelle 0,707:

50		50
	50	50
50	50	100

$$\chi^2 = 100$$

$$C = \sqrt{\frac{100}{100+100}} = \sqrt{\frac{100}{200}} = \frac{10}{14,14} = 0,707$$

Die Höchstwerte von C, die überdies nur für quadratische Tabellen genau bestimmbar sind, betragen in der 3 x 3-Tabelle 0,816, in der 4 x 4-Tabelle 0,866 und in der 5 x 5-Tabelle 0,894.

Generell ist $C_{max} = \sqrt{\frac{r - 1}{r}}$, wobei r die Anzahl der Zeilen der quadratischen Tabelle symbolisiert. Daraus folgt, daß sich C-Werte nur vergleichen lassen, wenn sie für Tabellen gleicher Größe berechnet wurden. Sollen C-Werte aus unterschiedlich großen quadratischen Tabellen miteinander verglichen werden, so sind sie nach der folgenden Formel, deren Anwendung stets zu einer Erhöhung des C-Wertes führt, zu korrigieren:

$$C_{korr} = \frac{C}{C_{max}}$$

Die Anwendung des Koeffizienten C soll an einem auch bei Siegel (1956) zitierten Forschungsergebnis von Hollingshead (1949) demonstriert werden. Hollingshead fand bei einer Untersuchung der Konsequenzen sozialer Schichtung in einer US-Kleinstadt, daß die Gemeindebürger sich selbst als zu fünf sozialen Klassen zugehörig empfanden. Eine seiner Hypothesen war, daß die Jugendlichen der verschiedenen Klassen verschiedene Curricula der Elmtown-High-School (College preparatory, General und Commercial) gewählt haben würden. Hollingshead überprüfte diese Hypothese, indem er die Variable "Schichtzugehörigkeit" der N = 390 Schüler mit der Variablen "Curriculum" kreuztabulierte. Da er die Klassen I und II der geringen Besetzung wegen zusammenfaßte, ergab sich folgende 3 x 4-Tabelle:

Tab. 5.9. Frequency of Enrollment of Elmtown Youths from Five Social Classes in the Three Alternative High School Curriculums

		Class				
		I und II	III	IV	V	
Curriculum	College preparatory	23	40	16	2	81
	General	11	75	107	14	207
	Commercial	1	31	60	10	102
		35	146	183	26	390

Quelle: Hollingshead (1949), S.462.

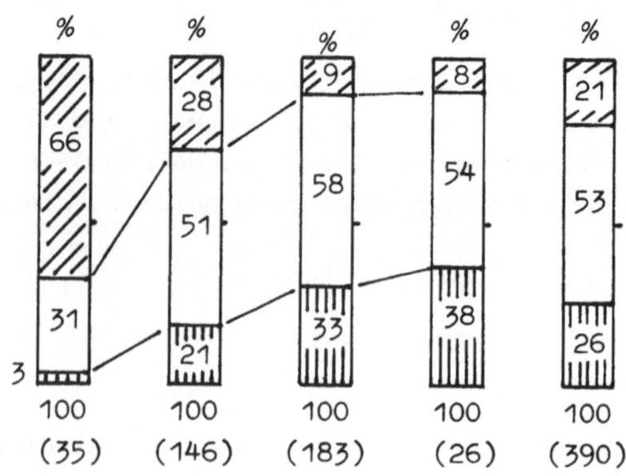

Abb. 5.4. Graphische Darstellung zu Tab. 5.9

Wenn wir die in Abb. 5.4 veranschaulichte Beziehung zwischen den Variablen "Class" und "Curriculum" mit dem Kontingenzkoeffizienten C beschreiben wollen, müssen wir zunächst die erwarteten Häufigkeiten der Indifferenztabelle und dann die Kenngröße Chi-Quadrat berechnen. Dazu bedienen wir uns der bereits bekannten Arbeitstabelle, deren erwartete Häufigkeiten f_e nach dem in Tab. 5.4 beschriebenen Verfahren ermittelt wurden.

Tab. 5.10. Die Berechnung von Chi-Quadrat

Zeile i	Spalte j	f_b	f_e	$f_b - f_e$	$(f_b - f_e)^2$	$\frac{(f_b - f_e)^2}{f_e}$
1	1	23	7,3	15,7	246,49	33,77
1	2	40	30,3	9,7	94,09	3,11
1	3	16	38,0	-22,0	484,00	12,74
1	4	2	5,4	-3,4	11,56	2,14
2	1	11	18,6	-7,6	57,76	3,11
2	2	75	77,5	-2,5	6,25	0,08
2	3	107	97,1	9,9	98,01	1,01
2	4	14	13,8	0,2	0,04	0,003
3	1	1	9,1	-8,1	65,61	7,21
3	2	31	38,2	-7,2	51,84	1,36
3	3	60	47,9	12,1	146,41	3,06
3	4	10	6,8	3,2	10,24	1,51
Summe		390	390	0		69,103

Wir erhalten durch Einsetzen der bekannten Größen in die Formel

$$C = \sqrt{\frac{\chi^2}{\chi^2 + N}}$$

$$C = \sqrt{\frac{69,1}{69,1 + 390}} = \sqrt{\frac{69,1}{459,1}} = \sqrt{0,1506} = 0,388$$

Die Korrelation zwischen der sozialen Schichtzugehörigkeit und der Wahl eines High-School-Curriculums in Elmtown ist folglich C = 0,388. Da wir hier keinen Vergleich dieses C-Wertes mit anderen C-Werten durchführen, ist es entbehrlich, einen korrigierten C-Wert zu berechnen. Wäre ein solcher Vergleich erwünscht gewesen, hätten wir - da im vorliegenden Fall keine quadratische, sondern eine rechteckige (3 x 4) Tabelle gegeben ist - eine Mittelung der Maximalwerte einer 3 x 3- und einer 4 x 4-Tabelle vornehmen müssen. Das hätte ergeben

$$C_{max} = \frac{0,816 + 0,866}{2} = 0,841$$

und

$$C_{korr} = \frac{C}{C_{max}} = \frac{0,388}{0,841} = 0,461$$

Da der errechnete C-Wert die Quadratwurzel einer Zahl ist, kann er positiv oder negativ sein. Mit anderen Worten: C ist eine vorzeichenlose Größe. Nun geht aber aus Tab. 5.9 und Abb. 5.4 hervor, daß die von links oben nach rechts unten verlaufende "Diagonale" (soweit man bei einer nicht quadratischen Tabelle von einer Diagonalen reden kann) die stärkste Besetzung aufweist. Hätte auch die abhängige Variable "Curriculum" wie die unabhängige Variable "Class" das Niveau einer Ordinalskala, könnte man bei einem solchen Muster der Beziehung (eine sinnfällige Anordnung der Kategorien der Variablen vorausgesetzt) von einer positiven Beziehung sprechen. Für den Fall wäre es durchaus wünschenswert, wenn die Richtung der Beziehung durch das Vorzeichen des Koeffizienten ausgedrückt würde. Diesen Dienst kann C,ebensowenig wie die übrigen auf Chi-Quadrat beruhenden Maße,nicht leisten, weil sich bei einer anderen Anordnung der Kategorien ein identischer Chi-Quadrat-Wert ergibt. Die Interpretation einer mit C ausgedrückten Beziehung zwischen mindestens ordinalskalierten Variablen als positiv oder negativ muß sich infolgedessen auf die Inspektion der Tabelle, d.h. auf die Inspektion der relativen Häufigkeiten der konditionalen Verteilungen stützen.

Ist das identifizierte Muster der Beziehung eindeutig, so ist es völlig legitim, die Korrelation als positiv oder negativ zu bezeichnen. Prinzipiell sind jedoch für ordinalskalierte Daten andere als chi-quadrat-basierte Maßzahlen der Beziehung zu bevorzugen.

Zusammenfassend läßt sich von den auf Chi-Quadrat beruhenden Assoziationskoeffizienten folgendes sagen: Sie haben alle den Wert 0, wenn keine Beziehung zwischen den Variablen besteht, und sie sind vorzeichenlose Kennwerte. Der Maximalwert des Koeffizienten C hängt von der Anzahl der Zeilen und Spalten der Tabelle ab. Für T gilt dasselbe bei nicht quadratischen Tabellen. Im übrigen variieren die Zahlenwerte zwischen 0 und 1.

Chi-Quadrat ist die Summe der standardisierten Diskrepanzen zwischen den beobachteten und den erwarteten Häufigkeiten und informiert über den Grad der Abweichung von der statistischen Unabhängigkeit der Variablen. Deshalb werden Chi-Quadart-Werte häufig zur Überprüfung der Signifikanz von Beziehungen berechnet (vgl. Sahner, 1971). Bereits berechnete Chi-Quadrat-Werte mögen dann manche Forscher dazu bewegen, auch die Stärke der Beziehung mit Hilfe eines Maßes auszudrücken, das eine Funktion von Chi-Quadrat ist. Jedoch: "The fact that an excellent test of independence may be based on χ^2 does not at all mean that χ^2, or some simple function of it, is an appropriate measure of degree of association" (Goodman und Kruskal, 1954, S.740). Tatsache ist, "... that all measures based on chi square are some arbitrary in nature, and their interpretations leave a lot to be desired" (Blalock, 1972, S.298). "One difficulty with the use of the traditional measures, or of any measures that are not given operational interpretation, is that it is difficult to compare meaningfully their values for two cross-classifications" (Goodman und Kruskal, 1954, S.740). - Später werden wir Assoziationsmaße kennenlernen, die diese Schwäche nicht haben.

5.3. Ein auf der Anzahl konkordanter und diskordanter Paare basierendes Assoziationsmaß: Q

Der von Yule 1912 erstmalig publizierte, zu Ehren des belgischen Statistikers Quetelet mit Q bezeichnete "coefficient of association" ist ein für 2 x 2-Tabellen konzipiertes Maß, das für Daten beliebigen Meßniveaus berechnet werden kann. Q resümiert den paarweisen Vergleich der Besetzungen einer Vierfelder-Tabelle nach der Formel

$$Q = \frac{ad - bc}{ad + bc}$$

wobei a, b, c und d die Häufigkeiten der Zellen der 2 x 2-Tabelle sind. Wie wir später sehen werden, ist Q ein Spezialfall des von Goodman und Kruskal 1954 vorgeschlagenen Koeffizienten Gamma, ein für ordinale Variablen und Tabellen beliebiger Größe geeignetes Assoziationsmaß.

Die obige Formel läßt erkennen, daß bei der Berechnung des Maßes Q die Randhäufigkeiten der Vierfelder-Tabelle unberücksichtigt bleiben. Deshalb kann sich unsere Erläuterung des Koeffizienten zunächst auf die vier Zellenbesetzungen beschränken. Zur Illustration wollen wir die in Tab. 5.11 dargestellte 2 x 2-Tabelle heranziehen.

Tab. 5.11. Illustrationsbeispiel und -schemata

		X: x_1	x_2
Y	y_1	10	20
	y_2	30	20

a	b
c	d

	-	+
-	--	+-
+	-+	++

Für Tab. 5.11 erhalten wir einen Zahlenwert des Koeffizienten von

$$Q = \frac{(10)(20) - (20)(30)}{(10)(20) + (20)(30)} = \frac{200 - 600}{200 + 600} = \frac{-400}{800} = -0,5$$

Tab. 5.11 repräsentiert folglich eine negative Assoziation von Q = -0,5 zwischen den Variablen X und Y. Wir können dieses Ergebnis auch wie folgt ausdrücken: In Tab. 5.11 dominieren die diskordanten Paare über die konkordanten Paare. Generell kann Q in der folgenden Weise ausgedrückt werden (vgl. Davis, 1971, S.47):

$$Q = \frac{\text{konkordante Paare} - \text{diskordante Paare}}{\text{alle Paare, die sich in X und Y unterscheiden}}$$

oder

$$Q = \frac{\text{Überschuß oder Defizit konkordanter Paare}}{\text{alle Paare, die sich in X und Y unterscheiden}}$$

Dabei sind die Paare wie folgt definiert (vgl. die Schemata der Tab. 5.11):

- Ein a,d-Paar wird <u>konkordant</u> (konsistent, positiv, "gleichsinnig") genannt, weil die Untersuchungseinheit, die eine niedrige Ausprägung der einen Variablen aufweist, auch eine niedrige Ausprägung der anderen Variablen aufweist (--), während die Untersuchungseinheit, die sich durch eine hohe Ausprägung der einen Variablen auszeichnet, sich auch durch eine hohe Ausprägung der anderen Variablen auszeichnet (++). Die Gesamtzahl der konkordanten Paare ist a x d.

- Ein b,c-Paar wird <u>diskordant</u> (inkonsistent, negativ, "gegensinnig") genannt, weil die Untersuchungseinheit mit einer hohen Ausprägung der einen Variablen eine niedrige Ausprägung der anderen Variablen hat (+-), während die Untersuchungseinheit mit einer niedrigen Ausprägung der einen Variablen eine hohe Ausprägung der anderen Variablen hat (-+). Die Gesamtzahl der diskordanten Paare ist b x c.

Der Leser möge sich nicht durch die Bezeichnungen "hoch" und "niedrig" irritieren lassen, die bei nominalen Variablen selbstverständlich keine inhaltliche Bedeutung haben. Man vergegenwärtige sich aber zwei Variablen, bei denen die Benennungen der Variablenkategorien sinnvoll sind (etwa bei den Varablen Ausbildung oder Prestige). Wenn die Dichotomien aus einer Zusammenfassung der Werte von Ordinal-, Intervall- oder Ratioskalen resultieren und die Tabelle so arrangiert ist, daß die Kategorien "x_1/y_1" zu den Benennungen "niedrig"/"niedrig" bzw. "-"/"-" und die Kategorien "x_2/y_2" zu den Benennungen "hoch"/ "hoch" bzw. "+"/"+" korrespondieren, ist es durchaus sinnvoll, bei einem Überschuß konkordanter Paare von einer positiven, und bei einem Defizit konkordanter Paare von einer negativen Beziehung zu sprechen.

Wir werden in Abschnitt 6.1 sehen, daß es prinzipiell fünf verschiedene Erscheinungsformen bzw. Typen von Paaren gibt. Nur zwei dieser Paar-Typen, die konkordanten und diskordanten, deren Anzahl die sogenannten Kreuzprodukte (ad) und (bc) sind, gehen in die Berechnung des Koeffizienten Q ein, dessen Wert wir erhalten, wenn wir die Differenz zwischen den Kreuzprodukten durch deren Summe dividieren.

Q hat, wie die Prozentsatzdifferenz, die Eigenschaft, gegenüber einer Veränderung der marginalen Häufigkeiten invariant zu sein, solange die Proportionen innerhalb der Zeilen bzw. Spalten der Tabelle unverändert bleiben. Wie das in Tab. 5.12 vorgeführte Beispiel zeigt, ist Q im Unterschied zu ϕ für eine Veränderung der Häufigkeiten der Spalte x_2, die die Proportionen in der Spalte x_2 unverändert läßt, unempfindlich.

Tab. 5.12. Beispiel zur Illustration der Stabilität von Q

		X: x_1	X: x_2	
Y	y_1	20	80	100
	y_2	80	20	100
		100	100	200

Q = -0,88 ϕ = -0,60

	X: x_1	X: x_2	
y_1	20	8	28
y_2	80	2	82
	100	10	110

Q = -0,88 ϕ = -0,40

Q nimmt den Wert 0 an, wenn X und Y voneinander unabhängig sind, d.h. wenn die Diagonalprodukte (ad) und (bc) identisch sind. Im übrigen können die Zahlenwerte von Q zwischen -1 und +1 variieren. Im Unterschied zu ϕ erreicht Q den Höchstwert von ± 1 jedoch nicht nur, wenn zwei Diagonalzellen der Vierfelder-Tabelle unbesetzt sind, sondern auch dann, wenn nur eine Zelle nicht besetzt ist. Dies veranschaulichen die folgenden Beispiele.

Tab. 5.13. Beispiele zur Illustration der Umstände, unter denen Q = +1 und $\phi < +1$ ist

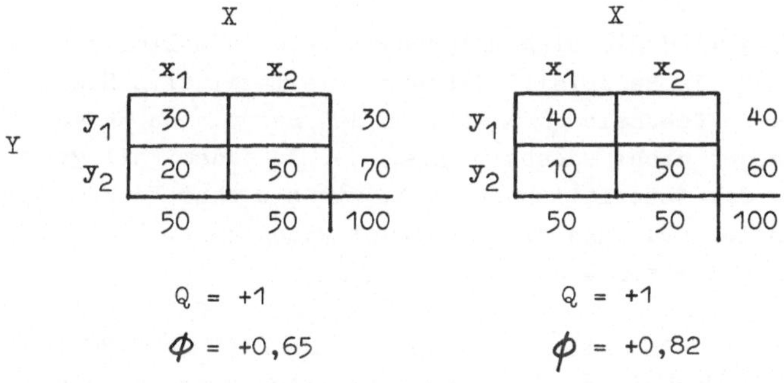

	X: x_1	x_2	
Y: y_1	30		30
y_2	20	50	70
	50	50	100

Q = +1

ϕ = +0,65

	X: x_1	x_2	
y_1	40		40
y_2	10	50	60
	50	50	100

Q = +1

ϕ = +0,82

In beiden Situationen der Tab. 5.13 ist es nicht möglich (der Marginalverteilungen wegen nicht), zwei Diagonalzellen unbesetzt zu haben. Diese Beispiele demonstrieren, daß ϕ den Wert 1 nur unter der Bedingung erreichen kann, daß die Randverteilungen gleich sind. Dazu müssen in der 2 x 2-Tabelle die Randhäufigkeiten der einen Variablen der anderen Variablen gleich sein (Beispiel: Wenn die eine Variable bei 70/30 geteilt ist, muß auch die andere einen 70/30-Schnitt aufweisen).

Es erhebt sich die Frage, ob eine Beziehung auch dann als "perfekt" bezeichnet werden soll, wenn nur eine Zelle der Vierfelder-Tabelle unbesetzt ist. Die Antwort zweier Experten lautet: "Experts disagree on this point" (Anderson und Zelditch, 1968, S.151). Betrachten wir zunächst Tab. 5.14.

Tab. 5.14. Drei Beispiele, in denen Q den Höchstwert +1 hat

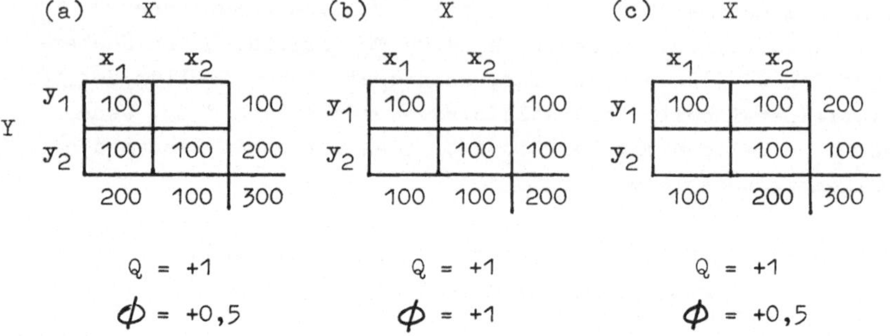

(a)

		x_1	x_2	
Y	y_1	100		100
	y_2	100	100	200
		200	100	300

Q = +1

ϕ = +0,5

(b)

	x_1	x_2	
y_1	100		100
y_2		100	100
	100	100	200

Q = +1

ϕ = +1

(c)

	x_1	x_2	
y_1	100	100	200
y_2		100	100
	100	200	300

Q = +1

ϕ = +0,5

In Tab. 5.14 sind die Diagonalprodukte (bc) sämtlich gleich 0 und Q = +1. In Beispiel 5.14b sind die marginalen Häufigkeiten gleich (deshalb $\phi = +1$), in den Beispielen 5.14a und 5.14c hingegen nicht (deshalb $\phi < +1$). In jedem Fall geht allerdings die Assoziation so weit, wie sie ohne Veränderung der marginalen Häufigkeiten überhaupt gehen kann. Dies zeigen die Maximalwerte von Q an.

Betrachten wir ein weiteres Beispiel, das Blalock (1972, S. 299) bei der Diskussion der oben gestellten Frage verwendet. Tab. 5.15a repräsentiert eine unstreitig perfekte Beziehung zwischen den Variablen Konfessionszugehörigkeit und Parteipräferenz. Die marginalen Häufigkeiten beider Variablen sind symmetrisch bzw. gleich, und Q und ϕ sind gleich 1. Tab. 5.15b illustriert den Fall, in dem die eine Hälfte der Population für die Republikaner und die andere Hälfte für die Demokraten votierte. Blalock nennt diese Beziehung eine "imperfect relationship", da - obwohl alle republikanischen Stimmen von Protestanten kamen - 10 Protestanten für die Demokraten stimmten. In Tab. 5.15b koinzidieren die marginalen Häufigkeiten der abhängigen Variablen nicht mit den Randhäufigkeiten der unabhängigen Variablen, weshalb $\phi < 1$ wird. Blalock hält für diesen Fall den Phi-Koeffizienten geeigneter als den Assoziationskoeffizienten Q, " ... since Q would take

Tab. 5.15. Varianten einer 2 x 2-Tabelle (fiktive Daten)

(a)

		Konfessionszugehörigkeit		
		Protestanten	Katholiken und Juden	
Parteipräferenz	Republikaner	60		60
	Demokraten		40	40
		60	40	100

Q = +1 ϕ = +1

(b)

		Konfessionszugehörigkeit		
		Protestanten	Katholiken und Juden	
Parteipräferenz	Republikaner	50		50
	Demokraten	10	40	50
		60	40	100

Q = +1 ϕ = +0,82

on the value unity in spite of the imperfect relationship between the two variables." Anderson und Zelditch (1968, S.151) bezeichnen hingegen auch eine Verteilung des Musters der Tab. 5.15b als eine "perfekte" Beziehung. Davis (1971, S.49) scheint - was die Deklarierung einer "perfekten" Beziehung angeht - eine Diskussion dieser Frage eher müßig zu sein, weil, wie er sagt, die Benennung von Q-Werten gleich 1 "... has not been a serious problem in the author's research experience."

Das folgende Anwendungsbeispiel des Koeffizienten Q ist einer empirischen Untersuchung von Phillips und Clancy (1972) entnommen, die sich mit der Gültigkeit von Befragungsdaten befaßt. Dabei wurde u.a. die Religiosität der Befragten wie folgt gemessen: "How religious would you say you are - very religious, somewhat religious, or not at all religious?". Die Antworten auf diese Frage werden von Phillips und Clancy zusammen mit anderen Teilergebnissen in einer größeren Tabelle mitgeteilt; Tab. 5.16 ist ein Auszug aus dieser Tabelle.

Tab. 5.16. Sexual Status and Response to Various Measures

	Sexual Status		
	Males	Females	Yule's Q
Response	%	%	
Very religious	18,0 (200)	27,0 (196)	+0,26

Note. Numbers in parantheses represent numbers of persons in each category.

Quelle: Phillips und Clancy (1972), S.932.

Auch an diesem Beispiel können wir sehen, daß Q die Eigenschaft hat, gegenüber einer Multiplikation oder Division der Zeilen- oder Spaltenhäufigkeiten mit bzw. durch eine(r) positive(n) Konstante(n) unempfindlich zu sein. Dazu rekonstruieren wir zunächst aus den Minimaldaten der Tab. 5.16, die nichtsdestoweniger alle erforderlichen Informationen enthält, eine vollständige 2 x 2-Tabelle und berechnen dann Q zuerst auf der Basis der relativen Häufigkeiten und dann auf der Basis der absoluten Häufigkeiten.

Tab. 5.17. Geschlechtszugehörigkeit und Religiosität

		Geschlechtszugehörigkeit: männlich	Geschlechtszugehörigkeit: weiblich	
Religiosität	nicht sehr religiös	82 % (164)	73 % (143)	78 % (307)
	sehr religiös	18 % (36)	27 % (53)	22 % (89)
		100 % (200)	100 % (196)	100 % (396)

Die Berechnung des Koeffizienten Q auf der Basis der <u>relativen</u> Häufigkeiten ergibt einen Wert von

$$Q = \frac{(82)(27) - (73)(18)}{(82)(27) + (73)(18)} = \frac{2214 - 1314}{2214 + 1314} = \frac{900}{3528} = +0,26$$

Die Berechnung des Koeffizienten Q auf der Basis der <u>absoluten</u> Häufigkeiten ergibt einen Wert von

$$Q = \frac{(164)(53) - (143)(36)}{(164)(53) + (143)(36)} = \frac{8692 - 5148}{8692 + 5148} = \frac{3544}{13840} = +0,26$$

Q kann folglich auch für Daten berechnet werden, die ohne Basis der Prozentuierung publiziert wurden.

5.4. Ein Maß der "prädiktiven" Assoziation: λ

Eine andere, aktuellere Betrachtungsweise der Assoziation zwischen kategorialen Eigenschaften bzw. nominalskalierten Daten ist die im Englischen mit "predictive association" (Hays, 1963) bezeichnete Perspektive. Die dieser Konzeption entsprechenden PRE-Maße ("proportional reduction in error measures") reflektieren den Grad, in dem uns die Kenntnis der einen Variablen die andere Variable vorherzusagen hilft. Ein solches Maß ist das von Goodman und Kruskal (1954) vorgeschlagene Assoziationsmaß λ (lambda). Goodman und Kruskal beanspruchen keineswegs, Lambda "erfunden" zu haben; vielmehr beziehen sie sich in ihrem 1954er Aufsatz explizit auf die Arbeit Guttmans(1941). Einige Autoren schreiben Guttman das Verdienst zu, dieses Maß entwickelt zu haben und verwenden statt des Symbols "λ" den Buchstaben "g" (z.B. Freeman, 1965; Weiss, 1968; Wallis und Roberts, 1969) und/oder bezeichnen das Maß als "Guttman's coefficient of predictability" (z.B. Freeman, 1965; Champion, 1970). Inzwischen hat sich aber das Symbol λ und die Erkenntnis durchgesetzt, daß Goodman und Kruskal zumindest als Wiederentdecker bzw. Verbreiter dieses Assoziationsmaßes anzusehen sind.

Lambda ist ein Maß, das keine Restriktion der Tabellengröße kennt, zwischen 0 und 1 (einschließlich) variiert und überdies den Vorzug einer klaren Interpretation hat. Bei der Diskussion der Tabellen 4.13 und 4.14 haben wir bereits eine ganze Reihe von Lambda-Werten berechnet, ohne dies erwähnt zu haben. Im folgenden soll die Logik dieses Koeffizienten, seine Anwendungsweise und seine Interpretation erläutert werden. Die hier gewählte Darstellung lehnt sich in weiten Teilen an die von Mueller, Schuessler und Costner (1970) gebotene Darstellung Lambdas an.

Lambda ist ein asymmetrisches Maß, d.h. es können für jede Kreuztabulation zwei Lambda-Werte berechnet werden, einmal mit der abhängigen Variablen am Tabellenrand und einmal mit der abhängigen Variablen im Tabellenkopf. Wenn - wie üblich - die Zeilenvariable abhängige Variable ist, hat Lambda das Symbol λ_r (r für "row"); wenn die Spaltenvariable abhängige Variable ist, hat Lambda das Symbol λ_c (c für "column"). Aus der Kombination beider Lambdas kann noch ein dritter, mit λ_s (s für "symmetric") bezeichneter Wert berechnet werden, wenn keine der beiden Variablen als von der anderen abhängig betrachtet werden kann (siehe auch das folgende Schema).

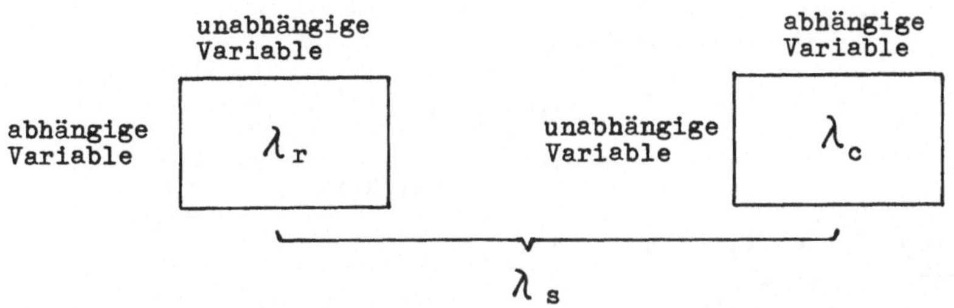

Lambda setzt - wie alle PRE-Maße - die Spezifizierung der in Abschnitt 4.4.2 aufgezählten vier Elemente voraus, nämlich die Spezifizierung (1) einer Regel für die Vorhersage der abhängigen Variablen auf der Basis ihrer eigenen Verteilung, (2) einer Regel für die Vorhersage der abhängigen Variablen auf der Basis der unabhängigen Variablen, (3) der Fehler und (4) der generellen Formel zur Berechnung der proportionalen Fehlerreduktion. Wir wollen dies an einem Beispiel aus der empirischen Sozialforschung erläutern.

In einer Untersuchung der Sexualnormen einer repräsentativen Auswahl von Gesellschaften aus den verschiedensten kulturellen Regionen aller Kontinente unterschied Heise (1967) drei für verschiedene Altersgruppen (Kleinkinder, Kinder, Jugendliche und Erwachsene) geltende Sexualnormen, nämlich restriktive, semi-restriktive und großzügige. Diese Klassifikation basiert auf Differenzen der Bewertungen dessen, was in den einzelnen Gesellschaften in Bezug auf bestimmte Altersgruppen als erlaubt gilt, was bestraft und wozu ermuntert werden soll usw., und korrespondiert nicht notwendig zu aktuellen Verhaltensweisen. Eine der von Heise konstruierten Tabellen kreuztabuliert die Sexualnormen, die für Kinder (in den Jahren zwischen der Vorschulzeit und der Pubertät) und für Jugendliche (in den Jahren zwischen der Pubertät und dem Heiratsalter) in den untersuchten (N = 64) Gesellschaften Geltung haben (siehe Tab. 5.18).

Tab. 5.18. Die Beziehung zwischen den Sexualnormen für Kinder und Jugendliche

		Sexualnormen für Kinder			
		restriktiv	semi-restriktiv	großzügig	
Sexualnormen für Jugendliche	restriktiv	9	1	2	12
	semi-restriktiv	6	19	6	31
	großzügig	6	5	10	21
		21	25	18	64

$\lambda_r = 0{,}21$ $\lambda_c = 0{,}33$

Quelle: Heise (1967), S.731.

<u>Lambda: Die Regel für die Vorhersage der abhängigen Variablen auf der Basis ihrer eigenen Verteilung</u>. Durch Inspektion der marginalen Häufigkeiten der Tabelle wird die Modalkategorie identifiziert und als beste Vorhersage für alle Untersuchungseinheiten genommen. Bei der Berechnung von λ_r für Tab. 5.18 ist die Modalkategorie der Zeilenvariablen "Sexualnormen für Jugendliche" zu identifizieren; das ist die mit 31 Fällen besetzte Kategorie "semi-restriktiv". Die beste Vorhersage der Variablen "Sexualnormen für Jugendliche" ohne Berücksichtigung der anderen Variablen ist folglich "semi-restriktiv". (Bei der Berechnung von λ_c ist die Modalkategorie der Spaltenvariablen zu identifizieren. Dies ist in Tab. 5.18 die mit 25 Fällen besetzte Kategorie "semi-restriktiv" der Spaltenvariablen "Sexualnormen für Kinder".)

<u>Lambda: Die Regel für die Vorhersage der abhängigen Variablen auf der Basis der unabhängigen Variablen</u>. Für jede Kategorie der unabhängigen Variablen gibt es eine Verteilung der Fälle über die Kategorien der abhängigen Variablen. Zur Berechnung von λ_r sind die Verteilungen jeder Spalte der Tabelle im

Hinblick auf die spaltenspezifische modale Häufigkeit zu betrachten. Dies sind in Tab. 5.18 die Häufigkeiten 9, 19 und 10. Bei der Berechnung von Lambda werden diese Häufigkeiten als Vorhersagen benutzt, weil die spaltenspezifische Modalkategorie die beste Vorhersage für jede Spalte ist. (Für die Berechnung von λ_c werden die modalen Kategorien jeder Zeile identifiziert. Dies sind in Tab. 5.18 die Kategorien mit den Häufigkeiten 9, 19 und 10.)

<u>Lambda: Die Fehlerdefinition.</u> Jeder von einer Vorhersageregel abweichende Fall ist ein Fehler. Die Anzahl der Fehler bei der Vorhersage der abhängigen Variablen auf der Basis ihrer eigenen Verteilung ist die Differenz zwischen der Gesamtzahl der Fälle und der Anzahl der Fälle der modalen Marginalkategorie. Bei der Berechnung von λ_r für Tab. 5.18 ist das die Differenz 64 - 31 = 33 oder 12 + 21 = 33 Fehler.

Die generelle Definition dieser Fehler ist:

$$E_1 = N - \max n_{i.}$$

wobei E_1 = die Anzahl der Fehler bei der Vorhersage der modalen Kategorie der Zeilenvariablen,

N = die Gesamtzahl der Untersuchungseinheiten und

$\max n_{i.}$ = die Anzahl der Untersuchungseinheiten in der modalen Kategorie der Zeilenvariablen ist.

Für Tab. 5.18 erhalten wir:

$$E_1 = 64 - 31 = 33$$

Bei den Vorhersagen auf der Basis der unabhängigen Variablen begehen wir ebenfalls Fehler, die in ganz ähnlicher Weise berechnet, d.h. für jede Kategorie der unabhängigen Variablen separat ermittelt und dann summiert werden. Für die erste Spalte der Tab. 5.18 erhalten wir 6 + 6 = 12 Fehler; das ist die

Differenz zwischen der Gesamthäufigkeit und der modalen Häufigkeit der ersten Spalte: 21 - 9 = 12. Für die zweite Spalte ist das Ergebnis 25 - 19 = 6, und für die dritte Spalte ist das Resultat 18 - 10 = 8. Die Gesamtzahl der Fehler ist die Summe 12 + 6 + 8 = 26.

Die generelle Definition dieser Fehler ist:

$$E_2 = \sum_{j=1}^{c} (n_{.j} - \max n_{ij})$$

wobei E_2 = die Anzahl der Fehler bei der Vorhersage der Modalkategorie jeder Spalte,

$n_{.j}$ = die Anzahl der Untersuchungseinheiten der j-ten Spalte,

$\max n_{ij}$ = die maximale Häufigkeit der j-ten Spalte und

$\sum_{j=1}^{c}$ = die Instruktion ist, die Quantitäten in der Klammer über alle Spalten von 1 bis c zu summieren.

Für Tab. 5.18 erhalten wir:

$$E_2 = (21 - 9) + (25 - 19) + (18 - 10)$$

$$= 12 + 6 + 8 = 26$$

Lambda: Die generelle Formel zur Berechnung der proportionalen Fehlerreduktion lautet:

$$\lambda_r = \frac{E_1 - E_2}{E_1}$$

Für Tab. 5.18 ist demnach

$$\lambda_r = \frac{33 - 26}{33} = \frac{7}{33} = 0,21$$

Die Berechnung von λ_c erfolgt auf ganz ähnliche Weise. Für Tab. 5.18 erhalten wir

$$\lambda_c = \frac{E_1 - E_2}{E_1}$$

wobei E_1 und E_2 wie oben berechnet und die Instruktionen statt auf die Spalten auf die Zeilen (und umgekehrt) angewendet werden. Diese Transformation ergibt folgende Werte:

$$E_1 = 64 - 25 = 39$$

$$E_2 = (12 - 9) + (31 - 19) + (21 - 10)$$

$$= 3 + 12 + 11 = 26$$

$$\lambda_c = \frac{E_1 - E_2}{E_1}$$

$$= \frac{39 - 26}{39} = \frac{13}{39} = 0{,}33$$

Die oben gewählte Darstellungsweise sollte die Logik des Assoziationsmaßes erläutern, dessen Zahlenwerte mit den folgenden Formeln schneller ermittelt werden können. Die Rechenformel für λ_r lautet:

$$\lambda_r = \frac{\sum_{j=1}^{c} \max n_{ij} - \max n_{i.}}{N - \max n_{i.}}$$

Verbal ausgedrückt: Man summiere die modalen Häufigkeiten der Spalten und subtrahiere die größte marginale Zeilenhäufigkeit (Zähler); man subtrahiere die größte marginale Zeilenhäufigkeit von der Gesamthäufigkeit (Nenner) und berechne das Verhältnis der beiden Quantitäten. Das ergibt für Tab. 5.18 einen Wert von

$$\lambda_r = \frac{(9 + 19 + 10) - 31}{64 - 31} = \frac{38 - 31}{33} = \frac{7}{33} = 0{,}21$$

Analog wird λ_c mit der folgenden Rechenformel bestimmt:

$$\lambda_c = \frac{\sum_{i=1}^{r} \max n_{ij} - \max n_{.j}}{N - \max n_{.j}}$$

Das ergibt für Tab. 5.18 einen Wert von

$$\lambda_c = \frac{(9 + 19 + 10) - 25}{64 - 25} = \frac{38 - 25}{39} = \frac{13}{39} = 0{,}33$$

Wenn weder die eine noch die andere Variable als abhängige Variable angesehen werden kann, kann man das symmetrische Maß λ_s berechnen. Dazu wird die kombinierte Rechenformel benutzt:

$$\lambda_s = \frac{\sum_{j=1}^{c} \max n_{ij} + \sum_{i=1}^{r} \max n_{ij} - \max n_{i.} - \max n_{.j}}{2N - \max n_{i.} - \max n_{.j}}$$

Auf unser obiges Beispiel angewandt, erhalten wir einen Wert von

$$\lambda_s = \frac{(9 + 19 + 10) + (9 + 19 + 10) - 31 - 25}{2(64) - 31 - 25}$$

$$= \frac{38 + 38 - 56}{128 - 56} = \frac{76 - 56}{72} = \frac{20}{72} = 0{,}28$$

Gewisse Besonderheiten weisen die folgenden beiden Rechenbeispiele auf. In Tab. 5.19 haben die vier Kategorien der Spaltenvariablen C und zwei Kategorien der Zeilenvariablen R identische Randhäufigkeiten. In derartigen Fällen ist eine beliebige Häufigkeit (für $\max n_{i.}$ bzw. für $\max n_{.j}$) für die Berechnung des jeweiligen Lambda-Wertes auszuwählen.

Tab. 5.19. Beispiel einer 3 x 4-Tabelle

		Spaltenvariable C				
		c_1	c_2	c_3	c_4	
Zeilen-variable R	r_1	10	5		5	20
	r_2	15	16	8	1	40
	r_3		4	17	19	40
		25	25	25	25	100

$$\lambda_r = \frac{(15 + 16 + 17 + 19) - 40}{100 - 40} = \frac{67 - 40}{60} = \frac{27}{60} = 0{,}45$$

$$\lambda_c = \frac{(10 + 16 + 19) - 25}{100 - 25} = \frac{45 - 25}{75} = \frac{20}{75} = 0{,}27$$

$$\lambda_s = \frac{(15 + 16 + 17 + 19) + (10 + 16 + 19) - 40 - 25}{2(100) - 40 - 25}$$

$$= \frac{112 - 65}{200 - 65} = \frac{47}{135} = 0{,}35$$

Tab. 5.20 illustriert einen Spezialfall, bei dem das Muster der Tabelle (siehe auch Abb. 5.5) eine von der statistischen Unabhängigkeit deutlich abweichende Beziehung zwischen den Variablen C und R anzeigt; dennoch wird $\lambda_r = 0$.

Tab. 5.20. Beispiel einer 2 x 3-Tabelle

		Spaltenvariable C			
		c_1	c_2	c_3	
Zeilen-variable R	r_1	7	6	4	17
	r_2	7	8	11	26
		14	14	15	43

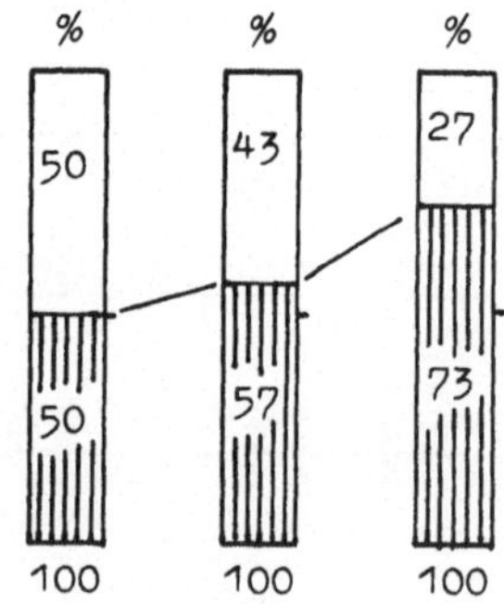

Abb. 5.5. Graphische Darstellung zu Tab. 5.20

Für Tab. 5.20 erhalten wir folgende Lambda-Werte:

$$\lambda_r = \frac{(7 + 8 + 11) - 26}{43 - 26} = \frac{26 - 26}{17} = \frac{0}{17} = 0$$

$$\lambda_c = \frac{(7 + 11) - 15}{43 - 15} = \frac{18 - 15}{28} = \frac{3}{28} = 0{,}107$$

$$\lambda_s = \frac{(7 + 8 + 11) + (7 + 11) - 26 - 15}{2(43) - 26 - 15}$$

$$= \frac{44 - 41}{86 - 41} = \frac{3}{45} = 0{,}067$$

Goodman und Kruskal, die in ihrer Notation statt der hier benutzten Symbole das Symbol λ_b verwenden, kommentieren die Tatsache, daß Lambda den Wert Null annehmen kann, auch wenn keine statistische Unabhängigkeit gegeben ist, wie folgt:

> "That λ_b may be zero without statistical independence holding may be considered by some as a disadvantage of this measure. We feel, however, that this is not the case, for λ_b is constructed specifically to measure association in a restricted but definite sense, namely the predictive interpretation given. If there is no association in that sense, even though there is association in other senses, one would want λ_b to be zero. Moreover, all the measures of association of which we know are subject to this kind of criticism in one form or another, and indeed it seems inevitable. To obtain a measure of association one must sharpen the definition of association, and this means that of the many vague intuitive notions of the concept some must be dropped." (1954, S.742).

Dieser zwar restriktive, aber definitive Aspekt der Assoziation erlaubt die Beantwortung der Frage, in welchem Maße uns die Kenntnis der Klassifikation (der Variablen) C hilft, die Klassifikation (die Variable) R vorherzusagen. In diesem "prädiktiven" Sinn ist Lambda zu interpretieren. Goodman und Kruskal definieren Lambda verbal als "... the proportion of errors that can be eliminated by taking account of knowledge of the(C)classifications of individuals" (1954, S.741). Lambda-Werte repräsentieren folglich die proportionale bzw. (mit 100 multipliziert) relative Fehlerreduktion bei der Vorhersage der einen Variablen, die durch die Auswertung der Information der anderen Variablen erzielt wird. Im Hinblick auf die oben gegebenen Definitionen können wir auch sagen: Lambda-Werte bringen zum Ausdruck, in welchem Maße eine Fehlerreduktion bei der Anwendung zweier Vorhersageregeln auf die Daten einer bivariaten Tabelle erzielt wird.

Oder anders formuliert: Lambda-Werte repräsentieren die proportionale bzw. relative Fehlerreduktion, die erzielt wird, wenn Vorhersagen, die auf subkategorie-spezifischen Modi basieren, mit Vorhersagen, die auf marginalkategorie-spezifischen Modi basieren, verglichen werden.

Wenn die Kenntnis der Variablen C überhaupt nicht dazu beiträgt, die Vorhersage der Variablen R zu verbessern, ist Lambda gleich Null; es liegt dann keine "prädiktive" Assoziation vor. Wenn hingegen die Kenntnis der Variablen C erlaubt, die Variable R ohne einen Fehler vorherzusagen, ist Lambda gleich 1; dann ist der Fall einer perfekten "prädiktiven" Assoziation gegeben.

Die obige Tab. 5.20 illustriert eine Situation, in der die Variablen C und R zwar nicht voneinander unabhängig sind; die Beziehung ist aber nicht von einer Art, die es erlaubte, R bei Auswertung der Information der C-Variablen besser vorherzusagen. Aufgrund der Marginalverteilung von R ist die beste Vorhersage die Modalkategorie r_2. Bei dieser Vorhersage begehen wir 43 - 26 = 17 Fehler (E_1). Werten wir die Information der C-Variablen aus, so sind die subkategorie-spezifischen Modi 7, 8 und 11 die Basis unserer Vorhersage, bei der wir gleichfalls (14 - 7) + (14 - 8) + (15 - 11) = 7 + 6 + 4 = 17 Fehler (E_2) begehen. Die Kenntnis der Variablen C trägt folglich nicht zur Fehlerreduktion bei; wir erhalten $\lambda_r = (E_1 - E_2)/E_1 = (17 - 17)/17 = 0$.

Berechnete Lambda-Werte (negative Werte sind nicht möglich) geben exakt den Grad an, in dem eine Fehlerreduktion durch den Wechsel von einer Vorhersageregel zur andern erzielt wird. So sagt ein Lambda-Wert von 0,25 aus, daß wir bei der Vorhersage der abhängigen Variablen 25 Prozent weniger Fehler begehen, wenn die Kenntnis der unabhängigen Variablen ausgewertet wird, gegenüber einer Vorhersage, die sich lediglich auf die Verteilung der abhängigen Variablen stützt.

Die Interpretation der beiden Lambda-Werte unseres ersten Rechenbeispiels (Tab. 5.18) lautet infolgedessen für den Fall (1), bei dem die Variable "Sexualnormen für Jugendliche" als abhängige Variable betrachtet wird: Der Wert $\lambda_r = 0{,}21$ besagt, daß bei der Vorhersage der abhängigen Variablen "Sexualnormen für Jugendliche" gegenüber der auf dieser abhängigen Variablen basierenden Vorhersage eine Fehlerreduktion von 21 Prozent erzielt wird, wenn die Information der unabhängigen Variablen, d.h. die Kenntnis der in den 64 Gesellschaften geltenden "Sexualnormen für Kinder" ausgewertet wird. Die Interpretation lautet im Fall (2), bei dem die Variable "Sexualnormen für Kinder" als abhängige Variable betrachtet wird: Der Wert $\lambda_c = 0{,}33$ besagt, daß bei der Vorhersage der abhängigen Variablen "Sexualnormen für Kinder" gegenüber der auf dieser abhängigen Variablen basierenden Vorhersage eine Fehlerreduktion von 33 Prozent erzielt wird, wenn die Information der unabhängigen Variablen, d.h. die Kenntnis der in den 64 Gesellschaften geltenden "Sexualnormen für Jugendliche" ausgewertet wird. Beide Lambda-Werte unterstützen die Hypothese, daß eine mäßig starke Beziehung zwischen den Sexualnormen besteht, die für verschiedene Altersgruppen gelten.

Lambda ist ein asymmetrisches Maß, dessen Größe davon abhängt, welche Variable als abhängige bzw. unabhängige Variable designiert wird. Normalerweise sind Variablenbeziehungen von vornherein als asymmetrische oder "one-way-associations" spezifiziert, so daß die eine Variable als unabhängig, d.h. als der anderen Variablen zeitlich, kausal oder sonstwie vorausgehend betrachtet wird. Ist das nicht der Fall, kann das symmetrische Maß λ_s berechnet werden.

6. Die Beschreibung der Beziehung zwischen ordinalen Variablen

Haben zwei Variablen das Niveau einer Ordinalskala, so ist der Grad der Assoziation zwischen ihnen mit anderen als den bisher behandelten Maßzahlen zu beschreiben, obwohl wir im Prinzip auch die für nominale Variablen konzipierten Assoziationsmaße für ordinale (und für metrische) Variablen verwenden könnten. Die Behandlung von ordinalen (und metrischen) Variablen als nominale Variablen kann jedoch eine ärmliche Datenanalyse-Politik sein. Wenn wir für nominale Variablen konzipierte Maßzahlen zur Beschreibung der Beziehung zwischen ordinalen (und metrischen) Variablen benutzen, gehen uns Informationen verloren, auf die wir nicht zu verzichten brauchen. Zwischen ordinalen (und metrischen) Variablen können nämlich sowohl <u>positive</u> als auch <u>negative</u> (bzw. inverse) Beziehungen bestehen, die durch das Vorzeichen der für diese Variablen konzipierten Assoziationsmaße angezeigt werden. Idealiter variieren die Zahlenwerte dieser Assoziationsmaße zwischen -1, wenn eine perfekte negative Beziehung gegeben ist, über 0, wenn keine Beziehung vorliegt, bis +1, wenn eine perfekte positive Beziehung zwischen den Variablen besteht.

Aufgrund ordinalen Messens sind wir oft in der Lage anzugeben, welche von zwei Untersuchungseinheiten im Hinblick auf eine bestimmte Variable in der Rangordnung vor der anderen kommt, d.h. "größer" oder "kleiner" ist. So können wir beispielsweise Personen nach Maßgabe des Grades der Entfremdung, der sozialen Distanz, der politischen Partizipation, des Berufsprestiges, der Leistungsorientierung, der Bildung usw. unterscheiden. Einige Variablen dieses in den Sozialwissenschaften häufig vorkommenden Typs mögen nun in der Tat von ursprünglich ordinaler Natur sein, wie etwa die Variable "perzipierte soziale Distanz", bei der der Perzipient nur ordinale Unterschiede wahrnimmt. Häufig ist jedoch die Basis einer ordinalen Variablen eine Situation, in der die Variable als Indikator einer nicht direkt beobachtbaren Variablen betrachtet und angenommen wird, daß zwischen ihr und bestimmten manifesten Indikatoren monotone Beziehungen bestehen. Beispielsweise kann die Variable "Anzahl vollendeter Schuljahre" zweifellos in dem Sinne als Ratioskala behandelt werden, als jemand, der zwölf Schuljahre vollendete, doppelt soviel Schuljahre aufzuweisen hat wie jemand, der die Schule nur sechs Jahre lang besuchte. In vielen Fällen ist der Forscher aber nicht an der Anzahl der vollendeten Schuljahre interessiert, sondern an der Abbildung des Individuums auf einem Kontinuum, das mit Kenntnisstand, Verständnisgrad, Fertigkeiten oder so ähnlich beschrieben werden kann. Da diese Variable kaum gemessen werden kann, wird die verhältnismäßig leicht meßbare Variable "Anzahl vollendeter Schuljahre" als (durchaus gute) Indikatorvariable benutzt. Auf ganz ähnliche Weise wird mitunter die in DM ausgedrückte Schwere von Fehlern, die jemand bei seinen Routinearbeiten machen kann, als Indikatorvariable der Variablen "persönliche Verantwortung" benutzt. Von solchen Indikatorvariablen kann jedoch kaum angenommen werden, daß sie metrische Messungen der Zielvariablen sind. Diese Beispiele illustrieren, weshalb viele Variablen, die metrisches Meßniveau zu haben scheinen, nicht anders als ordinale Variablen behandelt werden können. Dies wiederum weist den Maßzahlen der ordinalen Assoziation einen besonderen Stellenwert zu. (Siehe hierzu auch Somers, 1962).

Wenn wir nicht sagen können, daß eine Person mit zwölf Schuljahren doppelt soviel "Bildung" hat wie eine Person mit sechs Schuljahren, und wenn nicht einmal die Abstände zwischen den Variablenwerten bekannt sind, können wir in der Datenanalyse allenfalls die Information auswerten, daß die eine Person im Hinblick auf die Variable "Bildung" höher rangiert als die andere. Wenn wir den Vergleich zweier Personen (generell: Untersuchungseinheiten) auf _zwei_ Variablen beziehen, können wir ein _Paar_ von Personen daraufhin betrachten, ob diejenige Person, die im Hinblick auf die Variable X "größer" ist, auch im Hinblick auf die Variable Y "größer" ist oder nicht. Dies ist eine Betrachtungsweise der Untersuchungseinheiten und Variablen, die für das Verständnis der ordinalen Assoziation von zentraler Bedeutung ist. Deshalb werden wir uns zunächst mit dem Begriff der Paare befassen.

6.1. Zum Begriff der Paare

Nehmen wir an, zwei Studenten hätten an zwei Tests teilgenommen und folgende Ergebnisse erzielt:

Student	Test 1 X	Test 2 Y
1	A	B
2	C	C

Da A ein besseres Ergebnis bedeutet als B, und B ein besseres als C, stellen wir fest, daß Student 1 in beiden Tests ein besseres Ergebnis erzielte als Student 2. Im Hinblick auf die eine (X) wie die andere (Y) Variable besteht folglich dieselbe Rangordnung zwischen den beiden Studenten. Ein solches Paar wird konkordant (konsistent, positiv, "gleichsinnig") genannt. (Siehe auch Abschnitt 5.3, S.119). Nehmen wir nun an, zwei weitere Studenten erzielten die folgenden Ergebnisse:

Student	Test 1 X	Test 2 Y
3	A	B
4	C	A

Hier hat Student 3 den ersten Test besser, den zweiten hingegen schlechter abgeschlossen als Student 4. Im Hinblick auf die Variablen X und Y besteht folglich zwischen Student 3 und Student 4 eine unterschiedliche Rangordnung. Ein solches Paar wird <u>diskordant</u> (inkonsistent, negativ, "gegensinnig") genannt. Im ersten dieser beiden Beispiele spricht man von einer <u>positiven</u>, im zweiten von einer <u>negativen</u> Beziehung zwischen den Variablen X und Y. Generell wird eine Beziehung positiv genannt, wenn hohe Werte der einen Variablen mit hohen Werten der anderen Variablen einhergehen; eine Beziehung wird negativ genannt, wenn hohe Werte der einen Variablen mit niedrigen Werten der anderen Variablen einhergehen.

Es gibt eine ganze Reihe von Assoziationsmaßen, die auf einem Vergleich von Paaren beruhen. Eines dieser Maße haben wir bereits kennengelernt, nämlich den Assoziationskoeffizienten Q. Andere Assoziationsmaße berücksichtigen im Unterschied zu Q jedoch nicht nur konkordante und diskordante Paare. Wie wir sehen werden, kann z.B. die Differenz der Anzahl konkordanter und diskordanter Paare, statt zu deren Summe, zur Anzahl aller möglichen Paare in Beziehung gesetzt werden. Das Maß der Beziehung ist dann das Übergewicht der konkordanten oder diskordanten Paare zu allen möglichen Paaren.

Wenn wir die Anzahl der <u>konkordanten</u> Paare mit N_c (c für "concordant") und die Anzahl der <u>diskordanten</u> Paare mit N_d (d für "discordant") bezeichnen, wird das Übergewicht der einen oder anderen Rangordnung durch die Differenz $N_c - N_d$ ausgedrückt. Ist diese Differenz positiv, so gibt es offensichtlich mehr Paare, bei denen die Variablen eine "gleichsinnige" Rangordnung erzeugten; ist die Differenz negativ, so liegen offensichtlich mehr Paare vor, bei denen die Variablen eine "gegensinnige" Rangordnung erzeugten. Dividieren wir die Differenz $N_c - N_d$ durch die Gesamtzahl der möglichen Paare, so erhalten wir das von Kendall entwickelte Assoziationsmaß τ_a (tau-a). Dieser Koeffizient ist wie folgt definiert:

$$\tau_a = \frac{N_c - N_d}{\frac{N(N-1)}{2}}$$

wobei N_c = die Anzahl konkordanter Paare und

N_d = die Anzahl diskordanter Paare bezeichnet und

$\frac{N(N - 1)}{2}$ = die Gesamtzahl der möglichen Paare ist.

Betrachten wir zunächst ein simples Beispiel mit nur fünf Personen, um die hier eingeführten Begriffe zu erläutern (siehe auch die Darstellung bei Anderson und Zelditch, 1968, S.142-155, an die sich die hier gewählte anlehnt). Gegeben seien fünf Studenten die zwei Tests absolvierten:

Student	Test 1 X	Test 2 Y
1	A	B
2	C	C
3	B	D
4	D	A
5	F	F

Unser erstes Problem besteht darin, alle möglichen Paare zu identifizieren, die aus dieser Gruppe von fünf Individuen generiert werden können. Betrachten wir zunächst das erste Individuum. Student 1 kann mit jedem der übrigen vier Studenten "gepaart" werden. Die resultierenden Paare sind: (1, 2), (1, 3), (1, 4) und (1, 5). Betrachten wir alsdann das zweite Individuum. Auch Student 2 kann mit jedem der vier übrigen Studenten "gepaart" werden. Die resultierenden Paare sind: (2, 1), (2, 3), (2, 4) und (2, 5). Generell gibt es für jedes der fünf Individuen vier andere, mit denen es "gepaart" werden kann, insgesamt also 5 x 4 oder N(N - 1) Paare. Unsere obige Aufzählung enthält allerdings sowohl das Paar (1, 2) als auch das Paar (2, 1). Die Wendung "alle möglichen Paare" soll aber lediglich bedeuten, daß aus gleichen Untersuchungseinheiten gebildete Paare unabhängig von der Richtung als gleich zu betrachten und deshalb nur einmal zu zählen sind. Da in unserem Fall fünf Individuen gegeben sind, ist <u>die Anzahl aller möglichen Paare</u>

$$\binom{N}{2} = \frac{N(N-1)}{2} = \frac{5 \times 4}{2} = 10$$

Unser nächstes Problem besteht darin, jedes der 10 möglichen Paare auf seine Konkordanz oder Diskordanz im Hinblick auf die Ergebnisse der beiden Tests, d.h. die Variablen X und Y hin zu betrachten. Dies kann mit Hilfe einer Arbeitstabelle wie der folgenden geschehen.

Tab. 6.1. Arbeitstabelle zur Indentifizierung konkordanter und diskordanter Paare

	Student mit einem besseren Ergebnis bei jedem Test		
Paar	X	Y	Paartyp
1, 2	1 (A versus C)	1 (B versus C)	konkordant
1, 3	1 (A versus B)	1 (B versus D)	konkordant
1, 4	1 (A versus D)	4 (B versus A)	diskordant
1, 5	1 (A versus F)	1 (B versus F)	konkordant
2, 3	3 (C versus B)	2 (C versus D)	diskordant
2, 4	2 (C versus D)	4 (C versus A)	diskordant
2, 5	2 (C versus F)	2 (C versus F)	konkordant
3, 4	3 (B versus D)	4 (D versus A)	diskordant
3, 5	3 (B versus F)	3 (D versus F)	konkordant
4, 5	4 (D versus F)	4 (A versus F)	konkordant

Um den Kendallschen Assoziationskoeffizienten τ_a berechnen zu können, brauchen wir nur noch die Anzahl der konkordanten (N_c) und diskordanten (N_d) Paare zu zählen. Nach Tab. 6.1 erhalten wir $N_c = 6$ und $N_d = 4$. Der Grad der Beziehung zwischen den Variablen X und Y ist folglich

$$\tau_a = \frac{N_c - N_d}{\frac{N(N-1)}{2}} = \frac{6-4}{10} = 0{,}2$$

Dieses Assoziationsmaß ist am ehesten für Daten geeignet, in denen keine sog. Bindungen oder Verknüpfungen (engl.: ties) auftreten. Diese liegen vor, wenn nicht alle Untersuchungseinheiten verschiedene Variablenwerte aufweisen, so daß keine strenge Rangordnung möglich ist. Anders ausgedrückt: Zwei Untersuchungseinheiten sind verknüpft, wenn sie bezüglich einer oder beider Variablen denselben Wert haben. Das folgende Beispiel ist ein Paar, das eine Verknüpfung in der X-Variablen, aber nicht in der Y-Variablen aufweist:

	X	Y
1	B	A
2	B	C

Wenn Untersuchungseinheiten im Hinblick auf eine bestimmte Variable rangmäßig geordnet werden, treten normalerweise viele "Ties" auf. So erhalten z.B. viele Studenten für ihre Leistungsnachweise dieselbe Note. Werden die Leistungen der Studenten mit nur fünf Noten (etwa: sehr gut, gut, befriedigend, ausreichend und mangelhaft) bewertet, so können maximal fünf Studenten fünf verschiedene Noten erzielen. Es tritt notwendig ein "Tie" auf, sobald die Leistung eines sechsten Studenten beurteilt wird, weil nur fünf Noten zur Beurteilung zur Verfügung stehen. Dieses Beispiel illustriert, daß "Ties" besonders häufig vorkommen, wenn Variablenwerte gruppiert, d.h. wenn Variablenausprägungen zu Klassen zusammengefaßt werden. Es sind dann alle Untersuchungseinheiten, die in dieselbe Klasse bzw. Kategorie fallen, miteinander verknüpft. Da aber Maßzahlen der ordinalen Assoziation typischerweise für Tabellen mit vielen "Ties" bzw. mit Variablen berechnet werden, deren Ausprägungen mehr oder weniger stark zusammengefaßt sind, ist es wichtig zu wissen, wie "Ties" identifiziert und behandelt werden. Generell gibt es fünf verschiedene Erscheinungsformen von Paaren; drei dieser fünf Paartypen involvieren "Ties":

1. Die Untersuchungseinheiten können im Hinblick auf X und Y "gleichsinnig" geordnet sein. Diese konkordanten Paare werden mit dem Symbol N_c bezeichnet.

2. Die Untersuchungseinheiten können im Hinblick auf X und Y "gegensinnig" geordnet sein. Diese diskordanten Paare werden mit dem Symbol N_d bezeichnet.

3. Die Untersuchungseinheiten können im Hinblick auf X verknüpft (engl.: tied), im Hinblick auf Y jedoch verschieden sein. Diese Paare werden mit dem Symbol T_x bezeichnet.

4. Die Untersuchungseinheiten können im Hinblick auf X verschieden, jedoch im Hinblick auf Y verknüpft sein. Diese Paare werden mit dem Symbol T_y bezeichnet.

5. Die Untersuchungseinheiten können im Hinblick auf X und Y verknüpft sein. Diese Paare werden mit dem Symbol T_{xy} bezeichnet.

Die genannten fünf Alternativen erschöpfen alle möglichen Erscheinungsformen, die ein Paar haben kann. Deshalb ist die Summe der fünf Erscheinungsformen gleich der Summe aller möglichen Paare:

$$\binom{N}{2} = \frac{N(N-1)}{2} = N_c + N_d + T_x + T_y + T_{xy}$$

Wie wir sehen werden, gibt es verschiedene Möglichkeiten der Behandlung, d.h. der Ignorierung und Berücksichtigung einiger dieser Paar-Typen, deren Kombination verschiedene Maßzahlen der ordinalen Assoziation ergeben.

Zuvor sei an einer Häufigkeitsverteilung zweier ordinaler Variablen die Verteilung der Paare in einer 2 x 3-Tabelle illustriert. Tab. 6.3 liegen aktuelle Daten eines von Marlowe, Frager und Nuttall (1965) in den USA durchgeführten Experiments zugrunde, die dem Verfasser von David Marlowe für einen anderen Zweck zur Verfügung gestellt wurden. Da wir es in unserem Illustrationsbeispiel mit einer 2 x 3-Tabelle zu tun haben, ist auch das generelle Schema der Tab. 6.2 auf eine 2 x 3-Tabelle zugeschnitten. Dem Leser wird jedoch bald klar werden, daß die nachfolgenden Rechnungen zur Ermittlung der Paare auf jede beliebige Tabelle analog angewendet werden können, gleichgültig welches Format und welche Größe die Tabelle hat.

Tab. 6.2. Generelles Schema einer 2 x 3-Tabelle

		X-Variable		
		x_1	x_2	x_3
Y-Variable	y_1	a	b	c
	y_2	d	e	f

Tab. 6.3. Die Beziehung zwischen Einstellungen und Verhaltensweisen weißer Studenten gegenüber Negern

		Einstellungen gegenüber Negern			
		negativ		positiv	
Verhalten gegenüber Negern	negativ	7	6	4	17
	positiv	7	8	11	26
		14	14	15	43

Tab. 6.4. Die Verteilung der Paare in den Tabellen 6.2 und 6.3

Paartyp	Symbol	Anzahl der Paare (Tab. 6.2)	Rechenbeispiel (Tab. 6.3)
konkordant	N_c	a(e+f)+b(f)	7(8+11)+6(11)=199
diskordant	N_d	c(d+e)+b(d)	4(7+8)+6(7) =102
verknüpft in X	T_x	ad+be+cf	(7)(7)+(6)(8) +(4)(11) =141
verknüpft in Y	T_y	a(b+c)+bc +d(e+f)+ef	7(6+4)+(6)(4) +7(8+11) +(8)(11) =315
verknüpft in X und Y	T_{xy}	$\frac{1}{2}[a(a-1)+b(b-1)+c(c-1)+d(d-1)+e(e-1)+f(f-1)]$	$\frac{1}{2}[7(7-1)+6(6-1)+4(4-1)+7(7-1)+8(8-1)+11(11-1)]$ =146
mögliche Paare insgesamt	$\binom{N}{2}$	$\frac{N(N-1)}{2}$	$\frac{43(43-1)}{2}$ =903

Die nachfolgende Tab. 6.5 illustriert die Verteilung der Paare in einer anderen (2 x 2-) Tabelle mittels Verbindungslinien zwischen den insgesamt acht Untersuchungseinheiten (durch Punkte dargestellt), die bestimmte Paare bilden. Diese Prozedur zur Identifizierung der Paare kann auf jede r x c-Tabelle angewendet werden.

Tab. 6.5. Die Verteilung der Paare in einer 2 x 2-Tabelle mit bestimmten Zellenbesetzungen

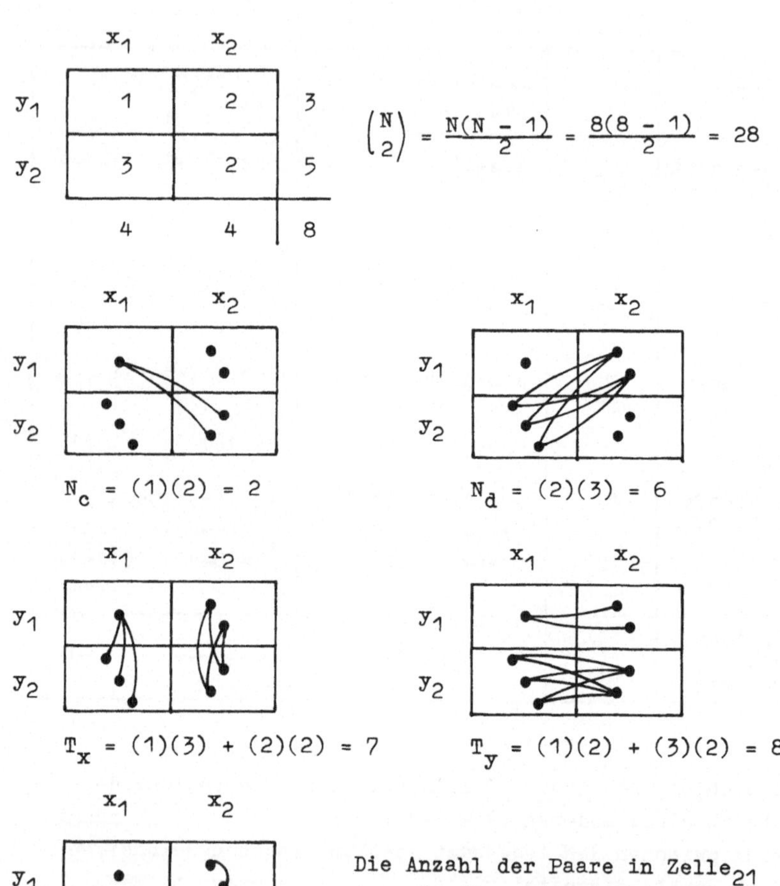

Die Anzahl der Paare in Zelle_{21} ist $\frac{n(n-1)}{2} = \frac{3(3-1)}{2} = 3$ und in Zelle_{12} und Zelle_{22} je $\frac{2(2-1)}{2} = 1$. Folglich ist $T_{xy} = 1 + 3 + 1 = 5$

$$\frac{N(N-1)}{2} = N_c + N_d + T_x + T_y + T_{xy} = 2 + 6 + 7 + 8 + 5 = 28$$

6.2. Maßzahlen der ordinalen Assoziation: τ_a, τ_b, τ_c, γ und d_{yx}

Wir sind jetzt in der Lage, verschiedene Maßzahlen der ordinalen Assoziation zu betrachten, die die oben erläuterten Konzepte involvieren. Die nachfolgenden Maßzahlen haben alle denselben Zählerausdruck wie τ_a, nämlich $N_c - N_d$. Diese Differenz reflektiert das numerische Übergewicht konkordanter oder diskordanter Paare. Jede Maßzahl hat jedoch einen anderen Nennerausdruck, in dem sich die unterschiedliche Behandlung der "Ties" niederschlägt.

Kendalls $$\tau_a = \frac{N_c - N_d}{\frac{N(N-1)}{2}}$$

Kendalls $$\tau_b = \frac{N_c - N_d}{\sqrt{(N_c + N_d + T_x)(N_c + N_d + T_y)}}$$

Kendalls $$\tau_c = \frac{N_c - N_d}{\frac{1}{2} N^2\left(\frac{m-1}{m}\right)} = \frac{2(N_c - N_d)}{N^2\left(\frac{m-1}{m}\right)}$$

wobei N die Gesamtzahl der Untersuchungseinheiten und m die Zahl der Zeilen oder Spalten der r x c-Tabelle symbolisiert, die die kleinere von beiden ist.

Goodman und Kruskals $$\gamma = \frac{N_c - N_d}{N_c + N_d}$$

Somers' $$d_{yx} = \frac{N_c - N_d}{N_c + N_d + T_y}$$

Somers' $$d_{xy} = \frac{N_c - N_d}{N_c + N_d + T_x}$$

Somers' $$d_s = \frac{N_c - N_d}{N_c + N_d + \frac{1}{2}(T_y + T_x)}$$

Bevor wir die Eigenschaften dieser Maßzahlen diskutieren, wollen wir den Zahlenwert eines jeden Koeffizienten berechnen. Dazu greifen wir auf Tab. 6.3 zurück, deren Paare in Tab. 6.4 ermittelt wurden. Tab. 6.4 weist für die 43 Teilnehmer des Experiments folgende Paare aus:

$$N_c = 199$$
$$N_d = 102$$
$$T_x = 141$$
$$T_y = 315$$
$$T_{xy} = 146$$

$$\frac{N(N-1)}{2} = 903$$

Häufig wird die Differenz $N_c - N_d$ mit dem Symbol S bezeichnet. Folgen wir dieser Konvention, so verkürzt sich der Zählerausdruck auf $S = N_c - N_d = 199 - 102 = 97$.

Wir erhalten für Tab. 6.3 einen relativ niedrigen Kendallschen Tau-a-Koeffizienten von

$$\tau_a = \frac{S}{\frac{N(N-1)}{2}} = \frac{97}{903} = 0{,}107$$

Der Kendallsche Tau-b-Koeffizient hat einen höheren Zahlenwert, nämlich

$$\tau_b = \frac{S}{\sqrt{(N_c + N_d + T_x)(N_c + N_d + T_y)}}$$

$$= \frac{97}{\sqrt{(199 + 102 + 141)(199 + 102 + 315)}}$$

$$= \frac{97}{\sqrt{(442)(616)}} = 0{,}186$$

Der Kendallsche Tau-c-Koeffizient hat einen noch höheren Zahlenwert von

$$\tau_c = \frac{S}{\frac{1}{2} N^2\left(\frac{m - 1}{m}\right)} = \frac{97}{\frac{1}{2}(43)^2\left(\frac{2 - 1}{2}\right)} = 0{,}210$$

Der von Goodman und Kruskal vorgeschlagene Gamma-Koeffizient hat den höchsten Zahlenwert, nämlich

$$\gamma = \frac{S}{N_c + N_d} = \frac{97}{199 + 102} = 0{,}322$$

Die von Somers vorgeschlagenen Koeffizienten nehmen folgende Werte an:

$$d_{yx} = \frac{S}{N_c + N_d + T_y} = \frac{97}{199 + 102 + 315} = 0{,}157$$

$$d_{xy} = \frac{S}{N_c + N_d + T_x} = \frac{97}{199 + 102 + 141} = 0{,}219$$

$$d_s = \frac{S}{N_c + N_d + \frac{1}{2}(T_y + T_x)}$$

$$= \frac{97}{199 + 102 + \frac{1}{2}(315 + 141)} = 0{,}183$$

Wir stellen fest, daß die ermittelten Zahlenwerte der Koeffizienten erheblich voneinander abweichen:

$\tau_a = 0{,}107$; $\tau_b = 0{,}186$; $\tau_c = 0{,}210$; $\gamma = 0{,}322$;

$d_{yx} = 0{,}157$; $d_{xy} = 0{,}219$; $d_s = 0{,}183$

Das wirft die Frage auf, welcher Koeffizient in konkreten Fällen zur Beschreibung der ordinalen Assoziation in Frage kommt bzw. geeignet ist und welcher nicht.

Falls keine "Ties" vorkommen, sind alle genannten Koeffizienten gleich Tau-a; die Zahlenwerte der Koeffizienten differieren umso mehr, je mehr "Ties" auftreten. Wie bereits erwähnt, ist Tau-a am ehesten für Daten geeignet, die keine "Ties" enthalten; nur unter dieser Bedingung kann Tau-a die Extremwerte -1 und +1 erreichen. Das illustrieren die folgenden Beispiele.

Student	Test 1 X	Test 2 Y
1	A	A
2	B	B
3	C	C
4	D	D

Test 1 (X)

Test 2 (Y)	D	C	B	A	
D	1				1
C		1			1
B			1		1
A				1	1
	1	1	1	1	4

Im vorliegenden Fall ist eine perfekte positive Beziehung zwischen X und Y gegeben, weil nur konkordante Paare und keine "Ties" auftreten. Da $N_c = 1(1 + 1 + 1) + 1\ (1 + 1) + 1(1) = 3 + 2 + 1 = 6$ und

$$\frac{N(N-1)}{2} = \frac{4(4-1)}{2} = 6 \text{ ist, wird}$$

$$\tau_a = \frac{N_c - N_d}{\frac{N(N-1)}{2}} = \frac{6-0}{6} = 1$$

Das folgende Beispiel veranschaulicht eine perfekte negative Beziehung zwischen X und Y, weil nur diskordante Paare und wiederum keine "Ties" auftreten.

Student	Test 1 X	Test 2 Y
1	A	D
2	B	C
3	C	B
4	D	A

Test 1 (X)

Test 2 (Y)	D	C	B	A	
D				1	1
C			1		1
B		1			1
A	1				1
	1	1	1	1	4

Hier ist die Anzahl diskordanter Paare N_d = 6 und

$$\tau_a = \frac{N_c - N_d}{\frac{N(N-1)}{2}} = \frac{0-6}{6} = -1$$

Daß der Koeffizient Tau-a diese Maximalwerte nicht erreichen kann, wenn "Ties" vorkommen, demonstriert das folgende Beispiel einer ebenfalls perfekten positiven Beziehung zwischen X und Y.

Tab. 6.6. Beispiel einer 4 x 4-Tabelle

Y \ X	x_1	x_2	x_3	x_4	
y_1	25				25
y_2		25			25
y_3			25		25
y_4				25	25
	25	25	25	25	100

$\tau_a = 0{,}758 \quad \tau_b = 1 \quad \rho = 1$

In diesem Fall erhalten wir folgende Werte: Die Anzahl der konkordanten Paare ist $N_c = 25(25 + 25 + 25) + 25(25 + 25) + 25(25) = 1875 + 1250 + 625 = 3750$, und die Anzahl der möglichen Paare ist

$$\frac{N(N - 1)}{2} = \frac{100(100 - 1)}{2} = 4950$$

Folglich ist $\tau_a = \dfrac{N_c - N_d}{\frac{N(N - 1)}{2}} = \dfrac{3750 - 0}{4950} = 0{,}758$

Da keine N_d-, T_x- und T_y-Paare vorkommen, lautet die Gleichung

$$\frac{N(N - 1)}{2} = N_c + N_d + T_x + T_y + T_{xy}$$

$$4950 = 3750 + 0 + 0 + 0 + 1200$$

$$4950 = 4950$$

Wie leicht auszumachen ist, ist die Differenz zwischen den möglichen (4950) und den konkordanten (3750) Paaren

$$T_{xy} = 4\left[\frac{25(25 - 1)}{2}\right] = 1200$$

Obwohl also eine perfekte Beziehung zwischen den Variablen X und Y der Tab. 6.6 besteht, nimmt Tau-a nicht den Maximalwert 1 an, wenn auch der aktuelle Zahlenwert von 0,758 ziemlich hoch ist. Es ist unmittelbar einsichtig, daß der Zahlenwert des Tau-a-Koeffizienten für Tabellen mit einem ungünstigen Verhältnis verknüpfter Paare zur Gesamtzahl der Paare sehr niedrig ist (wie beispielsweise für Tab. 6.3 mit einem Verhältnis von 602 : 903 = 2 : 3) - eine Tatsache, die das Forschungsergebnis in den Augen mancher Autoren "schlecht aussehen" läßt. Da Koeffizienten, die niedrige Zahlenwerte produzieren, nicht besonders gerne verwendet werden, und da ein niedriger Zahlenwert sowohl auf einer geringen Korrelation als auch auf einer hohen Anzahl von Verknüpfungen beruhen kann (wobei die Anzahl der "Ties" durch den Kategorienbildungsprozeß stark beeinflußt wird), ist der Koeffizient Tau-a in der empirischen Sozialforschung ausgesprochen unpopulär.

Als Alternative für Daten, in denen "Ties" auftreten, entwickelte Kendall den Koeffizienten Tau-b. Dieses Maß nimmt eine "Korrektur" für Verknüpfungen vor, die den Effekt hat, den Zahlenwert des Koeffizienten zu erhöhen. Die Nennerausdrücke von Tau-a und Tau-b lassen erkennen, daß $|\tau_a| \leq |\tau_b|$. So ist der für Tab. 6.3 ermittelte Tau-b-Koeffizient nahezu doppelt so hoch wie der Tau-a-Koeffizient (τ_b = 0,186 versus τ_a = 0,107). Tau-b kann den Maximalwert 1 auch in solchen Fällen erreichen, in denen Tau-a kleiner als 1 ist. Wir erhalten beispielsweise für die perfekte Beziehung der Tab. 6.6 (im Vergleich zu τ_a = 0,758) einen Wert von

$$\tau_b = \frac{N_c - N_d}{\sqrt{(N_c + N_d + T_x)(N_c + N_d + T_y)}}$$

$$= \frac{3750 - 0}{\sqrt{(3750 + 0 + 0)(3750 + 0 + 0)}} = \frac{3750}{3750} = 1$$

Nichtsdestoweniger gibt es (in der empirischen Sozialforschung häufig vorkommende) Fälle, in denen Tau-b die Maximalwerte -1 und +1 <u>nicht</u> erreichen kann. Tau-b <u>kann</u> die Höchstwerte erreichen, wenn die Anzahl der Zeilen und Spalten der Tabelle gleich ist. Wenn in einer quadratischen Tabelle alle Untersuchungseinheiten entlang einer der beiden Diagonalen angeordnet sind, hat Tau-b den Höchstwert +1 (wie in Tab. 6.6) oder -1 (wie in Tab. 6.7). Die Tabellen 6.8 und 6.9 illustrieren Fälle, in denen $\tau_b < 1$ ist, weil die marginalen Häufigkeiten nicht symmetrisch (Tab. 6.8) bzw. die Anzahl der Zeilen und Spalten ungleich sind (Tab. 6.9) und infolgedessen x- und/oder y-verknüpfte Paare auftreten.

Tab. 6.7. Beispiel einer 3 x 3- Tabelle

		X			
		x_1	x_2	x_3	
	y_1			10	10
Y	y_2		50		50
	y_3	100			100
		100	50	10	160

$\tau_a = -0{,}511 \quad \tau_b = -1 \quad \gamma = -1$

Tab. 6.8. Beispiel einer 3 x 3-Tabelle

		X			
		x_1	x_2	x_3	
	y_1			10	10
Y	y_2	10	40		50
	y_3	100			100
		110	40	10	160

$\tau_a = -0{,}432 \quad \tau_b = -0{,}888 \quad \gamma = -1$

$N_c = 0$

$N_d = 10(10 + 40 + 100) + 40(100) = 1500 + 4000 = 5500$

$T_x = 10(100) = 1000$

$T_y = 10(40) = 400$

$$\tau_b = \frac{N_c - N_d}{\sqrt{(N_c + N_d + T_x)(N_c + N_d + T_y)}}$$

$$= \frac{0 - 5500}{\sqrt{(0 + 5500 + 1000)(0 + 5500 + 400)}} = -0{,}888$$

Tab. 6.9. Beispiel einer 3 x 4-Tabelle

		X				
		x_1	x_2	x_3	x_4	
Y	y_1				25	25
	y_2			25		25
	y_3	25	25			50
		25	25	25	25	100

$\tau_a = -0{,}631$ $\quad\tau_b = -0{,}913$ $\quad\rho = -1$

$N_c = 0$

$N_d = 25(25 + 25 + 25) + 25(25 + 25) = 3125$

$T_x = 0$

$T_y = 25(25) = 625$

$$\tau_b = \frac{0 - 3125}{\sqrt{(0 + 3125 + 0)(0 + 3125 + 625)}} = -0{,}913$$

Im Unterschied zu Tau-a und Tau-b wurde Tau-c explizit für Kontingenztabellen entwickelt. Kendall begründet seinen dritten Vorschlag wie folgt:

"Considered as a measure of contingency the alternative from τ_a [nämlich τ_b] has one property (shared by certain other contingency coefficients) of a rather undesirable kind, namely that it cannot attain unity for tables with unequal numbers of rows and columns. This is not a very serious drawback in cases where ties are relatively infrequent, but for heavily tied rankings it may be preferable to use a coefficient for which the limits are attainable" (Kendall, 1970, S.47).

Die Definitionsformel des Tau-c-Koeffizienten läßt erkennen, daß der aktuelle Zahlenwert des Nenners (und damit des Koeffizienten) von der Anzahl der Zeilen und Spalten der Kontingenztabelle abhängt:

$$\tau_c = \frac{N_c - N_d}{\frac{1}{2} N^2\left(\frac{m-1}{m}\right)} = \frac{2(N_c - N_d)}{N^2\left(\frac{m-1}{m}\right)}$$

wobei m die Anzahl der Zeilen oder Spalten bezeichnet, die die kleinere von beiden ist. (Bei einer gleichen Anzahl von Zeilen und Spalten ist $m = r = c$.) Faktisch wird die Quantität $N_c - N_d$ durch die Obergrenze $\frac{1}{2} N^2\left(\frac{m-1}{m}\right)$ dividiert. Wie die folgenden Beispiele zeigen, ist diese Obergrenze erreicht, wenn die Untersuchungseinheiten in einer quadratischen Tabelle diagonal angeordnet sind und die Häufigkeiten der Diagonalzellen gleich sind.

		X		
		x_1	x_2	
Y	y_1	10		10
	y_2		10	10
		10	10	20

		X			
		x_1	x_2	x_3	
Y	y_1	10			10
	y_2		10		10
	y_3			10	10
		10	10	10	30

$$N_c - N_d = 10(10) \qquad = 10(10 + 10) + 10(10)$$

$$= 100 \qquad = 200 + 100 = 300$$

$$\frac{1}{2} N^2\left(\frac{m-1}{m}\right) = \frac{1}{2}(20)^2\left(\frac{2-1}{2}\right) \qquad = \frac{1}{2}(30)^2\left(\frac{3-1}{3}\right)$$

$$= \frac{1}{2}(400)\frac{1}{2} = 100 \qquad = \frac{1}{2}(900)\frac{2}{3} = 300$$

$$\tau_c = \frac{N_c - N_d}{\frac{1}{2} N^2\left(\frac{m-1}{m}\right)} = \frac{100}{100} = 1 \qquad = \frac{300}{300} = 1$$

Tau-c ist folglich das Verhältnis der Quantität $N_c - N_d$ zu der in einer quadratischen Tabelle erreichbaren Obergrenze. Diese theoretische Obergrenze ist z.B. für den Fall der Tab. 6.3 mit N = 43 und m = 2 bei der folgenden Anordnung erreicht:

21,5		
	21,5	
		43

Wie leicht auszumachen ist, ist das Diagonalprodukt (21,5)(21,5) = 462,25 mit dem Zahlenwert des Nenners der auf Tab. 6.3 angewandten Formel für Tau-c identisch:

$$\tau_c = \frac{N_c - N_d}{\frac{1}{2} N^2\left(\frac{m-1}{m}\right)} = \frac{199 - 102}{\frac{1}{2}(43)^2\left(\frac{2-1}{2}\right)} = \frac{97}{\frac{1}{2}(1849)\frac{1}{2}} = \frac{97}{462,25} = 0,210$$

Die folgende Identität zeigt, daß der Wert des Tau-c-Koeffizienten bei $N > m$ stets größer als der des Tau-a-Koeffizienten ist:

$$\tau_c = \left(\frac{N-1}{N}\right)\left(\frac{m}{m-1}\right)\tau_a$$

Das wird bei der Inspektion der Klammerausdrücke deutlich. Wenn N relativ groß ist, ist der erste Klammerausdruck nahe 1, während der zweite Klammerausdruck stets größer als 1 ist. Folglich ist der aktuelle Zahlenwert des Tau-c-Koeffizienten dann größer als der des Tau-a-Koeffizienten. Bei unseren Berechnungen für Tab. 6.3 ermittelten wir beispielsweise folgende Werte: $\tau_c = 0{,}210$ und $\tau_a = 97/903 = 0{,}107$ bei $N = 43$ und $m = 2$. Das entspricht

$$0{,}210 = \left(\frac{43-1}{43}\right)\left(\frac{2}{2-1}\right)\left(\frac{97}{903}\right) = \left(\frac{42}{43}\right)\left(\frac{2}{1}\right)\left(\frac{97}{903}\right) = 0{,}210$$

Die Eigenschaft von Tau-c, bei fast jeder Tabelle größer als Tau-a und häufig größer als Tau-b zu sein, mag dafür verantwortlich sein, daß er auf jene Forscher eine gewisse Anziehungskraft ausübt, die an der Demonstration starker Beziehungen interessiert sind. Trotz seiner generellen Verwendbarkeit in der Tabellenanalyse ist Tau-c jedoch "... difficult to interpret and in this respect less satisfactory than τ_b" (Blalock, 1972, S.423). In der soziologischen Forschungsliteratur wird jedenfalls von den drei Versionen dieses Koeffizienten Tau-b bevorzugt.

Das bekannteste, in der empirischen Sozialforschung mit Abstand am häufigsten verwendete Maß der ordinalen Assoziation ist der von Goodman und Kruskal (1954) eingeführte Assoziationskoeffizient γ, der im Spezialfall der 2 x 2-Tabelle mit Yules Q identisch ist. Gamma ist ein extrem einfaches Maß, das für Tabellen beliebiger Größe berechnet werden kann. Seine Zahlenwerte repräsentieren das Verhältnis des Überschusses bzw. Defizits konkordanter Paare zur Gesamtzahl der konkordanten und diskordanten Paare. Gamma-Werten - und damit auch Q-Werten (bei ordinalen Daten) - kann überdies eine PRE-Interpretation gegeben werden (siehe dazu Abschnitt 6.3).

Wie die Tau-Koeffizienten Kendalls, ist Gamma ein symmetrisches Maß; seine Berechnung verlangt folglich keine Entscheidung darüber, welche Variable als unabhängig und welche als abhängig zu betrachten ist. Der Unterschied zwischen Tau-b und Gamma besteht darin, daß Tau-b "Ties" berücksichtigt, die bei Gamma als "irrelevant" betrachtet werden. Das geht aus der Definitionsformel hervor, deren Elemente lediglich konkordante und diskordante Paare sind:

$$\gamma = \frac{N_c - N_d}{N_c + N_d}$$

Infolgedessen nimmt Gamma höhere Zahlenwerte als die Tau-Koeffizienten an, wenn bestimmte "Ties" vorkommen. So waren die alternativen Werte für Tab. 6.3, die relativ viele, von Gamma ignorierte verknüpfte Paare aufweist, $\tau_a = 0{,}107$, $\tau_b = 0{,}186$ und $\gamma = 0{,}322$. Die generelle Beziehung zwischen diesen Maßen ist: $|\tau_a| \leq |\tau_b| \leq |\gamma|$ (Vgl. Blalock, 1972, S.424). Dieser Umstand mag dazu beigetragen haben, daß Gamma heute das verbreitetste Maß der Beziehung zwischen ordinalen Variablen ist.

Die zusammen mit den obigen Tabellen 6.6 bis 6.9 ausgewiesenen Gamma-Werte illustrieren einige Fälle, in denen Gamma den Extremwert -1 bzw. +1 annimmt. Ein weiteres Beispiel ist die folgende Tab. 6.10.

Tab. 6.10. Die Auswirkung von "Ties" auf verschiedene Maßzahlen der ordinalen Assoziation

		X				
		x_1	x_2	x_3	x_4	
Y	y_1	20				20
	y_2	30				30
	y_3	25				25
	y_4	25	3	2	1	31
		100	3	2	1	106

$\tau_a = 0{,}081 \qquad \tau_b = 0{,}282 \qquad \gamma = 1$

$N_c = 20(3 + 2 + 1) + 30(3 + 2 + 1) + 25\,(3 + 2 + 1) = 450$

$N_d = 0$

$T_x = 20(30 + 25 + 25) + 30(25 + 25) + 25(25) = 3725$

$T_y = 25(3 + 2 + 1) + 3(2 + 1) + 2(1) = 161$

$$\tau_a = \frac{N_c - N_d}{\frac{N(N-1)}{2}} = \frac{450 - 0}{\frac{106(106-1)}{2}} = 0{,}081$$

$$\tau_b = \frac{N_c - N_d}{\sqrt{(N_c + N_d + T_x)(N_c + N_d + T_y)}}$$

$$= \frac{450 - 0}{\sqrt{(450 + 0 + 3725)(450 + 0 + 161)}} = 0{,}282$$

$$\gamma = \frac{N_c - N_d}{N_c + N_d} = \frac{450 - 0}{450 + 0} = 1$$

Tab. 6.10 ist zwar ein extremes, aber nichtsdestoweniger geeignetes Beispiel, eine besondere Eigenschaft des Gamma-Koeffizienten aufzuzeigen. Gamma kann den Höchstwert 1 bzw. sehr hohe Werte auch in Fällen erreichen, in denen wahrscheinlich viele Forscher zögern werden, den Variablen eine derart hohe Korrelation zuzuschreiben. Was sich, so betrachtet, als Nachteil ausnimmt, kann jedoch, anders betrachtet, als Vorteil empfunden werden. Wenn wir nämlich ein Maß wünschen, das nicht nur bei einer "diagonalen" Korrelation, sondern auch bei einer "Ecken"-Korrelation (Galtung, 1967, S.223) sehr hohe Werte erreicht, ist Gamma ein geeignetes Maß.

Da Gamma verknüpfte Paare ignoriert, ist es ein Maß, das durch die Anzahl der Variablenausprägungen beeinträchtigt wird. Somers kommentiert diese Besonderheit wie folgt:

> "... it does seem undesirable to have a coefficient that increases markedly in value when a table is collapsed. Gamma will exhibit such behavior on occasion, to a greater extent than Kendall's tau-b, apparently because gamma gives no consideration to tied pairs" (1962, S.809).

Als ein Beispiel, das diese Eigenschaft Gammas auf dramatische Weise veranschaulicht, können empirische Daten eines von Fendrich (1967) durchgeführten Experiments dienen. An der Fendrichschen Untersuchung nahmen 22 Studenten teil, deren Einstellung ("attitude") gegenüber Negern mit Hilfe einer Einstellungsskala gemessen wurde. Die erzielten Einstellungsmeßwerte variierten zwischen 106 (negativ) und 149 (positiv). Des weiteren wurde die Bereitschaft der Studenten gemessen, sich für verschiedene Interaktionen mit Negern zu verpflichten ("commitment"). Die Werte dieser Messung variierten zwischen 2 (negativ) und 10 (positiv). Tab. 6.11 gibt über das Muster der Beziehung zwischen diesen beiden ordinalen Variablen Aufschluß.

Tab. 6.11. Die Beziehung zwischen der Einstellung gegenüber Negern und der Bereitschaft, mit Negern zu interagieren (Originaldaten)

Interaktionsbereitschaft	Einstellung: negativ 106	113	117	118	123	124	127	131	132	137	138	143	146	positiv 149	
negativ 2											1				1
3	1								1						2
4		1		1											2
5						1		1							2
6		1		2	1	1									5
7							1			2					3
8							1					1		1	3
9													1		1
positiv 10			1					1						1	3
	1	2	1	3	1	2	2	2	1	2	1	1	1	2	22

$\tau_a = 0{,}320 \qquad \tau_b = 0{,}344 \qquad \gamma = 0{,}366$

Quelle: James M. Fendrich (1967), S.353.

Fendrich weist für die "Attitude-Commitment"-Beziehung einen Gamma-Wert von 0,37 aus. Die folgende Rechnung bestätigt diesen Zahlenwert.

$$N_c = 1(4) + 1(19) + 1(6) + 1(16) + 1(13) + 1(9) + 1(6) + 1(10) + 2(9) + 1(9) + 1(9) + 1(5) + 2(4) + 1(3) + 1(2) + 1(1) = 138$$

$$N_d = 1(17) + 1(13) + 1(2) + 1(8) + 1(5) + 1(1) + 1(1) + 2(1) + 2(3) + 1(1) + 1(3) + 1(2) + 1(1) + 1(2) = 64$$

$$\gamma = \frac{N_c - N_d}{N_c + N_d} = \frac{138 - 64}{138 + 64} = 0{,}366$$

Wenn wir nun beide Variablen der Tab. 6.11 trichotomisieren, d.h. die Variablenausprägungen derart zusammenfassen, daß eine 3 x 3-Tabelle mit annähernd gleichen Randhäufigkeiten entsteht, ergibt sich folgende Situation:

Tab. 6.12. Die Beziehung zwischen der Einstellung gegenüber Negern und der Bereitschaft, mit Negern zu interagieren (trichotomisierte Variablen)

		Einstellung			
		negativ (- 118)	(123-132)	positiv (137 +)	
Interaktionsbereitschaft	negativ (- 5)	3	3	1	7
	(6 - 7)	3	3	2	8
	positiv (8 +)	1	2	4	7
		7	8	7	22

$\tau_a = 0{,}221 \quad \tau_b = 0{,}317 \quad \gamma = 0{,}459$

Die Berechnung des Gamma-Koeffizienten für Tab. 6.12 lautet wie folgt:

$$N_c = 3(3 + 2 + 2 + 4) + 3(2 + 4) + 3(2 + 4) + 3(4) = 81$$

$$N_d = 1(3 + 3 + 1 + 2) + 3(3 + 1) + 2(1 + 2) + 3(1) = 30$$

$$\gamma = \frac{81 - 30}{81 + 30} = 0{,}459$$

Dieser Wert ist schon beträchtlich höher als der auf der Basis der Originaldaten berechnete Gamma-Wert von 0,366. Gehen wir noch einen Schritt weiter und dichotomisieren beide Variablen in der Nähe des Medians, so gibt es zwei verschiedene Möglichkeiten der Schnittbildung bei der Einstellungs-Variablen. Die beiden Alternativen sind in den folgenden Tabellen dargestellt.

Tab. 6.13. Die Beziehung zwischen der Einstellung gegenüber Negern und der Bereitschaft, mit Negern zu interagieren (dichotomisierte Variablen, Version I)

		Einstellung		
		negativ (- 127)	positiv (131 +)	
Interaktionsbereitschaft	negativ (- 6)	9	3	12
	positiv (7 +)	3	7	10
		12	10	22

$\tau_a = 0{,}234$
$\tau_b = 0{,}450$
$\gamma = 0{,}750$

Tab. 6.14. Die Beziehung zwischen der Einstellung gegenüber Negern und der Bereitschaft, mit Negern zu interagieren (dichotomisierte Variablen, Version II)

		Einstellung		
		negativ (- 124)	positiv (127 +)	
Interaktionsbereitschaft	negativ (- 6)	9	3	12
	positiv (7 +)	1	9	10
		10	12	22

$\tau_a = 0{,}338$
$\tau_b = 0{,}650$
$\gamma = 0{,}929$

Dieses anhand der Fendrichschen Daten vorgeführte Beispiel des Effektes, den Zusammenfassungen von Variablenausprägungen haben können, ist alles andere als trivial. Es demonstriert immerhin, daß man auf der Basis ein- und derselben Untersuchungsdaten, die in der Analysephase auf unterschiedliche Weise organisiert, oder, negativ akzentuiert, manipuliert werden, eine Beziehung zwischen Variablen konstatieren kann, die sich im "ungünstigsten" Fall mit einem Gamma-Wert von 0,366, im "günstigsten" Fall mit einem Wert von 0,929 (!) ausdrücken läßt.

Wie die Zahlenwerte der Koeffizienten Gamma, Tau-b und Tau-a für die Tabellen 6.11 bis 6.14 zeigen, ist die Diskrepanz zwischen den alternativen Maßzahlen am geringsten, wenn statt der zusammengefaßten Daten die Originaldaten zugrundegelegt werden. Blalock empfiehlt deshalb die folgende "Daumenregel":

> "Perhaps the best rule of thumb is to use as many categories as possible of each variable, thereby reducing the number of ties and reducing the differences among the various measures" (1972, S.425).

Wer diese Empfehlung mißachtet, d.h. wer Gamma-Koeffizienten auf der Basis von Daten berechnet, die ohne zwingenden Grund weitgehend zusammengefaßt wurden, setzt sich dem Verdacht aus, seine Leser durch die Stärke der Beziehung beeindrucken zu wollen. Es kann allerdings gute Gründe geben, die für eine Zusammenfassung der Variablenausprägungen sprechen. Eine solche Situation ergibt sich z.B. regelmäßig dann, wenn Drittvariablenkontrollen mit relativ wenigen Untersuchungseinheiten (geringen Fallzahlen) durchgeführt werden sollen. Ein vorsichtiger oder "konservativer" Forscher wird dann vielleicht Tau-a oder Tau-b wählen. Wer hingegen die Stärke der Beziehung betonen will, wird wahrscheinlich Gamma bevorzugen.

Im Gegensatz zu den Kendallschen Tau-Koeffizienten und dem Goodman und Kruskalschen Gamma sind die von Somers (1962) vorgeschlagenen, für Tabellen beliebiger Größe berechenbaren Koeffizienten asymmetrische Maße. Man berechnet

$$d_{yx} = \frac{N_c - N_d}{N_c + N_d + T_y}$$

wenn Y die abhängige und X die unabhängige Variable ist, und

$$d_{xy} = \frac{N_c - N_d}{N_c + N_d + T_x}$$

wenn X die abhängige und Y die unabhängige Variable ist, wobei T_y die Anzahl der Paare ist, die in der Y-Variablen verknüpft sind, und T_x die Anzahl der Paare ist, die in der X-Variablen verknüpft sind. Da einige Computerprogramme auch die (selten verwendete) symmetrische Version des Somersschen Maßes enthalten, sei der Vollständigkeit halber auch die Formel für d_s angeführt:

$$d_s = \frac{N_c - N_d}{N_c + N_d + \frac{1}{2}(T_y + T_x)}$$

Nach Leik und Gove ist Somers' d_{yx} ein geeignetes Maß, wenn anzunehmen ist, daß die "ties" primär das Ergebnis einer unzureichenden Messung sind:

> "... if ties on Y are assumed to be primarily a consequence of insufficiently refined measurement ... the appropriate index is Somers' d_{yx}. The entire question of the source of ties is usually ignored, however, and the weaker index, γ, computed" (1969, S.708).

Somers erläutert den Unterschied zwischen γ und d_{yx} wie folgt:

"... (d_{yx}) is simply gamma modified by a penalty for the number of pairs tied on Y only. This number of pairs is added to the denominator of gamma before taking the ratio" (1962, S.809).

Wie ein Vergleich der Formeln offenbart, kann d_{yx} niemals einen höheren absoluten Wert als Gamma haben. Vielmehr besteht die Beziehung $|\gamma| \geq |d_{yx}|$, wobei die Gleichheit nur erreicht wird, wenn keine y-verknüpften Paare vorkommen, d.h. wenn $T_y = 0$. Folglich erreicht d_{yx} nicht den Maximalwert ± 1 in einer Tabelle, die mehr Spalten als Zeilen aufweist, weil in einer solchen Tabelle notwendig T_y-Paare auftreten. Entsprechendes gilt für d_{xy}.

In 2 x 2-Tabellen ist d_{yx} übrigens gleich der Prozentsatzdifferenz, d.h. es besteht die Identität $d\% = 100\ d_{yx}$:

$$100\left(\frac{a}{a + c} - \frac{b}{b + d}\right) = 100\ \frac{ad - bc}{(a + c)(b + d)} = 100\ \frac{N_c - N_d}{N_c + N_d + T_y}$$

Generell gilt ferner die Gleichung: $\tau_b = \sqrt{d_{yx} \cdot d_{xy}}$

6.3. Die PRE-Interpretation des Assoziationsmaßes γ

Wie bereits erwähnt, kann das Assoziationsmaß Gamma im Sinne der relativen bzw. proportionalen Fehlerreduktion interpretiert werden. Hier soll lediglich die von Costner (1965) vorgeschlagene PRE-Interpretation des in der empirischen Sozialforschung häufig verwendeten Gamma-Koeffizienten dargestellt werden, obwohl inzwischen auch für andere Maßzahlen der ordinalen Assoziation PRE-Interpretationen vorgeschlagen wurden, und zwar für d_{yx} (von Somers, 1968), für Kendalls Tau-b (von Wilson, 1969) und für den im nächsten Abschnitt besprochenen Spearmanschen Rangkorrelationskoeffizienten r_s (vgl. Mueller, Schuessler und Costner, 1970).

Wie in Abschnitt 4.4.2 beschrieben, basiert die PRE-Interpretation auf vier maßzahlspezifischen Regeln bzw. Definitionen. Die auf den Gamma-Koeffizienten zugeschnittenen Regeln und Definitionen lauten wie folgt (siehe auch Costner (1965) und Mueller, Schuessler und Costner, 1970):

Gamma: Die Regel für die Vorhersage der Rangordnung der Untersuchungseinheiten bezüglich der abhängigen Variablen auf der Basis ihrer eigenen Verteilung. Sagt man für alle nicht verknüpften Paare vorher, daß die jeweils erste (als zufällig herausgegriffen vorzustellende) Untersuchungseinheit eines Paares im Hinblick auf die abhängige Variable die "größere" (oder die "kleinere") von beiden ist, so ist die Vorhersage in 50 Prozent der Fälle richtig bzw. falsch. Deshalb kann die erste Vorhersageregel wie folgt spezifiziert werden: "Sage für die jeweils erste Untersuchungseinheit eines jeden nicht verknüpften Paares vorher, daß sie im Hinblick auf die abhängige Variable die 'größere' von beiden ist." Die Anzahl der richtigen bzw. falschen Vorhersagen ist dann genau $0{,}5(N_c + N_d)$

Gamma: Die Regel für die Vorhersage der Rangordnung der Untersuchungseinheiten bezüglich der abhängigen Variablen auf der Basis der Rangordnung bezüglich der unabhängigen Variablen. Wenn wir, wiederum bei Außerachtlassung verknüpfter Paare, die Untersuchungseinheiten im Hinblick auf die Variable X und Y betrachten, kann jedes Paar nur zwei Erscheinungsformen haben: es kann entweder konkordant oder diskordant sein. Greifen wir ein beliebiges Paar von Untersuchungseinheiten - a und b zum Beispiel - heraus, so gibt es folgende Alternativen: Entweder die Rangordnung von a und b ist in Bezug auf die eine Variable dieselbe wie die Rangordnung in Bezug auf die andere Variable, also "gleichsinnig" ($x_a < x_b$ und $y_a < y_b$; $x_a > x_b$ und $y_a > y_b$), oder aber die Rangordnung von a und b ist in Bezug auf die eine Variable nicht dieselbe wie die Rangordnung in Bezug auf die andere Variable, also "gegensinnig" ($x_a < x_b$ und $y_a > y_b$; $x_a > x_b$ und $y_a < y_b$). Sind die konkordanten Paare in der Überzahl (d.h. ist Gamma positiv), so lautet die Regel für die beste Vorhersage: "Sage vorher, daß die Untersuchungseinheiten in Bezug auf die abhängige Variable dieselbe Rangordnung haben wie in Bezug auf die unabhängige Variable." Dominieren hingegen die diskordanten Paare (d.h. ist Gamma negativ), so lautet die Regel für die beste Vorhersage: "Sage vorher, daß die Untersuchungseinheiten in Bezug auf die abhängige Variable die umgekehrte Rangordnung haben wie in Bezug auf die unabhängige Variable." Kommen konkordante und diskordante Paare gleich häufig vor (d.h. ist $N_c - N_d = 0$), so ist keine zusätzliche Information gegeben, die der Vorhersageverbesserung dienen könnte.

Gamma: Die Fehlerdefinition. Wenn die vorhergesagte Rangordnung eines gegebenen Paares von der beobachteten Rangordnung abweicht, liegt ein Fehler vor, andernfalls nicht. Man beachte, daß bei Gamma ein Fehler die Bedeutung einer falschen Rangordnung hat, während bei Lambda ein Fehler die Bedeutung einer falschen Klassifikation hat. In beiden Fällen sind Fehler entweder vorhanden oder nicht vorhanden; sie sind keine Größen (wie bei r^2 und η^2, siehe dort).

Wird die Rangordnung der Untersuchungseinheiten im Hinblick auf die abhängige Variable ohne Berücksichtigung der unabhängigen Variablen vorhergesagt, so ist der Anteil der Vorhersagefehler 0,5, weil die eine wie die andere Alternative ("größer" oder "kleiner") gleich häufig vorkommt. Daher ist die konsistente Vorhersage einer der beiden Alternativen in 50 Prozent der Fälle falsch.

Gamma: Die generelle Formel zur Berechnung der proportionalen Fehlerreduktion lautet:

$$\gamma = \frac{E_1 - E_2}{E_1}$$

Wie erwähnt, ist der Anteil der Fehler bei der ersten Vorhersage gleich 0,5. Da die Gesamtzahl der konkordanten und diskordanten Paare $N_c + N_d$ ist, ist die Anzahl der Fehler bei der ersten Vorhersage (ohne Auswertung der Information der zweiten Variablen)

$$E_1 = 0,5(N_c + N_d)$$

Die Anzahl der Fehler bei der zweiten Vorhersage (mit Auswertung der Information der zweiten Variablen) ist die kleinere der beiden Größen, N_c oder N_d. Diese Quantität sei wie folgt ausgedrückt:

$$E_2 = \min(N_c, N_d)$$

Durch Einsetzen der beiden Ausdrücke für E_1 und E_2 in die obige generelle Formel erhalten wir

$$\gamma = \frac{0,5(N_c + N_d) - \min(N_c, N_d)}{0,5(N_c + N_d)}$$

Die Multiplikation des Zählers und Nenners mit 2 ergibt

$$\gamma = \frac{N_c + N_d - 2\min(N_c, N_d)}{N_c + N_d}$$

Wenn N_c größer als N_d ist, d.h. wenn eine positive ordinale Assoziation vorliegt, wird aus dieser Gleichung

$$\gamma = \frac{N_c + N_d - 2N_d}{N_c + N_d} = \frac{N_c - N_d}{N_c + N_d}$$

Wenn N_c kleiner als N_d ist, d.h. wenn eine negative ordinale Assoziation vorliegt, wird aus dieser Gleichung

$$\gamma = \frac{N_c + N_d - 2N_c}{N_c + N_d} = \frac{N_d - N_c}{N_c + N_d}$$

Bei Anwendung der Formel $\gamma = \frac{N_c - N_d}{N_c + N_d}$ ist der Zahlenwert positiv, wenn die Assoziation positiv ist, bzw. negativ, wenn die Assoziation negativ ist. Der Zahlenwert selbst repräsentiert die proportionale Fehlerreduktion bei der Vorhersage der Rangordnung von Paaren.

Das folgende Beispiel soll noch einmal die Berechnung der konkordanten und diskordanten Paare einer relativ großen bivariaten Tabelle sowie die oben erläuterte PRE-Interpretation des Gamma-Koeffizienten anhand aktueller sozialwissenschaftlicher Daten illustrieren. Diese Daten stammen von Richard R. Izzett, der die Freundlichkeit hatte, sie dem Verfasser für einen anderen Zweck zur Verfügung zu stellen. Izzett (1971) administrierte im Rahmen seiner Untersuchung, die im Oktober 1969 stattfand, als die Vietnam-Politik der US-Regierung in den Vereinigten Staaten heftig umstritten war, 131 Psychologie-Studenten die bekannte F-Skala (Format 45-40) sowie einige die Vietnam-Politik der US-Regierung (z.B. die Wiederaufnahme der Bombardierung Nord-Vietnams) betreffende Statements, zu denen zustimmende oder ablehnende Stellungnahmen abzugeben waren. Auf diese Weise wurde einmal der "Autaritarismusgrad" der Studenten, zum andern deren "Einstellung zur Vietnam-Politik der US-Regierung" gemessen. Izzetts Hypothese war, "that individuals high in authoritarianism will hold attitudes consistent with those in authority"(S.145). Die Daten der nachfolgenden Tab. 6.15 unterstützen diese Hypothese.

Tab. 6.15. Autoritarismus und Einstellung zur Vietnam-Politik der US-Regierung

		Autoritarismus (F-Skalenwerte)						
		niedrig					hoch	
Einstellung zur Vietnam-Politik der US-Regierung	negativ	12	11	5	4	1	1	34
		5	4	10	7	4	5	35
		3	5	5	6	8	4	31
	positiv	2	5	3	6	8	7	31
		22	25	23	23	21	17	131

In Tab. 6.15 repräsentiert die oberste linke Zelle jene 12 Studenten, die die niedrigsten Autoritarismus- <u>und</u> Einstellungswerte aufwiesen. Sämtliche Zellen, die rechts unterhalb dieser Zelle angeordnet sind, repräsentieren jene 87 Studenten, die im Hinblick auf <u>beide</u> Variablen höher als die 12 Studenten der obersten linken Zelle rangieren. Deshalb können wir generell die Anzahl der konkordanten Paare (N_c) berechnen, indem wir jede Zellenhäufigkeit mit der Summe der Häufigkeiten der rechts unterhalb angeordneten Zellen multiplizieren. Sinngemäß können wir die Anzahl der diskordanten Paare (N_d) berechnen, indem wir jede Zellenhäufigkeit mit der Summe der Häufigkeiten der links unterhalb angeordneten Zellen multiplizieren. Diese etwas mühselige, aber durchaus simple Berechnung der konkordanten und diskordanten Paare ergibt folgende Werte:

$$\begin{aligned} N_c &= 12(87) + 11(73) + 5(55) + 4(36) + 1(16) \\ &\quad + 5(57) + 4(47) + 10(39) + 7(27) + 4(11) \\ &\quad + 3(29) + 5(24) + 5(21) + 6(15) + 8(7) \\ &= 1044 + 803 + 275 + 144 + 16 \\ &\quad + 285 + 188 + 390 + 189 + 44 \\ &\quad + 87 + 120 + 105 + 90 + 56 = 3836 \end{aligned}$$

$$
\begin{aligned}
N_d &= 1(81) + 1(61) + 4(42) + 5(24) + 11(10) \\
&\quad + 5(51) + 4(35) + 7(23) + 10(15) + 4(5) \\
&\quad + 4(24) + 8(16) + 6(10) + 5(7) + 5(2) \\
&= 81 + 61 + 168 + 120 + 110 \\
&\quad + 255 + 140 + 161 + 150 + 20 \\
&\quad + 96 + 128 + 60 + 35 + 10 = 1595
\end{aligned}
$$

$$
\gamma = \frac{N_c - N_d}{N_c + N_d} = \frac{3836 - 1595}{3836 + 1595} = \frac{2241}{5431} = 0,413
$$

Der Gamma-Wert von 0,413 besagt zunächst, daß eine mäßig starke positive Beziehung zwischen den beiden Variablen besteht. Konkreter: Autoritäre Studenten stimmen eher mit der Vietnam-Politik der US-Regierung überein als weniger autoritäre Studenten.

Der Gamma-Wert von 0,413 besagt zugleich, daß unsere Vorhersagefehler um 41 Prozent reduziert werden, wenn wir die Rangordnung der Studenten in Bezug auf die Einstellungsvariable auf der Basis ihrer Rangordnung in Bezug auf die Autoritarismusvariable vorhersagen. Konkreter: Wenn wir wissen, daß Student B autoritärer ist als Student A, sagen wir vorher, daß Student B eher mit der Vietnam-Politik der US-Regierung konform geht als Student A. Diese auf alle nicht verknüpften Paare der Studenten angewandte Vorhersageregel reduziert die Fehler, die wir bei einer Vorhersage begehen, die sich nicht auf die Information der Autoritarismusvariablen stützt, um 41 Prozent. Da Gamma ein symmetrisches Maß ist, können wir im Prinzip auch umgekehrt verfahren und sagen, daß die Vorhersagefehler um 41 Prozent reduziert werden, wenn wir die Rangordnung der Studenten in Bezug auf die Autoritarismusvariable auf der Basis ihrer Rangordnung in Bezug auf die Einstellungsvariable vorhersagen.

6.4. Der Rangkorrelationskoeffizient r_s

Der 1904 von Spearman vorgeschlagene Rangkorrelationskoeffizient r_s gründet auf einer anderen Konzeption als die oben behandelten Maßzahlen der ordinalen Assoziation. Im Unterschied zu diesen Maßzahlen, bei denen Paare von Untersuchungseinheiten daraufhin betrachtet werden, ob sie konkordant oder diskordant sind, werden beim Spearmanschen Rangkorrelationskoeffizient r_s Paare von Rangplätzen im Hinblick auf ihre Differenz betrachtet. Der Koeffizient r_s ist wie folgt definiert:

$$r_s = 1 - \frac{6 \sum d_i^2}{N(N^2 - 1)}$$

wobei N = die Anzahl der rangplacierten Fälle,

d_i = die Differenz zwischen den Rangplätzen, die die i-te Untersuchungseinheit (das i-te Individuum, Objekt oder Ereignis) bezüglich der Variablen X und Y aufweist, also $x_i - y_i$, und

$\sum d_i^2$ = die Summe der quadrierten Rangplatzdifferenzen, also $\sum (x_i - y_i)^2$ ist.

Die Berechnung von r_s setzt also zwei Rangreihen voraus. In der Soziologie besteht häufig ein Interesse, die Beziehung zwischen solchen Rangreihen zu beschreiben. So kann sich ein Sozialforscher dafür interessieren, wie das Prestige bestimmter Berufe in der BRD und in den USA bewertet wird, wie ein Richter und ein Sozialarbeiter die Schwere bestimmter Vergehen oder die Effektivität alternativer Resozialisierungsbemühungen beurteilen, wie ein Vorgesetzter und ein positionsgleicher Mitarbeiter die fachliche Qualifikation eines Stelleninhabers beurteilen, wie ein Politiker und ein Journalist die Popularität bestimmter politischer Programme oder Aktivitäten einschätzen, usw.

Betrachten wir zunächst ein simples Beispiel. Gegeben seien sieben Kunstwerke, deren künstlerische Qualität von zwei Gutachtern zu beurteilen ist. Die nachfolgenden Tabellen stellen drei mögliche Ausgänge der gutachterlichen Tätigkeit dar.

Tab. 6.16. Beispiel einer perfekten positiven Rangkorrelation

Kunstwerk	Urteil des Gutachters 1 x_i (Rangplatz)	Urteil des Gutachters 2 y_i (Rangplatz)	$d_i = x_i - y_i$	$d_i^2 = (x_i - y_i)^2$
A	1	1	0	0
B	2	2	0	0
C	3	3	0	0
D	4	4	0	0
E	5	5	0	0
F	6	6	0	0
G	7	7	0	0
Summe	28	28	0	0

Tab. 6.17. Beispiel einer perfekten negativen Rangkorrelation

Kunstwerk	Urteil des Gutachters 1 x_i (Rangplatz)	Urteil des Gutachters 2 y_i (Rangplatz)	$d_i = x_i - y_i$	$d_i^2 = (x_i - y_i)^2$
A	1	7	-6	36
B	2	6	-4	16
C	3	5	-2	4
D	4	4	0	0
E	5	3	2	4
F	6	2	4	16
G	7	1	6	36
Summe	28	28	0	112

Tab. 6.18. Beispiel einer Rangkorrelation nahe Null

Kunstwerk	Urteil des Gutachters 1 x_i (Rangplatz)	Urteil des Gutachters 2 y_i (Rangplatz)	$d_i = x_i - y_i$	$d_i^2 = (x_i - y_i)^2$
A	1	3	-2	4
B	2	6	-4	16
C	3	1	2	4
D	4	7	-3	9
E	5	4	1	1
F	6	2	4	16
G	7	5	2	4
Summe	28	28	0	54

Da in Tab. 6.16 die eine Rangreihe ein Duplikat der anderen ist, gibt es keine Differenzen zwischen den Rangplätzen; es besteht folglich eine perfekte positive Rangkorrelation. Die in Tab. 6.17 dargestellte Situation ist der in Tab. 6.16 dargestellten völlig konträr; da die beiden Reihen eine genau umgekehrte Rangfolge haben, liegt der Fall einer perfekten negativen Rangkorrelation vor. Tab. 6.18 stellt eine zwischen den Extremen der Tab. 6.16 und 6.17 liegende Alternative dar.

Wir erhalten für die Tabellen 6.16 bis 6.18 folgende Zahlenwerte:

$$r_s = 1 - \frac{6 \sum d_i^2}{N(N^2 - 1)}$$

Tab. 6.16	Tab. 6.17	Tab. 6.18
$r_s = 1 - \frac{6(0)}{7(49 - 1)}$	$r_s = 1 - \frac{6(112)}{7(48)}$	$r_s = 1 - \frac{6(54)}{7(48)}$
$= 1 - 0$	$= 1 - 2$	$= 1 - 0,96$
$= 1$	$= -1$	$= 0,04$

Häufig besteht der erste Schritt zur Berechnung des Spearmanschen Rangkorrelationskoeffizienten r_s in der Umwandlung der Originaldaten (z.B. Prozentzahlen oder Meßwerte) in Rangplätze. Dabei wird dem jeweils niedrigsten (oder höchsten) Wert der X- und Y-Variablen der Rangplatz 1 zugeteilt, dem zweitniedrigsten (oder zweithöchsten) Wert der Rangplatz 2 usw. Kommen in X und/oder Y identische Werte ("Ties") vor, so werden diesen Werten gleich hohe Rangplätze zugewiesen (siehe unten). Erst dann werden die einzelnen Rangplatzdifferenzen ermittelt und quadriert und die Summe der quadrierten Differenzen in die Formel für r_s eingesetzt. - Nehmen wir als Beispiel die folgenden Daten. Laumann und Segal (1971) ermittelten für die Beziehung zwischen den Variablen "Schulbildungsstatus" und "Berufsstatus" (beides Durchschnittswerte von 15 ethno-religiösen Gruppen aus Detroit) einen Rangkorrelationskoeffizienten von 0,94. Die Ausgangsdaten dieser Korrelationsrechnung sind in Tab. 6.19 wiedergegeben.

Tab. 6.19. Schulbildungsstatus und Berufsstatus von fünfzehn ethno-religiösen Gruppen

Ethno-religiöse Gruppe	X Vollendete Schuljahre (Gruppendurchschnittswert)	Y Berufsstatus (Gruppendurchschnittswert)
1	13,0	50,4
2	13,8	58,0
3	11,4	46,5
4	13,7	59,2
5	12,2	49,9
6	10,2	36,0
7	9,5	32,0
8	12,0	44,1
9	11,2	43,3
10	12,7	51,1
11	12,2	48,6
12	12,0	41,2
13	12,3	45,5
14	11,0	39,6
15	14,8	63,4

Quelle: Laumann und Segal (1971), S.44.

Wir beginnen die Transformation der in Tab. 6.19 ausgewiesenen Werte in Rangplätze bei der Variablen X und weisen dem niedrigsten Wert (9,5) den Rangplatz 1 zu; der zweitniedrigste Wert (10,2) erhält den Rangplatz 2, der drittniedrigste Wert (11,0) den Rangplatz 3 usw. Bei den Gruppen 8 und 12 stoßen wir auf eine Besonderheit: sie haben gleiche X-Werte (nämlich 12,0), sind also im Hinblick auf die X-Variable verknüpft. Treten solche "Ties" auf, so wird ihnen der Durchschnitt derjenigen Rangplätze zugewiesen, die zugewiesen worden wären, wenn keine "Ties" aufgetreten wären. Das wären die Rangplätze 6 und 7 gewesen. Folglich weisen wir der Gruppe 8 wie der Gruppe 12 den Rangplatz (6 + 7)/2 = 6,5 zu. Bei den Gruppen 5 und 11, die ebenfalls in Bezug auf die X-Variable verknüpft sind, verfahren wir sinngemäß; ihnen wird der Rangplatz (8 + 9)/2 = 8,5 zugeordnet.

Sind allen Werten der X- und Y-Variablen Rangplätze zugeteilt, empfiehlt sich die Kontrolle, ob in jeder der Spalten x_i und y_i die Summe der Rangzahlen gleich N(N + 1)/2 ist. Für unser Beispiel (siehe Tab. 6.20) erhalten wir

$$\sum x_i = \sum y_i = \frac{15(15 + 1)}{2} = 120$$

Im übrigen muß die Summe der Rangplatzdifferenzen Null ergeben, d.h. es gilt stets $\sum d_i = 0$. Nach diesen Kontrollen werden die Rangplatzdifferenzen quadriert und summiert.

Tab. 6.20. Rangplätze von fünfzehn ethno-religiösen Gruppen bezüglich der Variablen "Schulbildungsstatus" und "Berufsstatus"

Ethno-religiöse Gruppe	Vollendete Schuljahre x_i (Rangplatz)	Berufs-status y_i (Rangplatz)	$d_i = x_i - y_i$	$d_i^2 = (x_i - y_i)^2$
7	1	1	0	0
6	2	2	0	0
14	3	3	0	0
9	4	5	-1	1
3	5	8	-3	9
8	6,5	6	0,5	0,25
12	6,5	4	2,5	6,25
5	8,5	10	-1,5	2,25
11	8,5	9	-0,5	0,25
13	10	7	3	9
10	11	12	-1	1
1	12	11	1	1
4	13	14	-1	1
2	14	13	1	1
15	15	15	0	0
Summe	120	120	0	32,00

Setzen wir $\sum d_i^2 = 32$ und $N = 15$ in die Formel für r_s ein, so ergibt das

$$r_s = 1 - \frac{6 \sum d_i^2}{N(N^2 - 1)} = 1 - \frac{6(32)}{15(225 - 1)} = 1 - 0{,}057 = 0{,}943$$

Wie wir sahen, kann r_s Werte zwischen -1 und +1 annehmen. Der Wert $r_s = 0{,}943$ besagt infolgedessen, daß eine sehr starke positive Rangkorrelation zwischen den Variablen "Schulbildungsstatus" und "Berufsstatus" besteht.

Wie der Rechengang zur Ermittlung der Zahlenwerte von r_s zeigt, behandelt der Spearmansche Koeffizient "Nichtübereinstimmungen" anders als der Kendallsche Tau-Koeffizient. Hays kennzeichnet den Unterschied wie folgt:

> "Viewed as coefficients of agreement, r_s and τ (...) rest on somewhat different conceptions of 'disagree'. In the computation of r_s, a disagreement in ranking appears as the squared difference between the ranks themselves over the individuals. In τ , an inversion in order for any pair of objects is treated in the same way as evidence for disagreement. Although these two conceptions are related, they are not identical: the process of squaring differences between rank values in r_s places somewhat different weight on particular inversions in order, whereas in τ all inversions are weighted equally by a simple frequency count" (1963, S.647-648).

Mit anderen Worten: Fälle (Personen, Objekte oder Ereignisse), deren Rangplatzdifferenzen groß sind, erhalten bei r_s durch die Quadrierung der Differenzen (d_i^2) ein größeres Gewicht als Fälle, deren Rangplatzdifferenzen klein sind. Der absolute Zahlenwert von r_s ist in der Regel rund 5o Prozent größer als der von τ_a, wenn keiner der beiden Koeffizienten nahe 1 ist (vgl. Kendall, 1970, S.12).

Wie der Kendallsche Tau-a-Koeffizient, kann der Spearmansche Koeffizient r_s durch "Ties" empfindlich beeinträchtigt werden, jedoch in entgegengesetzter Richtung. Da "Ties" den Zähler des rechten Ausdrucks der Formel für r_s (nicht aber den Nenner) reduzieren, nimmt der Zahlenwert von r_s mit der Anzahl der Verknüpfungen zu. Zur Kompensation dieses Einflusses der "Ties" sind - in der Forschungsliteratur selten verwendete - Korrekturen vorgeschlagen worden (siehe Kendall, 1970, S.39). Der inflationierende Effekt der "Ties" kann vernachlässigt werden, wenn die Anzahl der Verknüpfungen nicht besonders groß ist.

Die obigen Rechenbeispiele haben gezeigt, daß bei r_s die Abstände zwischen zwei aufeinanderfolgenden Rangplätzen in Bezug auf die X- bzw. Y-Variable als gleich behandelt werden. Diese Voraussetzung ist jedoch bei Rangreihen definitionsgemäß nicht erfüllt. Der Spearmansche Rangkorrelationskoeffizient r_s ist genau das, was sein Name besagt: ein Koeffizient der Korrelation zwischen zwei Reihen von Rangplätzen, wobei (unerlaubterweise) die Rangplätze als Werte von Intervall- und nicht von Ordinalskalen aufgefaßt werden. Die Berechnung von r_s ist infolgedessen an die Voraussetzung gebunden, "that one is willing to define rank as an interval scale, and not as ordinal" (Galtung, 1967, S.219). Über diese Implikation sollte man sich bei der Berechnung und Interpretation von Zahlenwerten des Koeffizienten r_s im klaren sein.

7. Die Beschreibung der Beziehung zwischen metrischen Variable

Nicht selten ist der Sozialwissenschaftler mit Fragen wie den folgenden konfrontiert: In welchem Maße steigt das Einkommen aus beruflicher Tätigkeit mit der Anzahl der Schul- bzw. Ausbildungsjahre? Wie sehr steigen die Ausgaben für Wohnzwecke mit den Gesamteinkommen der Privathaushalte? Variiert die Kriminalitätsrate mit der Erwerbslosenquote? Steigt die Anzahl bestimmter Wirtschaftsdelikte mit der Zunahme der wirtschaftlichen Konzentration, d.h. mit der Anzahl der Unternehmenszusammenschlüsse? Wie stark nimmt die Interaktionsfrequenz mit zunehmendem Alter der Interaktionspartner ab? Variiert die Selbstmordrate mit der Größe der Wohngemeinde? Nimmt die Tagungshäufigkeit freiwilliger Organisationen mit der Größe der Organisationen (nach der Anzahl ihrer Mitglieder) ab?

Diesen Fragen ist gemeinsam, daß sie die Beschreibung der Beziehung zwischen zwei metrischen Variablen verlangen. Der Koeffizient, der üblicherweise zur Beschreibung der Beziehung zwischen derartigen Variablen verwendet wird, ist der Pearsonsche Produkt-Moment-Korrelations-Koeffizient r, häufig kurz <u>der</u> Korrelationskoeffizient genannt. Der Koeffizient r beschreibt den Grad und die Richtung einer linearen Beziehung zwischen zwei mindestens intervallskalierten Variablen; er kann Zahlenwerte von -1 bis +1 annehmen.

Wir sahen in den voraufgegangenen Kapiteln, daß die sogenannten PRE-Maße eine einfache und klare Interpretation erlauben: Sie geben darüber Aufschluß, in welchem Maße eine Fehlerreduktion bei der Vorhersage der abhängigen Variablen durch die Auswertung der Information über die unabhängige Variable erzielt wird. Dieses auf die Koeffizienten Lambda (für nominale Variablen) und Gamma (für ordinale Variablen) anwendbare Interpretationsmodell läßt sich auch auf den Pearsonschen Koeffizienten r, bzw. genauer: r^2 (für metrische Variablen) anwenden. Wie die Zahlenwerte von Lambda und Gamma, so nimmt auch der Zahlenwert des Koeffizienten r mit der Fehlerreduktion zu: je höher der Zahlenwert des Koeffizienten r, desto größer die erzielte Fehlerreduktion. Obwohl der Pearsonsche Koeffizient r auf verschiedene Weise dargestellt und interpretiert werden kann (siehe etwa die Erläuterung alternativer Interpretationsweisen bei McNemar, 1969, S.129-153), betonen wir in der folgenden Darstellung diese Perspektive, nach der die Beziehung zwischen X und Y die proportionale (Vorhersage-) Fehlerreduktion repräsentiert, die X zugerechnet werden kann.

Wie gezeigt, beziehen sich die Vorhersagen bei nominalen Variablen auf die kategoriale Zugehörigkeit, bei ordinalen Variablen auf die Rangordnung der Untersuchungseinheiten. Bei metrischen Variablen werden hingegen spezifische Werte der abhängigen Variablen auf der Basis gegebener Werte der unabhängigen Variablen vorhergesagt; hier ist die Assoziation bzw. Korrelation eine Frage der Vorhersage von Größen. Infolgedessen sind die Vorhersagen nicht einfach richtig oder falsch; die Vorhersagefehler variieren vielmehr nach der Größe.

7.1. Die graphische Darstellung und tabellarische Zusammenfassung bivariater Verteilungen metrischer Daten.

Bivariate Verteilungen intervall- und ratioskalierter Daten können auf zweierlei Weise dargestellt bzw. zusammengefaßt werden: entweder in Form eines Streudiagramms oder in Form einer gemeinsamen Häufigkeitstabelle, einer sogenannten Korrelationstabelle.

7.1.1. Das Streudiagramm

Ähnlich wie sich univariate Verteilungen mit Hilfe des Histogramms darstellen lassen, können bivariate Verteilungen in einem Streudiagramm abgebildet werden. Das Streudiagramm hat den Zweck, einen Eindruck von der Art der Beziehung zwischen den Variablen zu vermitteln, bevor wir sie genauer messen; es ist ein unverzichtbares Hilfsmittel der Korrelationsanalyse.

Im Streudiagramm wird die horizontale (X-)Achse konventionell zur Repräsentierung der unabhängigen (X-)Variablen, die vertikale (Y-)Achse zur Repräsentierung der abhängigen (Y-)Variablen benutzt. Die Deklarierung einer Variablen als unabhängig oder abhängig ist selbstverständlich kein statistisches, sondern ein theoretisches Problem. Wenn, wie in manchen Fällen, keine eindeutige kausale Abhängigkeit zwischen zwei Variablen postuliert werden kann, wird sie nicht etwa durch die Wahl der Bezeichnung und Anordnung der Variablen konstituiert. Nichtsdestoweniger können wir auch die Beziehung zwischen willkürlich als unabhängig bzw. abhängig bezeichneten Variablen untersuchen, d.h. in einer Graphik darstellen und durch die Berechnung eines Korrelationskoeffizienten messen.

Das Streudiagramm benutzt zwei Dimensionen zur Abbildung der Verteilung zweier Variablen, obwohl wir eigentlich drei Dimensionen verwenden müßten. Wollten wir bivariate Verteilungen wie univariate Verteilungen darstellen, benötigten wir zur Darstellung der Häufigkeiten eine dritte Dimension. Da diese Dimension auf einem Blatt Papier fehlt, wird die bivariate Verteilung gewöhnlich in Punkten abgebildet. Diese Punkte werden im Schnittpunkt der Werte der X- und Y-Variablen jeder Untersuchungseinheit plaziert. Da jede Untersuchungseinheit bzw. jedes Wertepaar durch einen Punkt repräsentiert wird, sind große Häufigkeiten durch viele und kleine Häufigkeiten durch wenige Punkte gekennzeichnet.

Nehmen wir als Beispiel die in Tab. 7.1 gegebenen Informationen über das monatliche Nettoeinkommen (X) und die monatlichen Ausgaben für Wohnen (Y) von acht Privathaushalten.

Tab. 7.1. Originalwerte der Variablen Einkommen (X) und Ausgaben für Wohnen (Y)

Untersuchungs-einheit	Monatl. Netto-einkommen des Haushalts x_i	Monatl. Ausgaben des Haushalts für Wohnen y_i
A	1100	200
B	1200	250
C	1300	400
D	1400	350
E	1500	450
F	1600	550
G	1700	500
H	1800	600

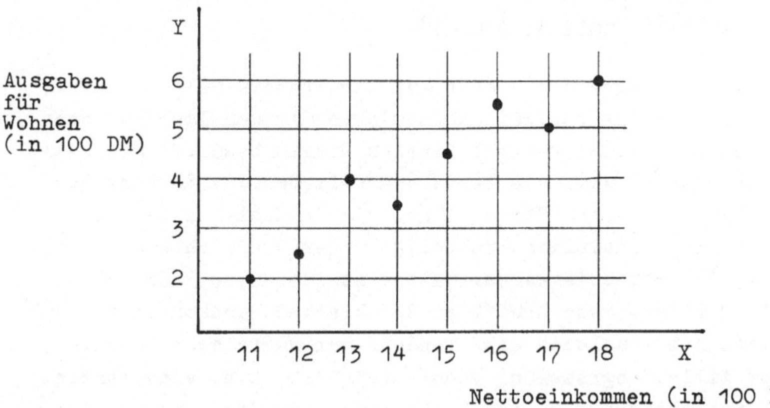

Abb. 7.1. Beispiel eines Streudiagramms

Tab. 7.1 enthält zwei Informationen über jede Untersuchungseinheit, einmal die monatlichen Einkünfte und einmal die monatlichen Ausgaben für Wohnen betreffend. Unsere Frage ist, wie sehr die Ausgaben für Wohnzwecke von der Höhe des Einkommens abhängen. Wir betrachten folglich das Einkommen als unabhängige, die Ausgaben für Wohnen als abhängige Variable.

Damit ist über die Anordnung der Variablen im Streudiagramm entschieden. Die Wertebereiche der beiden Variablen brauchen nicht bei Null zu beginnen (siehe Abb. 7.1), da das Augenmerk auf das Muster der Punkte gerichtet ist; dieses Muster ist unabhängig von der relativen Lage des Punkteschwarms zum Ursprung des Koordinatenkreuzes.

Das Muster der Punkte erlaubt uns, verschiedene Aspekte der Beziehung zu studieren. So können wir z.B. aus Abb. 7.1 den Schluß ziehen, daß die Ausgaben für Wohnzwecke mit steigendem Einkommen steigen. Im vorliegenden Fall scheint eine <u>lineare</u> Beziehung zwischen den Variablen zu bestehen. Die Punkte streuen nur wenig um eine imaginäre Gerade, die wir durch den Punkteschwarm hindurchziehen können. Eine solche Gerade kann freihändig eingezeichnet oder rechnerisch bestimmt werden; sie heißt <u>Regressionsgerade</u>.

Der Begriff "Regression" geht auf Sir Francis Galton zurück, der sich Ende des vorigen Jahrhunderts mit den Implikationen der Theorien seines Vetters Charles Darwin beschäftigte. Galton untersuchte u.a. die Beziehung zwischen der Körpergröße von Eltern und deren Kinder. Bei diesen Analysen bediente er sich, wahrscheinlich erstmalig in der Geschichte der Statistik, des Streudiagramms. Galton stellte fest, daß große (kleine) Eltern zwar häufig große (kleine) Nachkommen hatten, daß sich aber zugleich eine Tendenz zur Regression (engl.: law of filial regression) beobachten ließ, d.h. eine Tendenz der Durchschnittsgröße der Nachkommen, auf die Durchschnittsgröße der Eltern zurückzugehen bzw. zu "regredieren". Nach Auffassung Galtons konnte diese Tendenz am besten durch eine Gerade ausgedrückt werden, die seitdem den merkwürdigen Namen "Regressionsgerade" hat.

Bei der in Abb. 7.1 dargestellten Beziehung spricht man von einer <u>direkten</u> oder <u>positiven</u> linearen Beziehung zwischen den Variablen, weil die Ausgaben für Wohnzwecke mit steigendem

Einkommen tendenziell steigen; der Trend verläuft gleichmäßig von links unten nach rechts oben. Beziehungen, bei denen der Trend gleichmäßig von links oben nach rechts unten verläuft, heißen _inverse_ oder _negative_ lineare Beziehungen. Beispiel: Mit steigendem Prokopfeinkommen sinken die Ausgabenanteile für Ernährung. (Man beachte diesen Unterschied zwischen Streudiagramm und bivariater Tabelle, der aus der unterschiedlichen Anordnung der Variablenwerte bzw. -kategorien der Y-Variablen herrührt.)

Nicht alle Beziehungen sind linear. Von den vielen möglichen Formen der Beziehung zwischen Variablen, mit denen sich der empirische Sozialforscher konfrontiert sieht, seien hier nur noch zwei _kurvilineare_ erwähnt: die u-förmige und die j-förmige. Eine u-förmige Beziehung wird häufig zwischen der Einstellung zu einem bestimmten Einstellungsobjekt (X-Variable) und der Intensität der Einstellung (Y-Variable) festgestellt, d.h. es wird beobachtet, daß extreme Pro- und Contra-Positionen heftiger vertreten werden als weniger extreme oder neutrale. Eine j-förmige Beziehung wäre denkbar zwischen der Größe bestimmter freiwilliger Organisationen und der Häufigkeit der Kontakte ihrer obersten Repräsentanten.

Bei den in Abb. 7.2 dargestellten Beziehungen ist das jeweilige Muster so klar zu erkennen, daß in jedes der Streudiagramme eine Regressionsgerade (a und b) oder eine Regressionskurve (c und d) eingezeichnet werden kann. Das ist nicht immer möglich, z.B. dann nicht, wenn nur wenige Meßwerte zur Verfügung stehen und keine endgültige Entscheidung darüber gefällt werden kann, ob es sich um eine in allen Wertebereichen der Variablen lineare Beziehung handelt.

Wie leicht auszumachen ist, haben die Punkteschwärme in Abb. 7.2a und 7.2b die Form zweier unterschiedlich flacher Ellipsen, was besagt, daß die Punkte unterschiedlich weit um die Regressionsgeraden streuen. Wollten wir z.B. für (a) und (b)

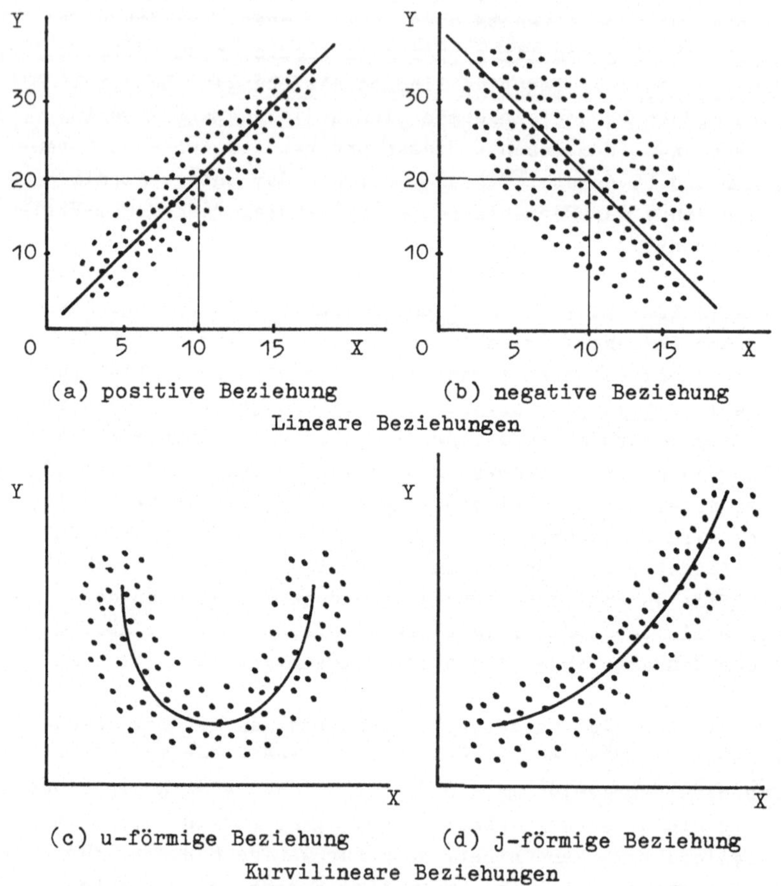

Abb. 7.2. Beispiele linearer und kuvilinearer Beziehungen

den jeweiligen Y-Wert auf der Grundlage des X-Wertes von, sagen wir, 10 vorhersagen, so stützten wir unsere Vorhersage am besten auf die Regressionsgerade, die für (a) wie für (b) den Y-Wert 20 angibt. In beiden Fällen wäre unsere Vorhersage jedoch nicht fehlerfrei, weil tatsächlich keiner der beobachteten Punkte genau auf der Regressionsgeraden liegt. Aber unsere Vorhersage wäre im Fall (a) weniger unsicher als im Fall (b), weil die Punkte weniger weit von der Regressionsgeraden entfernt liegen; sie wäre perfekt, wenn alle Punkte auf der Regressionsgeraden lägen. Offensichtlich variiert die Treffsicherheit der Vorhersage mit dem Grad der Streuung der Punkte um die Regressionsgerade, falls man aufgrund der Regressionsgeraden prognostiziert. Oder anders ausgedrückt: Die Vorhersagegenauigkeit und die Korrelation sind umso höher, je geringer die Punkte um die Regressionsgerade streuen; sie wäre gleich Null, wenn die Punkte völlig unsystematisch streuten und z.B. die Fläche eines Kreises bedeckten.

7.1.2. Die Korrelationstabelle

Statt bivariate Daten metrischen Meßniveaus in einem Streudiagramm darzustellen, können wir sie auch gruppieren und in einer gemeinsamen Häufigkeitstabelle übersichtlich anordnen. Das empfiehlt sich insbesondere bzw. läßt sich kaum noch umgehen, wenn die Zahl der Untersuchungseinheiten in die Hunderte geht (es sei denn, man kann sich elektronischer Datenanalysesysteme bedienen, die Streudiagramme anfertigen). Die zu einer Korrelationstabelle zusammengefaßten Daten lassen ebenfalls das Muster der bivariaten Verteilung erkennen. Die tabellarische Anordnung gruppierter Werte erleichtert überdies die statistische Analyse.

Die Gruppierung der Daten beginnt mit der Wahl der Klassenintervalle für beide Variablen, die - wie gewohnt - in der Weise kreuztabuliert werden, daß die unabhängige Variable in den Tabellenkopf gelangt. Die Klassenbreite ist so zu wählen, daß das Muster der Verteilung trotz relativ weitgehender Verdichtung erhalten bleibt. Dieses Ziel kann mit wenigen großen Klassen eher verfehlt werden als mit vielen kleinen, weshalb im Zweifelsfall einer größeren Tabelle der Vorzug zu geben ist. Jedes Wertepaar wird der ihr entsprechenden Zelle

Tab. 7.2. Beispiel einer Korrelationstabelle (fiktive Daten)

Monatliches Nettoeinkommen des Haushalts (X)

Monatl. Ausgaben für Wohnen (Y)	900-999	1000-1099	1100-1199	1200-1299	1300-1399	1400-1499
0- 99	𝍸	|||	||			
100-199	|||	𝍸 ||||	𝍸 |||	|||	||	
200-299	||	𝍸 ||	𝍸 ||	𝍸	||||	
300-399		|	𝍸 ||	𝍸 |	|	
400-499			|	𝍸 |	||	|
500-599				||||	𝍸	|
600-699				|	|	|||

Monatliches Nettoeinkommen des Haushalts (X)

Monatl. Ausgaben für Wohnen (Y)	900-999	1000-1099	1100-1199	1200-1299	1300-1399	1400-1499	
0- 99	5	3	2				10
100-199	3	9	8	3	2		25
200-299	2	7	7	5	4		25
300-399		1	7	6	1		15
400-499			1	6	2	1	10
500-599				4	5	1	10
600-699				1	1	3	5
	10	20	25	25	15	5	100

zugeordnet und mittels einer Strichmarkierung registriert. Nach Zuordnung aller Wertepaare werden die Strichmarken durch Zahlen ersetzt, die die Häufigkeiten der einzelnen Zellen repräsentieren. Die Summierung der Spalten- und Zeilenhäufigkeiten ergibt die Randverteilungen der Tabelle, d.h. die univariaten Häufigkeitsverteilungen der X- und Y-Variablen. Die Summierung der Randhäufigkeiten ergibt N, die Gesamtzahl der Fälle bzw. Untersuchungseinheiten (siehe Tab. 7.2).

Das durch eine gemeinsame Häufigkeitstabelle gruppierter Daten vermittelte Bild von der Art der Beziehung zwischen den Variablen ist gegenüber dem Bild, das ein Streudiagramm vermittelt, insofern notwendig vergröbert, als es aus mehr oder weniger stark verdichteten Rohdaten hervorgeht. Deshalb kann die Häufigkeitstabelle das Streudiagramm prinzipiell nicht ersetzen, schon gar nicht, wenn das Forschungsproblem eine genaue Untersuchung und Abbildung der Beziehung zwischen den Variablen verlangt. In vielen Fällen genügt jedoch eine Korrelationstabelle, um die Linearität, die Richtung und die ungefähre Stärke der Beziehung einzuschätzen. So erlaubt z.B. das Muster der in Tab. 7.2 dargestellten Verteilung, auf eine starke, positive lineare Beziehung zwischen der Variablen "Monatliches Nettoeinkommen des Haushalts" und der Variablen "Monatliche Ausgaben für Wohnen" zu schließen.

Ein wichtiger Vorteil der gemeinsamen Häufigkeitstabelle ist darin zu sehen, daß die Betrachtung ihrer marginalen Verteilungen einen Schluß über die prinzipiell mögliche Stärke der Beziehung zwischen den Variablen zuläßt. So ist z.B. bei ungleichen Randverteilungen eine perfekte lineare Beziehung ausgeschlossen, wie das in Tab. 7.3 gegebene Beispiel illustriert. Da es in Tab. 7.3 unmöglich ist, sämtliche Fälle entlang einer Diagonalen anzuordnen, ist eine perfekte lineare Beziehung zwischen X und Y ausgeschlossen.

Tab. 7.3. Beispiel einer gemeinsamen Häufigkeitstabelle mit ungleichen Randverteilungen

X-Variable

		x_1	x_2	x_3	x_4	
Y-Variable	y_1					40
	y_2					25
	y_3					25
	y_4					10
		25	25	25	25	100

Zusammenfassend können wir sagen: Streudiagramm und Korrelationstabelle informieren darüber, ob die Beziehung zwischen den Variablen linear oder kurvilinear, ob sie positiv oder negativ, und ob sie stark oder schwach ist. Die Korrelationstabelle gibt ferner Aufschluß darüber, ob die Marginalverteilungen der X- und Y-Variablen symmetrisch oder schief sind, d.h. ob eine perfekte lineare Beziehung überhaupt möglich ist oder nicht. Es dürfte klar sein, daß dieser Einsichten wegen schwerlich darauf verzichtet werden kann, vor der eigentlichen Berechnung der Beziehung das Streudiagramm bzw. die gemeinsame Häufigkeitstabelle sorgfältig zu studieren.

7.2. Die lineare Korrelation zweier Variablen

So wichtig die aus der Beschäftigung mit dem Streudiagramm bzw. der Korrelationstabelle gezogenen Schlußfolgerungen über Art, Richtung und mutmaßliche Stärke der Beziehung zwischen den Variablen auch sind, so sehr leiden sie unter dem Nachteil, auf einer subjektiven, nicht standardisierten Betrachtungsweise zu gründen und ohne Wiedergabe des Streudiagramms bzw. der Korrelationstabelle nur schwer beschreibbar zu sein. Das ist unpräzise und unpraktisch zugleich. Zwar besteht im

Prinzip kein Unterschied zwischen den durch bloße Inspektion und den durch mathematische Operationen gewonnenen Feststellungen bezüglich der Beziehung zwischen den Variablen; letztere sind jedoch präziser, leichter mitteilbar und besser vergleichbar. Was wir also anstelle eines subjektiven Augenmaßes brauchen, ist ein objektives Maß der Beziehung zwischen den Variablen.

Wenn wir uns nicht mit einer freihändig eingezeichneten Linie begnügen wollen, die den Punkten des Streudiagramms mehr oder weniger gut entspricht und als Regel für die Vorhersage von Y auf der Basis von X dienen kann, besteht unser erstes Problem darin, diese Linie auf eine objektive Weise zu bestimmen. Nun sahen wir, daß Beziehungen _linear_ und _kurvilinear_ sein können. Die Linie, die den Punkten eines Streudiagramms am besten entspricht, kann daher eine _Gerade_ oder eine _Kurve_ sein. Wir werden uns in diesem Kapitel nur mit Beziehungen befassen, die linear sind, d.h. durch eine Gerade repräsentiert werden können. Demnach besteht unser erstes Problem darin, diejenige _Gerade_ zu lokalisieren, die den empirischen Werten am besten entspricht. Wie wir sehen werden, kann dieses Problem mit Hilfe der Methode der kleinsten Quadrate gelöst werden. Danach ist die Gerade so lokalisiert, daß die Summe der vertikalen Abweichungen der empirischen Werte (der Punkte des Streudiagramms) von der Geraden gleich Null und die Summe der quadrierten Abweichungen ein Minimum ist.

7.2.1. Die Bestimmung der Regressionsgeraden

Wir wollen uns zunächst fragen, wie bei metrischen Daten Vorhersagen getroffen und Vorhersagefehler bestimmt werden. Das sei an einer univariaten Verteilung illustriert. Gegeben seien 10 Tennisspieler, von denen wir annehmen wollen, daß sie im Verlaufe einer Spielsaison 40 Turniersiege erzielten. Die Turniersiege, hier Y-Variable genannt, seien wie folgt auf die einzelnen Turnierspieler verteilt:

Spieler	Turniersiege (Y)
A	2
B	1
C	4
D	2
E	5
F	3
G	7
H	5
I	4
J	7
	40

Gesucht sei der Wert, der diese univariate Verteilung "am besten" repräsentiert, oder anders ausgedrückt, der Wert, bei dem wir den "geringsten Fehler" begehen, wenn wir ihn für jede Untersuchungseinheit als Vorhersagewert verwenden. Das verlangt eine Klärung der Frage, was unter dem "geringsten Fehler" zu verstehen ist.

In Abschnitt 3.3.2.4 wurde die Varianz definiert als die durch N geteilte Summe der quadrierten Abweichungen aller Meßwerte einer Verteilung von ihrem arithmetischen Mittel:

$$s^2 = \frac{\sum_{i=1}^{N} (x_i - \bar{x})^2}{N}$$

Da - wie in Abschnitt 3.3.1.3 erwähnt - die Summe der quadrierten Abweichungen aller Meßwerte von ihrem arithmetischen Mittel kleiner ist als die Summe der quadrierten Abweichungen der Meßwerte von jedem beliebigen anderen Wert, begehen wir den geringsten Fehler, wenn wir für jede Untersuchungseinheit das arithmetische Mittel als Vorhersagewert nehmen. Der zahlenmäßige Fehler, den wir bei der Vorhersage des arithmetischen Mittels begehen, ist die Summe der quadrierten Abweichungen der Meßwerte vom arithmetischen Mittel (die Variation) oder aber - wenn wir die durch N geteilte Summe der quadrierten Abweichungen vom arithmetischen Mittel verwenden - die Varianz

Tab. 7.4. Die Berechnung relevanter Kennwerte der Verteilung

y_i	$y_i - \bar{y}$	$(y_i - \bar{y})^2$
2	-2	4
1	-3	9
4	0	0
2	-2	4
5	1	1
3	-1	1
7	3	9
5	1	1
4	0	0
7	3	9
40	0	38

$$\bar{y} = \frac{\sum_{i=1}^{N} y_i}{N} = \frac{40}{10} = 4$$

$$s^2 = \frac{\sum_{i=1}^{N} (y_i - \bar{y})^2}{N}$$

$$= \frac{38}{10} = 3{,}8$$

Unser bester Vorhersagewert, die durchschnittliche Anzahl der Siege pro Saison, ist folglich 4, und unser Fehler 38 (Variation) bzw. 3,8 (Varianz).

Die zentrale Frage der Korrelation ist nun, ob und in welchem Maße dieser Fehler, den wir begehen, wenn wir die Vorhersage auf die eigene Verteilung der Y-Variablen stützen, reduziert werden kann, wenn die Vorhersage auf eine andere Variable gestützt wird. Diese Frage wollen wir durch Heranziehung einer weiteren Information prüfen. Unsere zusätzliche Information sei die Anzahl der Stunden, die jeder einzelne Turnierspieler pro Woche trainierte, hier X-Variable genannt.

Spieler	Trainingsstunden (X)	Siege (Y)
A	2	2
B	4	1
C	4	4
D	5	2
E	5	5
F	7	3
G	7	7
H	8	5
I	9	4
J	9	7
	60	40

Wenn - was zu erwarten ist - die beiden Variablen "Anzahl der Trainingsstunden pro Woche" und "Anzahl der Siege pro Saison" assoziiert sind bzw. miteinander korrelieren, sollte unsere zweite Vorhersage genauer sein als die erste, d.h. sie sollte den Vorhersagefehler reduzieren. Das Problem besteht folglich darin, die Werte der einen Variablen auf der Grundlage der Werte der anderen vorherzusagen. Das kann bei metrischen Daten mit Hilfe mathematischer Funktionen geschehen, deren einfachsten die linearen sind.

Die denkbar einfachste Beziehung zwischen zwei Variablen ist die perfekt lineare, so daß eine bestimmte Veränderung der Werte der Y-Variablen mit einer bestimmten Veränderung der Werte der X-Variablen einhergeht. Wie die folgenden Beispiele zeigen, kann eine perfekt lineare Beziehung geometrisch als Gerade und algebraisch als lineare Gleichung beschrieben werden.

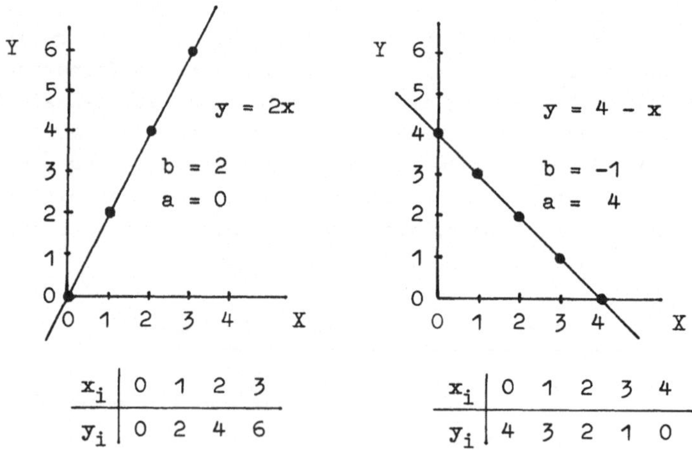

x_i	0	1	2	3
y_i	0	2	4	6

x_i	0	1	2	3	4
y_i	4	3	2	1	0

Diese Beispiele sind spezielle Fälle der generellen Formel einer Geraden

$$y_i = a + bx_i$$

wobei b die Steigung der Geraden und a den Schnittpunkt mit

der Y-Achse, d.h. den Y-Wert angibt, den wir erhalten, wenn x = 0 ist. Ob die Beziehung positiv oder negativ ist, wird durch das Vorzeichen der Konstanten b ausgedrückt.

Die in ein Streudiagramm übertragenen Daten unseres Beispiels von der Anzahl der Saisonsiege und der Anzahl der wöchentlichen Trainingsstunden lassen ein ellipsenförmiges Punktmuster bzw. eine Tendenz der Y-Werte erkennen, mit zunehmenden X-Werten zuzunehmen, was eine positive lineare Beziehung zwischen den beiden Variablen anzeigt:

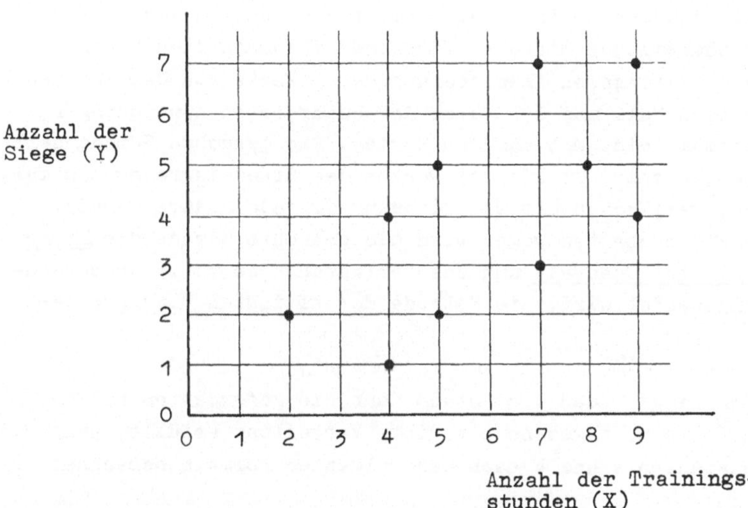

Abb. 7.3. Streudiagramm. Anzahl der wöchentlichen Trainingsstunden und Anzahl der Saisonsiege von Turnierspielern

Von den vielen möglichen Geraden, die wir in das Punktmuster des Streudiagramms der Abb. 7.3 legen könnten, gilt es jene Gerade zu finden, die wir als "beste Vorhersage" von Y-Werten auf der Basis von X-Werten verwenden können, so daß der Prognosefehler bei der Verwendung irgendeiner anderen Geraden nur noch größer wird. Wenn wir den Vorhersagewert von y_i mit y'_i bezeichnen, lautet die Gleichung dieser Regressionsgeraden

$$y'_i = a + bx_i$$

Verbal ausgedrückt, besagt diese Gleichung: "Der vorhergesagte (geschätzte, erwartete, theoretische) Wert von y_i, nämlich y'_i, für den Wert x_i ist gleich $a + bx_i$."

Da wir die gesuchte Gerade für Prognosezwecke verwenden wollen, und da wir oben den Prognosefehler als die Summe der quadrierten Abweichungen definierten, soll sie - ähnlich wie im Falle des arithmetischen Mittels - folgende Eigenschaften haben: Die Summe der vertikalen Abweichungen der Y-Werte von der Geraden soll gleich Null und die Summe der quadrierten Abweichungen ein Minimum sein. Mit anderen Worten: Die gesuchte Gerade soll eine Gerade sein, um die die Punkte des Streudiagramms minimal streuen, verglichen mit der Streuung um jede andere Gerade. Dieser Eigenschaften wegen wird die gesuchte Gerade die Linie der kleinsten Quadrate und das Verfahren, das zu ihrer Berechnung angewendet wird, die Methode der kleinsten Quadrate genannt.

Man kann zeigen, daß die Gerade dann die geforderten Bedingungen für eine gegebene bivariate Verteilung erfüllt, wenn die Konstanten a und b nach den folgenden Formeln berechnet werden:

$$b = \frac{\sum_{i=1}^{N}(x_i - \bar{x})(y_i - \bar{y})}{\sum_{i=1}^{N}(x_i - \bar{x})^2}$$

$$a = \bar{y} - b\bar{x}$$

Eine Gerade $y'_i = a + bx_i$, deren Konstanten a und b in der angegebenen Weise mit den Meßwerten x_i und y_i zusammenhängen, ist die zu den Meßwerten gehörige Regressionsgerade.

Auf die Daten unseres Beispiels angewandt, erhalten wir für b und a mit Hilfe der Arbeitstabelle 7.5 folgende Zahlenwerte:

Tab. 7.5. Die Berechnung von b und a

x_i	$x_i - \bar{x}$	$(x_i - \bar{x})^2$	y_i	$y_i - \bar{y}$	$(x_i - \bar{x})(y_i - \bar{y})$
2	-4	16	2	-2	8
4	-2	4	1	-3	6
4	-2	4	4	0	0
5	-1	1	2	-2	2
5	-1	1	5	1	-1
7	1	1	3	-1	-1
7	1	1	7	3	3
8	2	4	5	1	2
9	3	9	4	0	0
9	3	9	7	3	9
60	0	50	40	0	28

$$\bar{x} = \frac{60}{10} = 6 \qquad \bar{y} = \frac{40}{10} = 4$$

$$b = \frac{28}{50} = 0{,}56 \qquad a = 4 - (0{,}56)(6) = 0{,}64$$

Mit der Berechnung von b und a ist die gesuchte Regressionsgerade bestimmt; sie lautet:

$$y'_i = 0{,}64 + 0{,}56x_i$$

Diese Regressionsgleichung kann als Ausdruck einer Regel für die Vorhersage der Y-Variablen auf der Basis der X-Variablen betrachtet werden. Der Wert b = 0,56 besagt, daß mit einer zusätzlichen Trainingsstunde pro Woche die Saisonsiege um 0,56 zunehmen, oder anders ausgedrückt: daß zwei zusätzliche wöchentliche Trainingsstunden einen zusätzlichen (genau: 1,12) Sieg bedeuten. Wären die Trainingsstunden beliebig teilbar, könnte man auch sagen, daß 1/0,56 oder 1,79 zusätzliche Trainingsstunden pro Woche exakt einen weiteren Sieg pro Saison eintragen. Der Wert a = 0,64 scheint anzudeuten, daß ein Turnierspieler 0,64 Siege pro Saison erringen kann, ohne jede

Trainingsstunde zu absolvieren. Diese Interpretation ist jedoch nicht zulässig bzw. wäre sehr gewagt. Die Regressionsgerade wurde ermittelt, um die Beziehung zwischen X und Y innerhalb eines bestimmten Bereichs, der von den gegebenen Beobachtungsdaten begrenzt ist, zusammenfassend zu beschreiben bzw. um Vorhersagen zu ermöglichen. Wir können nicht wissen, ob die errechnete Beziehung auch jenseits der Beobachtungsdaten gilt. So können wir auch nicht ohne weiteres annehmen, daß die Regressionsgerade in einem X-Wertebereich von, sagen wir, 20 bis 30 Trainingsstunden pro Woche dieselbe Steigung hat wie die im X-Wertebereich von 2 bis 9. Hier werden Probleme deutlich, die sich stets bei der Extrapolation über die Beobachtungsdaten hinaus ergeben.

Ist die Regressionsgerade bestimmt, so kann der vorhergesagte (geschätzte, erwartete, theoretische) Wert von Y für jeden beobachteten X-Wert berechnet werden.

$$y'_i = a + bx_i$$

$$= 0{,}64 + 0{,}56x_i$$

Für den Wert $x = 2$ erhalten wir $y' = 0{,}64 + 0{,}56(2) = 1{,}76$
" " " $x = 4$ " " $y' = 0{,}64 + 0{,}56(4) = 2{,}88$
" " " $x = 5$ " " $y' = 0{,}64 + 0{,}56(5) = 3{,}44$
" " " $x = 7$ " " $y' = 0{,}64 + 0{,}56(7) = 4{,}56$
" " " $x = 8$ " " $y' = 0{,}64 + 0{,}56(8) = 5{,}12$
" " " $x = 9$ " " $y' = 0{,}64 + 0{,}56(9) = 5{,}68$

Diese Y'-Werte liegen notwendig auf der in Abb. 7.4 dargestellten Regressionsgeraden, weil sie mit der Gleichung dieser Geraden errechnet wurden. Wie Abb. 7.4 zeigt, passiert die Regressionsgerade den Punkt $(\bar{x}, \bar{y})$. Das geht aus der Gleichung $a = \bar{y} - b\bar{x}$ hervor, die, wenn sie $\bar{y} = a + b\bar{x}$ geschrieben wird, anzeigt, daß die Mittelwerte von X und Y die Gleichung erfüllen. Folglich liegt der Punkt $(\bar{x}, \bar{y})$, im vorliegenden Fall $(\bar{x} = 6, \bar{y} = 4)$, auf der Regressionsgeraden.

Die numerischen Abweichungen der beobachteten Y-Werte von den prognostizierten Y'-Werten sind in Tab. 7.6 errechnet. Wie wir sehen, ist die Summe der Abweichungen der Y-Werte von den auf der Regressionsgeraden liegenden Y'-Werten tatsächlich gleich Null. Um nun zu Kennwerten zu gelangen, die über den Fehler informieren, den wir bei der Vorhersage begehen, wird - ähnlich wie bei der Berechnung der Variation und der Varianz - jede Abweichung quadriert.

Tab. 7.6. Die Berechnung des Vorhersagefehlers $\sum(y_i - y'_i)^2$

x_i	y_i	y'_i	$y_i - y'_i$	$(y_i - y'_i)^2$
2	2	1,76	0,24	0,0576
4	1	2,88	-1,88	3,5344
4	4	2,88	1,12	1,2544
5	2	3,44	-1,44	2,0736
5	5	3,44	1,56	2,4336
7	3	4,56	-1,56	2,4336
7	7	4,56	2,44	5,9536
8	5	5,12	-0,12	0,0144
9	4	5,68	-1,68	2,8224
9	7	5,68	1,32	1,7424
60	40	40,00	0,00	22,3200

Die Summe der quadrierten Abweichungen (die Variation) kann ebensogut als ein Maß des Fehlers bei der Vorhersage von Y auf der Basis von X verwendet werden wie die durch N geteilte Summe der quadrierten Abweichungen (die Varianz). In Analogie zur Varianz wird der Fehler bei der Vorhersage von Y auf der Basis von X auch als sogenannte Fehlervarianz bzw. als nicht erklärte Varianz definiert:

$$s^2_{y'} = \frac{\sum_{i=1}^{N}(y_i - y'_i)^2}{N}$$

Diese Kenngröße unterscheidet sich insofern von der Variation, als die Summe der quadrierten Abweichungen durch N dividiert wird; sie kann ebenso wie die Variation mit der ihr entsprechenden Kenngröße der univariaten Verteilung verglichen werden. Die Vergleichsmöglichkeit dieser Kennwerte beruht auf der Ähnlichkeit des Ausdrucks $(y_i - y'_i)$, der Abweichung der Werte von der Regressionsgeraden, und des Ausdrucks $(y_i - \bar{y})$, der Abweichung der Werte vom arithmetischen Mittel. In beiden Fällen ist die Summe der Abweichungen gleich Null und die Summe der quadrierten Abweichungen ein Minimum.

In unserem Beispiel ergibt die Berechnung der Fehlervarianz folgenden Wert:

$$s^2_{y'} = \frac{22,32}{10} = 2,232$$

Der Vergleich dieses Wertes mit dem Wert, den wir bei der Vorhersage von $\bar{y}$ auf der Basis der Verteilung der Y-Variablen allein errechneten, nämlich $s^2_y = 3,8$, führt zu der Feststellung, daß der Vorhersagefehler erheblich reduziert wird, wenn vermittels der linearen Regressionsgleichung die Information der X-Variablen berücksichtigt wird, d.h. - auf unser Beispiel bezogen - wenn bei der Vorhersage der Siegesausbeute die Anzahl der Trainingsstunden in Betracht gezogen wird. Wir gelangen zu derselben Schlußfolgerung, wenn wir die Variation bei der ersten Vorhersage (38) mit der Variation bei der zweiten Vorhersage (22,32) vergleichen.

Die vorhergesagten Werte von Y (auf der Regressionsgeraden liegend) und die Abweichungen der beobachteten Werte (Punkte) von den vorhergesagten Werten sind in Abb. 7.4 graphisch dargestellt. Jede Abweichung ist durch eine vertikale Gerade, die die beobachteten Y-Werte mit den vorhergesagten Y'-Werten verbindet, repräsentiert. Die Summe der Abweichungen oberhalb der Regressionsgeraden ist gleich der Summe der Abweichungen unterhalb der Regressionsgeraden. Die Summe aller quadrierten Abweichungen ist die Variation der Y-Variablen, die nicht aufgrund der X-Variablen vorhergesagt werden kann; sie wird deshalb "<u>nicht erklärte Variation</u>" genannt.

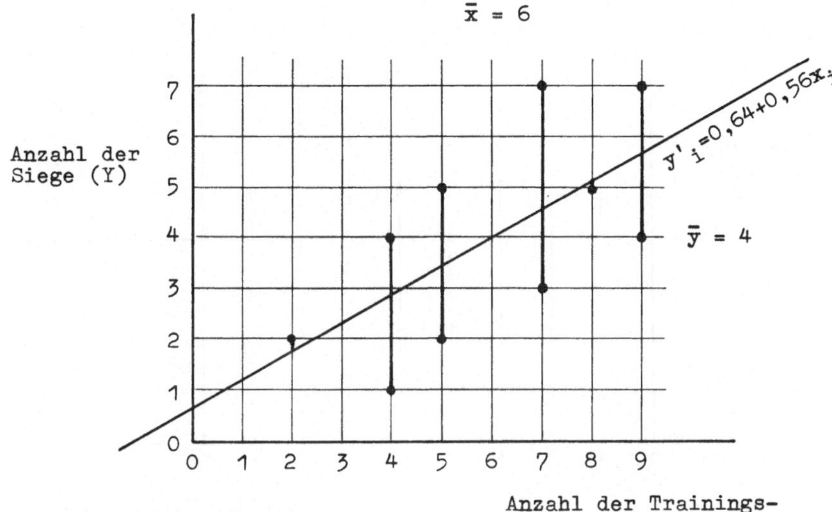

Abb. 7.4. Abweichungen der beobachteten (y_i) von den vorhergesagten (y'_i) Werten: Nicht erklärte Variation = $\sum(y_i - y'_i)^2$

7.2.2. Die proportionale Reduktion des Vorhersagefehlers: r^2

Wenn wir, wie zunächst geschehen, lediglich die Verteilung der Y-Variablen betrachten und einen Wert vorhersagen, der jeden Wert dieser Verteilung repräsentiert, so ist die Antwort auf die Frage nach der "besten Vorhersage": das arithmetische Mittel $\bar{y}$.

r^2: Die Regel für die Vorhersage der abhängigen Variablen auf der Basis ihrer eigenen Verteilung lautet deshalb wie folgt: "Sage das arithmetische Mittel für jede Untersuchungseinheit vorher."

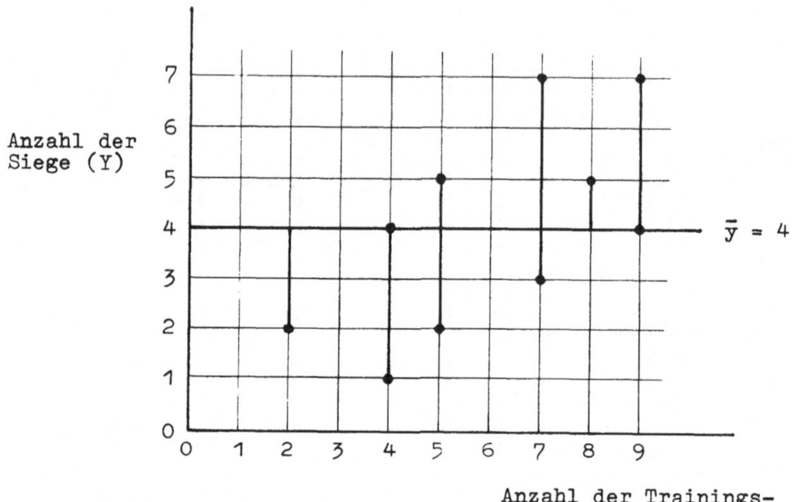

Abb. 7.5. Abweichungen der beobachteten Werte (y_i) vom arithmetischen Mittel ($\bar{y}$): Gesamtvariation = $\Sigma(y_i - \bar{y})^2$

In Tab. 7.4 haben wir bereits die Abweichungen der beobachteten Werte (y_i) vom arithmetischen Mittel ($\bar{y}$) - die in Abb. 7.5 graphisch dargestellt sind - sowie die Summe der quadrierten Abweichungen berechnet. Da diese Summe einzig auf der Verteilung der Y-Variablen beruht, kann sie als Bezugsgröße bei der Berechnung der proportionalen Reduktion des Vorhersagefehlers dienen, die bei der Auswertung der Information der X-Variablen erzielt wird. Die Summe dieser quadrierten Abweichungen wird "<u>Gesamtvariation</u>" genannt.

Wenn wir, wie alsdann geschehen, bei der Vorhersage der abhängigen Variablen unter der Annahme einer linearen Beziehung zwischen X und Y auch die Information der unabhängigen Variablen berücksichtigen, ist die Antwort auf die Frage nach der "besten Vorhersage": der Regressionswert $y'_i = a + bx_i$.

r^2: Die Regel für die Vorhersage der abhängigen Variablen unter Berücksichtigung der Information der unabhängigen Variablen lautet demnach: "Sage den Regressionswert für jede Untersuchungseinheit vorher."

r^2: Die Fehlerdefinition. Bei der Vorhersage nach Regel 1 ist der Vorhersagefehler (E_1) die Summe der quadrierten Abweichungen der Y-Werte von ihrem arithmetischen Mittel; bei der Vorhersage nach Regel 2 ist der Vorhersagefehler (E_2) die Summe der quadrierten Abweichungen der Y-Werte von der Regressionsgeraden.

r^2: Die generelle Formel der proportionalen Reduktion des Vorhersagefehlers lautet demnach wie folgt:

$$r^2 = \frac{E_1 - E_2}{E_1} = \frac{\sum(y_i - \bar{y})^2 - \sum(y_i - y'_i)^2}{\sum(y_i - \bar{y})^2}$$

$$= \frac{\text{Gesamtvariation} - \text{Nicht erklärte Variation}}{\text{Gesamtvariation}}$$

In unserem Beispiel ist die Gesamtvariation gleich 38 (siehe Tab. 7.4) und die nicht erklärte Variation gleich 22,32 (siehe Tab. 7.6). Daraus ergibt sich ein Zahlenwert von

$$r^2 = \frac{38 - 22{,}32}{38} = \frac{15{,}68}{38} = 0{,}413$$

Wir erhalten denselben Zahlenwert, wenn wir zur Berechnung von r^2 statt der Variation die Varianz heranziehen:

$$r^2 = \frac{E_1 - E_2}{E_1} = \frac{s^2_y - s^2_{y'}}{s^2_y} = \frac{3{,}8 - 2{,}232}{3{,}8} = 0{,}413$$

$$= \frac{\text{Gesamtvarianz} - \text{Nicht erklärte Varianz}}{\text{Gesamtvarianz}}$$

Eine wichtige Eigenschaft der Summe der quadrierten Abweichungen der Beobachtungswerte von ihrem arithmetischen Mittel (Gesamtvariation) ist, daß sie in zwei Komponenten zerlegbar ist: 1. in die Variation der Beobachtungswerte von den Regressionswerten (nicht erklärte Variation) und 2. in die Variation der Regressionswerte vom arithmetischen Mittel ("erklärte Variation").

Die Abweichungen der Regressionswerte vom arithmetischen Mittel und die Summe ihrer Quadrate sind in Tab. 7.7 errechnet; in Abb. 7.6 sind die Abweichungen graphisch dargestellt.

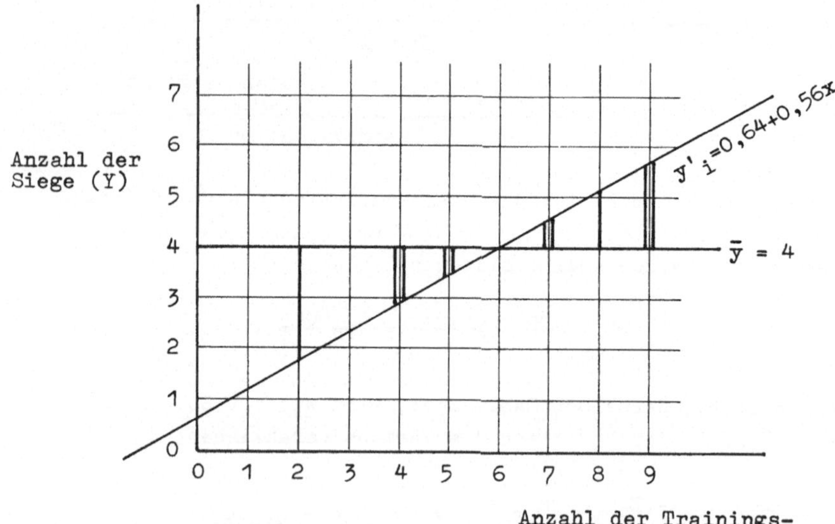

Abb. 7.6. Abweichungen der Vorhersagewerte (y'_i) vom arithmetischen Mittel ($\bar{y}$): Erklärte Variation = $\sum(y'_i - \bar{y})^2$

Tab. 7.7. Die Berechnung der erklärten Variation $\sum(y'_i - \bar{y})^2$

x_i	y'_i	$\bar{y}$	$y'_i - \bar{y}$	$(y'_i - \bar{y})^2$
2	1,76	4	-2,24	5,0176
4	2,88	4	-1,12	1,2544
4	2,88	4	-1,12	1,2544
5	3,44	4	-0,56	0,3136
5	3,44	4	-0,56	0,3136
7	4,56	4	0,56	0,3136
7	4,56	4	0,56	0,3136
8	5,12	4	1,12	1,2544
9	5,68	4	1,68	2,8224
9	5,68	4	1,68	2,8224
60	40,00	40	0,00	15,6800

Die Beziehung zwischen den Quantitäten wird durch die folgende grundlegende Gleichung ausgedrückt:

$$\sum(y_i - \bar{y})^2 = \sum(y'_i - \bar{y})^2 + \sum(y_i - y'_i)^2$$

Gesamtvariation = Erklärte Variation + Nicht erklärte Variation

Wenn diese Gleichung durch $\sum(y_i - \bar{y})^2$ geteilt wird, lautet die Beziehung in Proportionen ausgedrückt:

$$\frac{\sum(y_i - \bar{y})^2}{\sum(y_i - \bar{y})^2} = \frac{\sum(y'_i - \bar{y})^2}{\sum(y_i - \bar{y})^2} + \frac{\sum(y_i - y'_i)^2}{\sum(y_i - \bar{y})^2}$$

$$\frac{\text{Gesamtvariation}}{\text{Gesamtvariation}} = \frac{\text{Erklärte Variation}}{\text{Gesamtvariation}} + \frac{\text{Nicht erklärte Variation}}{\text{Gesamtvariation}}$$

1 = Proportion der Variation der Y-Variablen, die erklärt ist + Proportion der Variation der Y-Variablen, die nicht erklärt ist

$$1 = r^2 + 1 - r^2$$

In unserem Beispiel ist die erklärte Variation gleich 15,68 (siehe Tab. 7.7), folglich ist

$$r^2 = \frac{\text{Erklärte Variation}}{\text{Gesamtvariation}} = \frac{\sum(y'_i - \bar{y})^2}{\sum(y_i - \bar{y})^2} = \frac{15,68}{38} = 0,413$$

Dieser Wert ist mit dem zuvor errechneten identisch.

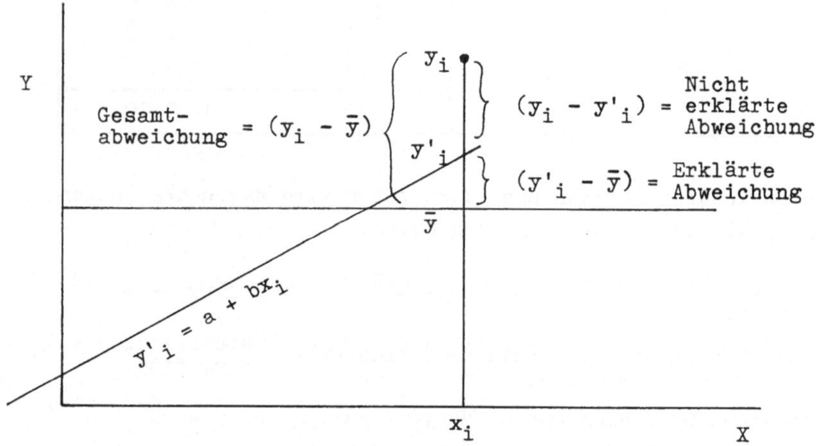

Abb. 7.7. Schematische Darstellung der Beziehung: Gesamtabweichung = Erklärte Abweichung + Nicht erklärte Abweichung

Abb. 7.7 soll unser Problem noch einmal verdeutlichen, das zunächst darin bestand, die Anzahl der Siege eines Turnierspielers ohne Kenntnis der Trainingsaktivität, d.h. allein auf der Basis der Y-Variablen vorherzusagen. Unsere beste Vorhersage war das arithmetische Mittel $\bar{y}$. Wie Abb. 7.7 andeutet, ist die Abweichung bei x_i ziemlich groß, nämlich $(y_i - \bar{y})$. Nach Auswertung der Information der X-Variablen, d.h. nach der Bestimmung der Regressionsgeraden sagen wir jedoch nicht $\bar{y}$, sondern y'_i vorher. Dies reduziert die Abweichung, da $(y'_i - \bar{y})$ - ein Teil der Gesamtabweichung - nunmehr "erklärt" ist. Es bleibt ein Teil der Gesamtabweichung "nicht erklärt", nämlich $(y_i - y'_i)$. Die Gesamtabweichung von y_i ist (für jede Untersuchungseinheit):

$$(y_i - \bar{y}) \quad = \quad (y'_i - \bar{y}) \quad + \quad (y_i - y'_i)$$

Gesamtabweichung = Erklärte Abweichung + Nicht erklärte Abweichung

Daraus folgt, daß

$$\sum(y_i - \bar{y}) \quad = \quad \sum(y'_i - \bar{y}) \quad + \quad \sum(y_i - y'_i)$$

Es überrascht vielleicht, daß aus der Gleichung

$$(y_i - \bar{y}) \quad = \quad (y'_i - \bar{y}) \quad + \quad (y_i - y'_i)$$

die Gleichung

$$\sum(y_i - \bar{y})^2 \quad = \quad \sum(y'_i - \bar{y})^2 \quad + \quad \sum(y_i - y'_i)^2$$

wird, wenn wir beide Seiten quadrieren und anschließend über alle i summieren. Nach dem Schema $(a + b)^2 = a^2 + 2ab + b^2$ erhalten wir:

$$\sum(y_i - \bar{y})^2 = \sum\left[(y'_i - \bar{y}) + (y_i - y'_i)\right]^2$$

$$= \sum(y'_i - \bar{y})^2 + 2\sum(y'_i - \bar{y})(y_i - y'_i) + \sum(y_i - y'_i)^2$$

Da aber der mittlere Ausdruck auf der rechten Seite dieser Gleichung, der Ausdruck $2\sum(y'_i - \bar{y})(y_i - y'_i)$, den Zahlenwert Null hat, also verschwindet (der interessierte Leser findet einen algebraischen Nachweis hierfür bei Neurath, 1966, S.399f), bleibt somit

$$\sum(y_i - \bar{y})^2 \quad = \quad \sum(y'_i - \bar{y})^2 \quad + \quad \sum(y_i - y'_i)^2$$

Wie die folgende Schreibweise der oben präsentierten Grundgleichung vielleicht deutlicher erkennen läßt, drückt r^2 die proportionale Reduktion des Vorhersagefehlers aus, die sich als Differenz zwischen 1 und dem Verhältnis des zweiten Vorhersagefehlers (E_2) zum ersten Vorhersagefehler (E_1) darstellt:

$$r^2 = 1 - \frac{E_2}{E_1} = 1 - \frac{\sum(y_i - y'_i)^2}{\sum(y_i - \bar{y})^2}$$

$$= 1 - \frac{\text{Nicht erklärte Variation}}{\text{Gesamtvariation}}$$

$$= 1 - \frac{22{,}32}{38} = 0{,}413$$

Liegen sämtliche Punkte auf der Regressionsgeraden, dann ist der Vorhersagefehler E_2 (und damit das Verhältnis E_2 zu E_1) gleich Null; r^2 ist dann gleich Eins. Liegen die Punkte mehr oder weniger weit von der Regressionsgeraden entfernt, dann ist das Verhältnis E_2 zu E_1 größer als Null; r^2 ist dann kleiner als Eins. Liegen die Punkte derart weit von der Regressionsgeraden entfernt, daß der Vorhersagefehler E_1 durch Auswertung der Information der X-Variablen nur geringfügig reduziert werden kann, dann ist E_2 ungefähr gleich E_1 und damit das Verhältnis E_2 zu E_1 nahe Eins; r^2 ist dann nahe Null.

Da r^2 jenen Teil der Gesamtvariation der (vorhergesagten bzw. abhängigen) Y-Variablen repräsentiert, der durch die (unabhängige) X-Variable linear "erklärt" bzw. "determiniert" ist (genauer: der der X-Variablen zugerechnet werden kann), wird r^2 als "Determinationskoeffizient" (engl.: coefficient of determination, auch: proportion of explained variation) oder als "Bestimmtheitsmaß" bezeichnet.

Der für unser Beispiel errechnete Zahlenwert $r^2 = 0{,}413$ besagt demnach, daß - unter der Annahme einer linearen Beziehung zwischen den beiden Variablen - 41 Prozent der Variation der Y-Variablen der X-Variablen zugerechnet werden kann, oder anders ausgedrückt, daß die X-Variable 41 Prozent der Variation der Y-Variablen linear "erklärt" bzw. "determiniert". Der Gebrauch der Wendungen "erklärt" und "determiniert" impliziert selbstverständlich nicht ohne weiteres eine kausale Erklärung, sondern lediglich eine Aussage über die Beziehung zwischen den Variablen.

Wenn r^2 jenen Teil der Variation der Y-Variablen repräsentiert, der auf der Basis der X-Variablen linear vorhergesagt werden kann, dann stellt die Quantität $1 - r^2$ jenen Teil der Variation der Y-Variablen dar, der nicht aufgrund der X-Variablen vorhergesagt werden kann:

$$r^2 = \frac{\text{Erklärte Variation}}{\text{Gesamtvariation}}$$

$$1 - r^2 = 1 - \frac{\text{Erklärte Variation}}{\text{Gesamtvariation}}$$

Der Ausdruck $1 - r^2$ ist folglich das Komplement zum "Determinationskoeffizienten"; er heißt "<u>Koeffizient der Nichtdetermination</u>" (engl.: coefficient of nondetermination). Für unser Beispiel erhalten wir einen Wert von $1 - r^2 = 1 - 0{,}413 = 0{,}587$. Dieser Wert besagt, daß 59 Prozent der Variation der abhängigen Variablen nicht mit der unabhängigen Variablen linear erklärt werden kann. Konkreter: Die Siegesausbeute wird zwar zu einem großen Teil durch den Trainingsfleiß, jedoch zu einem noch größeren Teil durch andere Faktoren "determiniert". Der Koeffizient der Nichtdetermination kann folglich als ein Maß der Stärke des Einflusses nicht identifizierter Faktoren betrachtet werden.

Es hat vielleicht den Anschein, als seien wir bisher ausschließlich mit der Vorhersage von Y-Werten auf der Basis von

X-Werten beschäftigt gewesen. Das ist jedoch nicht der Fall, obwohl wir uns faktisch nicht mit der Regression von X auf der Basis von Y befaßt haben. Wir kennen bereits einige Koeffizienten, die symmetrisch sind, d.h. Koeffizienten, die sich auf Vorhersagen beziehen, die in die eine wie die andere Richtung gehen. Da auch r^2 symmetrisch ist ($r^2_{yx} = r^2_{xy}$), ist es entbehrlich, jeweils zweimal zu rechnen. Folglich können wir r^2 interpretieren entweder als die Proportion der Variation der Y-Variablen, die mit der X-Variablen linear erklärt werden kann, oder aber als den Anteil der Variation der X-Variablen, der der Y-Variablen linear zugerechnet werden kann. Das ist auch der Grund, weshalb auf die Verwendung von Subskripten verzichtet werden kann.

Die prinzipielle Reversibilität von r^2 sollte Grund genug sein, die Terminologie zu reflektieren, die man bei der Interpretation aktueller Zahlenwerte wählt. Wenn die auf r^2 gestützten Aussagen - rein statistisch betrachtet - prinzipiell umkehrbar sind, muß man sich fragen, ob die Bezeichnungen "Determinationskoeffizient", "Bestimmtheitsmaß" bzw. "erklärter Variationsanteil" überhaupt angemessene Termini sind. Man sollte von "Determination" und "Erklärung" nur dann sprechen, wenn eine kausale Beziehung logisch und theoretisch begründet ist. Andernfalls sind Wendungen wie "soundsoviel Prozent der Variation der Y-Variablen kann der X-Variablen zugerechnet werden" oder aber "... ist assoziiert mit ..." eher angebracht.

7.2.3. Der Pearsonsche Koeffizient r

Dem Leser wird nicht entgangen sein, daß sich unsere bisherige Diskussion der linearen Beziehung nicht auf den Pearsonschen Produkt-Moment-Korrelations-Koeffizienten r, sondern auf die Maßzahl r^2 bezog, auf eine Maßzahl also, die zwischen 0 und 1 variiert und den Vorzug einer klaren (PRE-)Interpretation hat. Tatsächlich wird aber normalerweise nicht r^2, sondern r zur

Beschreibung linearer Beziehungen verwendet. Warum dies so ist, wird deutlich werden, wenn wir das Regressionsproblem noch einmal aufgreifen und dabei anstelle der oben zugrundegelegten Original-Meßwerte sogenannte Standardwerte verwenden, im übrigen aber genauso vorgehen wie oben, d.h. ein Streudiagramm anfertigen und die Regressionsgerade bestimmen. Die Standardwerte (oder z-Werte) sind wie folgt definiert:

$$z_{x_i} = \frac{x_i - \bar{x}}{s_x} \quad \text{bzw.} \quad z_{y_i} = \frac{y_i - \bar{y}}{s_y}$$

wobei $s_x = \sqrt{\frac{\sum_{i=1}^{N}(x_i - \bar{x})^2}{N}}$ (Standardabweichung der X-Werte)

und $s_y = \sqrt{\frac{\sum_{i=1}^{N}(y_i - \bar{y})^2}{N}}$ (Standardabweichung der Y-Werte)

In Abb. 7.8 sind die in Tab. 7.8 errechneten Standardwerte graphisch dargestellt. Wie das Streudiagramm offenbart, bleibt die Konfiguration der Punkte von der Transformation der Original-Meßwerte in Standardwerte völlig unberührt; der einzige Unterschied besteht in der Veränderung der Skaleneinheit der X- und Y-Achse.

Die Gleichung der Regressionsgeraden lautet für die Standardwerte:

$$z'_{y_i} = a + bz_{x_i}$$

wobei $z_{x_i} = \frac{x_i - \bar{x}}{s_x}$ ist. Diese Gleichung reduziert sich auf

$$z'_{y_i} = bz_{x_i}$$

weil jede Regressionsgerade im Koordinatensystem der z-Werte

Tab. 7.8. Die Berechnung der Standardwerte

$x_i - \bar{x}$	$y_i - \bar{y}$	$z_{x_i} = \frac{x_i - \bar{x}}{s_x}$	$z_{y_i} = \frac{y_i - \bar{y}}{s_y}$
-4	-2	-1,7889	-1,0262
-2	-3	-0,8945	-1,5393
-2	0	-0,8945	0
-1	-2	-0,4473	-1,0262
-1	1	-0,4473	0,5131
1	-1	0,4473	-0,5131
1	3	0,4473	1,5393
2	1	0,8945	0,5131
3	0	1,3417	0
3	3	1,3417	1,5393
0	0	0,0000	0,0000

$s_x = \sqrt{\frac{50}{10}} = 2,236$ $\qquad$ $s_y = \sqrt{\frac{38}{10}} = 1,949$

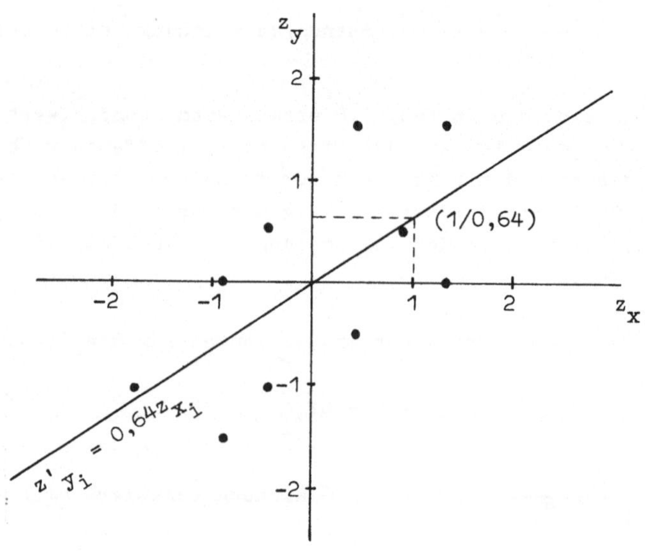

Abb. 7.8. Streudiagramm der Standardwerte

die beiden Achsen bei $z_x = z_y = 0$ schneidet; a ist also in jedem Fall gleich Null. Die Steigung der Geraden - auf Standardwerte bezogen - lautet wie folgt:

$$b = \frac{\sum_{i=1}^{N}\left(\frac{x_i - \bar{x}}{s_x}\right)\left(\frac{y_i - \bar{y}}{s_y}\right)}{\sum_{i=1}^{N}\left(\frac{x_i - \bar{x}}{s_x}\right)^2}$$

Da der Nennerausdruck gleich $\frac{\sum(x_i - \bar{x})^2}{s^2_x} = \frac{\sum(x_i - \bar{x})^2}{\frac{\sum(x_i - \bar{x})^2}{N}} = N$

ist (siehe auch Tab. 7.9) und für die Ausdrücke $\frac{x_i - \bar{x}}{s_x}$ und $\frac{y_i - \bar{y}}{s_y}$ die Symbole z_{x_i} und z_{y_i} verwendet werden können, kann die Formel für die Steigung der Regressionsgeraden - unter Verzicht auf die Angabe der Summierungsgrenzen - wie folgt geschrieben werden:

$$b = \frac{\sum z_{x_i} z_{y_i}}{N}$$

Ersetzen wir b durch r, so erhalten wir die Definitionsformel des Pearsonschen Produkt-Moment-Korrelations-Koeffizienten:

$$r = \frac{\sum z_{x_i} z_{y_i}}{N}$$

Der Koeffizient r ist folglich als der Durchschnitt der sogenannten Kreuzprodukte der Standardwerte definiert. Wir werden sogleich sehen, daß die Steigung der Regressionsgeraden durch das Punktmuster der Standardwerte mit der Quadratwurzel aus r^2 identisch ist, d.h. daß die Beziehung $r = \sqrt{r^2}$ gilt. Für unser Beispiel erhalten wir die in Tab. 7.9 ausgewiesenen Zahlen, aus denen r berechnet werden kann.

Tab. 7.9. Die Berechnung der Kreuzprodukte der Standardwerte

z_{x_i}	z_{y_i}	$z_{x_i} z_{y_i}$	$z_{x_i}^2 = \left(\frac{x_i - \bar{x}}{s_x}\right)^2$
-1,7889	-1,0262	1,8358	3,2
-0,8945	-1,5393	1,3769	0,8
-0,8945	0	0	0,8
-0,4473	-1,0262	0,4591	0,2
-0,4473	0,5131	-0,2295	0,2
0,4473	-0,5131	-0,2295	0,2
0,4473	1,5393	0,6886	0,2
0,8945	0,5131	0,4590	0,8
1,3417	0	0	1,8
1,3417	1,5393	2,0653	1,8
0,0000	0,0000	6,4257	10,0

$$r = \frac{\sum z_{x_i} z_{y_i}}{N} = \frac{6,4257}{10} = 0,64257$$

Wenn wir den errechneten Zahlenwert von r quadrieren, ist das Ergebnis

$$(r)^2 = (0,64257)^2 = 0,413$$

Dieser Wert ist mit dem aus den Originalwerten errechneten Zahlenwert von $r^2 = 0,413$ identisch.

Mit der Berechnung von r ist die Regressionsgerade für das Punktmuster der Standardwerte determiniert. Für unser Beispiel lautet die Gleichung der Geraden:

$$z'_{y_i} = 0,64 z_{x_i} \quad \text{bzw. genauer:} \quad z'_{y_i} = 0,64257 z_{x_i}$$

Mit dieser Gleichung können wir - in direkter Analogie zur Rechnung mit den Original-Meßwerten - für jeden X-Wert einen Vorhersagewert von Y (in Standardform) ermitteln. Wir erhalten dann

für $z_x = -1{,}7889$ den Wert $z'_y = (0{,}64257)(-1{,}7889) = -1{,}1495$
" $z_x = -0{,}8945$ " " $z'_y = (0{,}64257)(-0{,}8945) = -0{,}5748$
" $z_x = -0{,}4473$ " " $z'_y = (0{,}64257)(-0{,}4473) = -0{,}2874$
" $z_x = 0{,}4473$ " " $z'_y = (0{,}64257)(0{,}4473) = 0{,}2874$
" $z_x = 0{,}8945$ " " $z'_y = (0{,}64257)(0{,}8945) = 0{,}5748$
" $z_x = 1{,}3417$ " " $z'_y = (0{,}64257)(1{,}3417) = 0{,}8621$

Diese z'_y-Werte sind die zu den jeweiligen z_x-Werten korrespondierenden vorhergesagten Y-Werte, d.h. die auf der Regressionsgeraden liegenden z-Werte der Y-Variablen. Zur Lokalisation der Geraden benötigen wir allerdings nur zwei Punkte. Wenn die zugrundeliegenden Daten z-Werte sind, ist einer dieser beiden Punkte der Ursprung der beiden Achsen (der Punkt 0,0): bei $z_x = 0$ ist $z'_y = 0$, weil $z'_y = r(0) = 0$. Der zweite Punkt ist schnell bestimmt, wenn $z_x = 1$ gewählt wird. Da $r = 0{,}64$ ist, ist bei $z_x = 1$ der Wert $z'_y = 0{,}64(1) = 0{,}64$. (Der Wert zur Bestimmung des zweiten Punktes muß kein aktueller z_x-Wert sein; er kann beliebig gewählt werden, weil der z'_y-Wert eines jeden z_x-Wertes durch die Gleichung der Geraden determiniert ist.) Damit ist die Regressionsgerade lokalisiert (siehe Abb. 7.8).

Zwischen den beiden Variablen unseres Beispiels "Anzahl der wöchentlichen Trainingsstunden (X)" und "Anzahl der Siege pro Saison (Y)" hätte eine perfekte positive Beziehung bestanden, wenn der z_x-Wert eines jeden Spielers mit dem jeweiligen z_y-Wert identisch gewesen wäre, beispielsweise dann, wenn ein Spieler mit einem z_x-Wert von -1,2 auch einen z_y-Wert von -1,2 gehabt hätte und die z-Werte aller übrigen Spieler in derselben Weise perfekt gepaart gewesen wären (etwa $z_x = 0{,}8/z_y = 0{,}8$; $z_x = -1{,}5/z_y = -1{,}5$ usw.). Die Steigung der Regressionsgeraden wäre dann gleich 1 gewesen (siehe auch Abb. 7.9).

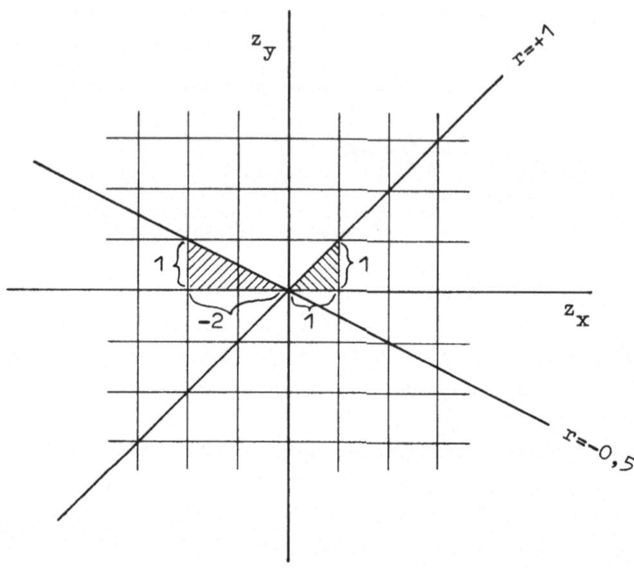

Abb. 7.9. Die Beziehung des Koeffizienten r zur Steigung der Regressionsgeraden, wenn die X- und Y-Werte in Standardwerten ausgedrückt werden

Da r symmetrisch ist ($r_{yx} = r_{xy} = r$), hätten wir ebenso umgekehrt verfahren können und auf der Basis der z_y-Werte die korrespondierenden Vorhersagewerte der X-Variablen, d.h. die auf einer zweiten Regressionsgeraden liegenden z'_x-Werte mit der Gleichung $z'_{x_i} = 0{,}64 z_{y_i}$ ermitteln können.

Vergleichen wir die beiden Maßzahlen r^2 und r, so mag ihr Unterschied auf den ersten Blick als ziemlich trivial erscheinen, zumal - wie gezeigt - die eine Maßzahl aus der anderen berechnet werden kann: die eine ist das Quadrat bzw. die Quadratwurzel der anderen. r und r^2 sind zwar interdependent; eine mechanische Quadrierung von r, d.h. "das Quadrat der Steigung" dürfte jedoch kaum erkennen lassen, daß r^2 die Proportion der Gesamtvariation der einen Variablen ausdrückt, die als durch die andere Variable "determiniert" bzw. "erklärt" betrachtet werden kann. Andererseits kann "die Quadratwurzel aus der erklärten Variation" nicht als Steigung einer Geraden erkannt werden, wenn r aus r^2 errechnet wird. Der Koeffizient r kann am ehesten betrachtet werden als ein Maß, das den dynamischen Aspekt einer Beziehung mißt, d.h. r informiert über den Grad, in dem eine Veränderung der einen Variablen mit einer Veränderung der anderen Variablen einhergeht. Dagegen kann r^2 als ein Maß betrachtet werden, das die Stärke des von der einen auf die andere Variable ausgeübten Einflusses beschreibt.

Gegenüber den Prozeduren zur Bestimmung von r^2 verlangt die Berechnung von r im allgemeinen einen geringeren Rechenaufwand. Dies spricht ebenso für die aktuelle Berechnung von r (und die spätere Quadrierung des Zahlenwertes) wie die Tatsache, daß r^2 im Gegensatz zu r ein vorzeichenloser Koeffizient ist. Wird r über $\sqrt{r^2}$ ermittelt, so kann allerdings das Vorzeichen der Konstanten b der Regressionsgeraden als Indiz dafür herangezogen werden, ob eine positive oder negative Beziehung zwischen den Variablen besteht.

Da r praktisch immer größer ist als r^2, kann seine Berechnung - mit oder ohne Absicht des Berechners - dazu führen, daß die Stärke der gemessenen Beziehung betont und der unbedarfte Leser beeindruckt wird. So scheint ein Wert von r = 0,5 eine beträchtliche Beziehung auszudrücken; da aber r^2 = 0,25 ist, ist nicht die Hälfte, sondern nur ein Viertel der Variation einer der beiden Variablen durch die jeweils andere der beiden Variablen erklärt. Erst eine Korrelation von r = 0,7 erklärt rund die Hälfte der Variation, nämlich 49 Prozent, und ein Koeffizient von r = 0,3 läßt einen großen Teil der Variation unerklärt, nämlich 91 Prozent. Die Beziehung zwischen den Quantitäten r (Korrelationskoeffizient), r^2 (Determinationskoeffizient) und $1 - r^2$ (Koeffizient der Nichtdetermination) ist in Tab. 7.10 ausgewiesen.

Tab. 7.10. Die numerische Beziehung zwischen r, r^2 und $1 - r^2$

r	r^2	$1 - r^2$
0,10	0,01	0,99
0,20	0,04	0,96
0,30	0,09	0,91
0,40	0,16	0,84
0,50	0,25	0,75
0,60	0,36	0,64
0,70	0,49	0,51
0,80	0,64	0,36
0,90	0,81	0,19

7.3. Die Berechnung des Koeffizienten r

Die oben diskutierten Konzepte und Operationen sollten eher dem Verständnis der Logik und der angemessenen Interpretation der Maßzahlen r^2 und r dienen als günstige Verfahren zu ihrer Berechnung empfehlen. Der numerische Wert von r bzw. r^2 kann sehr viel leichter bestimmt werden, wenn man sich gewisser Rechenformeln bedient.

Die in Abschnitt 7.2.3 benutzte Standardwerte- bzw. Definitionsformel des Pearsonschen Produkt-Moment-Korrelations-Koeffizienten, die Formel

$$r = \frac{\sum {}^{z}x_i \, {}^{z}y_i}{N}$$

ist wegen des erforderlichen hohen Rechenaufwandes zur Bestimmung des numerischen Wertes von r höchst unpraktisch, insbesondere dann, wenn die Anzahl der Fälle groß ist. Die Verwendung dieser Formel verlangt zunächst die Berechnung je zweier Mittelwerte ($\bar{x}$ und $\bar{y}$) und Standardabweichungen (s_x und s_y). Danach müssen die X- und Y-Werte in Standardwerte transformiert werden (${}^{z}x_i$ und ${}^{z}y_i$). Erst nach diesen umständlichen Operationen können die Produkte ${}^{z}x_i \, {}^{z}y_i$ gebildet werden, deren Summe in den Zähler der Definitionsformel eingeht.

Die Rechenprozeduren sind - trotz gewisser Zwischenschritte - weniger umfänglich, wenn die folgende, aus der Definitionsformel ableitbare Rechenformel verwendet wird:

$$r = \frac{\sum(x_i - \bar{x})(y_i - \bar{y})}{\sqrt{\sum(x_i - \bar{x})^2 \sum(y_i - \bar{y})^2}}$$

Diese auf Abweichungen bzw. Abweichungsquadraten basierende Formel läßt sich wie folgt entwickeln:

$$r = \frac{\sum z_{x_i} z_{y_i}}{N} = \frac{1}{N}\sum\left(\frac{x_i - \bar{x}}{s_x}\right)\left(\frac{y_i - \bar{y}}{s_y}\right)$$

$$= \frac{\sum(x_i - \bar{x})(y_i - \bar{y})}{N\sqrt{\frac{\sum(x_i - \bar{x})^2}{N}}\sqrt{\frac{\sum(y_i - \bar{y})^2}{N}}}$$

$$= \frac{\sum(x_i - \bar{x})(y_i - \bar{y})}{\sqrt{\sum(x_i - \bar{x})^2}\sqrt{\sum(y_i - \bar{y})^2}}$$

$$= \frac{\sum(x_i - \bar{x})(y_i - \bar{y})}{\sqrt{\sum(x_i - \bar{x})^2 \sum(y_i - \bar{y})^2}}$$

Obwohl diese Formel selten zur Berechnung des Korrelationskoeffizienten verwendet wird, mag es nichtsdestoweniger instruktiv sein, sie auf die Daten unseres Beispiels anzuwenden, zumal wir bereits sämtliche Elemente dieser Formel errechnet haben (siehe Tab. 7.4 und 7.5). Durch Einsetzen der entsprechenden Summen in die Formel erhalten wir den schon bekannten Wert von

$$r = \frac{28}{\sqrt{(50)(38)}} = \frac{28}{\sqrt{1900}} = \frac{28}{43{,}589} = 0{,}6424$$

und durch Quadrierung den ebenfalls bekannten, aus denselben Daten errechneten Wert von

$$r^2 = (0{,}6424)^2 = 0{,}413$$

Da diese Formel auf der Berechnung von Mittelwerten basiert, bereitet sie lästige Rechenarbeit, wenn die Mittelwerte Zahlen mit mehreren Dezimalstellen sind. Deshalb empfiehlt sich die Verwendung einer anderen Rechenformel, mit der der Koeffizient direkt aus den Originaldaten errechnet werden kann. Eine Formel, die eine Arbeitstabelle mit nur fünf Spalten erfordert, von denen überdies noch zwei die Originalwerte enthalten, ist

$$r = \frac{N\sum x_i y_i - \sum x_i \sum y_i}{\sqrt{\left[N\sum x_i^2 - (\sum x_i)^2\right]\left[N\sum y_i^2 - (\sum y_i)^2\right]}}$$

Tab. 7.11. Die Berechnung des Koeffizienten r (nicht gruppierte Daten)

x_i	y_i	x_i^2	y_i^2	$x_i y_i$
2	2	4	4	4
4	1	16	1	4
4	4	16	16	16
5	2	25	4	10
5	5	25	25	25
7	3	49	9	21
7	7	49	49	49
8	5	64	25	40
9	4	81	16	36
9	7	81	49	63
60	40	410	198	268

$$r = \frac{10(268) - (60)(40)}{\sqrt{\left[10(410) - (60)^2\right]\left[10(198) - (40)^2\right]}}$$

$$= \frac{2680 - 2400}{\sqrt{(4100 - 3600)(1980 - 1600)}} = 0{,}6424$$

Ist die Anzahl der Untersuchungseinheiten und/oder die Anzahl der Variablenausprägungen groß, kann die Berechnung des Koeffizienten r mit den oben zitierten Formeln sehr ermüdend sein. In solchen Fällen ist es angeraten, die Daten zu gruppieren und r auf eine Weise zu berechnen, die dieser veränderten Datenstruktur angemessen ist. Auf ein anderes Berechnungsverfahren ist man ohnehin angewiesen, wenn die Ausgangsdaten nur in gruppierter Form vorliegen.

Im Prinzip ist die Vorgehensweise dieselbe wie bei der Berechnung von r aus ungruppierten Daten, mit Ausnahme der zusätzlichen Anwendung des Verfahrens des angenommenen Mittelwertes, das von der Berechnung des arithmetischen Mittels her bekannt ist. Dieses Verfahren hat den Zweck, den Rechenaufwand dadurch zu verringern, daß mit kleineren X- und Y-Werten gerechnet wird. Die Formel zur Berechnung von r aus gruppierten Daten lautet:

$$r = \frac{N\sum fx'_i y'_i - \sum fx'_i \sum fy'_i}{\sqrt{\left[N\sum fx'^2_i - (\sum fx'_i)^2\right]\left[N\sum fy'^2_i - (\sum fy'_i)^2\right]}}$$

Zur Erläuterung der Formel werden wir uns auf das in Tab. 7.2 gegebene Beispiel einer gemeinsamen Häufigkeitstabelle beziehen und zugleich die einzelnen Rechenschritte illustrieren.

Bei der als Arbeitstabelle fungierenden Korrelationstabelle (Tab. 7.12) fällt zunächst ins Auge, daß sie je vier Spalten und Zeilen mehr aufweist als die hier reproduzierte gemeinsame Häufigkeitstabelle. (Aus Gründen der Raumersparnis ist bei der Beschriftung der zusätzlichen Spalten und Zeilen auf die Verwendung von Subskripten und bei den Formeln, wie allgemein üblich, aus Gründen der Übersichtlichkeit auf die Angabe der Summierungsgrenzen verzichtet worden.) Die marginalen Häufigkeiten der X- und Y-Variablen (die Zeilen- und Spaltensummen) sind in der Korrelationstabelle mit f bezeichnet. Die Zellenbesetzungen der gemeinsamen Häufigkeitstabelle sind bei der Korrelationstabelle in der Mitte der einzelnen Zellen plaziert. Der Rechengang läßt sich wie folgt beschreiben:

1. Die mit x' bezeichnete Zeile und die mit y' bezeichnete Spalte enthalten die für die Klassen der X- und Y-Variablen willkürlich festgesetzten Mittelwerte. Als Ursprungsklasse kann das Zentrum oder der Anfang einer jeden Verteilung gewählt werden. Die erste Alternative bietet den Vorteil kleinerer Rechenwerte, der durch den Nachteil negativer Vorzeichen erkauft wird. Die zweite Alternative empfiehlt sich bei der Benutzung von Tischrechnern. In unserem Beispiel ist der Ursprung im Bereich der stärksten Konzentration lokalisiert, d.h. bei der X-Variablen ist die Klasse 1100-1199, bei der Y-Variablen die Klasse 200-299 gleich Null gesetzt. Den benachbarten Zellen sind Werte zugeordnet, die in Richtung steigender Meßwertklassen ein positives, in Richtung fallender Meßwertklassen ein negatives Vorzeichen tragen.
2. Die Mittelwerte werden mit den korrespondierenden marginalen Häufigkeiten multipliziert (Spaltenhäufigkeit f mal Spaltenwert x' und Zeilenhäufigkeit f mal Zeilenwert y'). Die Summierung dieser Produkte ergibt in unserem Beispiel $\sum fx' = 30$ und $\sum fy' = 40$.
3. Durch die Multiplikation von x' mal fx' bzw. y' mal fy' und die anschließende Summierung dieser Produkte erhalten wir für unser Beispiel $\sum fx'^2 = 190$ und $\sum fy'^2 = 290$.
4. Alsdann wird jeder x'-Wert mit jedem y'-Wert multipliziert. Wir erhalten auf diese Weise die Kreuzprodukte x'y'. Zum Beispiel ergibt die Multiplikation von x' = -1 mit jedem y'-Wert die folgenden Werte: (-1)(-2) = 2; (-1)(-1) = 1; (-1)(0) = 0; (-1)(1) = -1. Diese Werte werden konventionell in die linke obere Ecke einer jeden besetzten Zelle geschrieben.
5. Die Produkte aus den x'y' mal den entsprechenden Zellenbesetzungen werden in die rechte untere Ecke der Zelle geschrieben. Die Summierung dieser Produkte ergibt Zwi-

Tab. 7.12. Die Berechnung des Koeffizienten r (gruppierte Daten)

Monatl. Ausgaben für Wohnen (Y)	Monatliches Nettoeinkommen des Haushalts (X) 900–999	1000–1099	1100–1199	1200–1299	1300–1399	1400–1499	f	y'	fy'	fy'^2	fx'y'
0– 99	4 / 5 / 20	2 / 3 / 6	2				10	-2	-20	40	26
100–199	2 / 3 / 6	1 / 9 / 9	8	-1 / 3 / -3	-2 / 2 / -4		25	-1	-25	25	8
200–299	2	7	7	5	4		25	0	0	0	0
300–399		-1 / 1 / -1	7	1 / 6 / 6	2 / 1 / 2		15	1	15	15	7
400–499			1	2 / 6 / 12	4 / 2 / 8	6 / 1 / 6	10	2	20	40	26
500–599				3 / 4 / 12	6 / 5 / 30	9 / 1 / 9	10	3	30	90	51
600–699				4 / 1 / 4	8 / 1 / 8	12 / 3 / 36	5	4	20	80	48
f	10	20	25	25	15	5	100	Σ	40	290	166
x'	-2	-1	0	1	2	3	Σ				
fx'	-20	-20	0	25	30	15	30				
fx'^2	40	20	0	25	60	45	190				
fx'y'	26	14	0	31	44	51	166				

schenwerte, die in die äußerste Spalte bzw. Zeile eingehen.

6. Schließlich werden die Zwischenwerte der Randspalten und -zeilen summiert. In unserem Beispiel erhalten wir $\sum fx'y'$ = 166. Die Summierung der Zeilen- und Spaltensummen muß den gleichen Wert ergeben.

Damit sind alle Summenausdrücke bekannt, die für die Berechnung von r benötigt werden. Durch Einsetzen der entsprechenden Werte erhalten wir für unser Rechenbeispiel:

$$r = \frac{N\sum fx'_i y'_i - \sum fx'_i \sum fy'_i}{\sqrt{\left[N\sum fx'^2_i - (\sum fx'_i)^2\right]\left[N\sum fy'^2_i - (\sum fy'_i)^2\right]}}$$

$$= \frac{(100)(166) - (30)(40)}{\sqrt{\left[(100)(190) - (30)^2\right]\left[(100)(290) - (40)^2\right]}}$$

$$= \frac{16600 - 1200}{\sqrt{(19000 - 900)(29000 - 1600)}} = 0{,}692$$

und $r^2 = (0{,}692)^2 = 0{,}479$

Das Ergebnis dieser Rechnung (mit hypothetischen Daten) kann verbal wie folgt ausgedrückt werden: Es besteht eine relativ starke positive Beziehung (r = 0,692) zwischen der als unabhängig betrachteten Variablen "monatliches Nettoeinkommen des Haushalts" und der als abhängig betrachteten Variablen "monatliche Ausgaben für Wohnen". Das heißt mit anderen Worten: 48 Prozent der Variation der Y-Variablen (monatliche Ausgaben für Wohnen) kann durch die lineare Beziehung mit der X-Variablen (monatliches Nettoeinkommen des Haushalts) "erklärt" werden.

Wie mehrfach betont, ist der Koeffizient r kein Maß der Beziehung schlechthin, sondern ein Maß der linearen Beziehung. Infolgedessen verbietet sich seine Verwendung, wenn die Annahme der Linearität nicht haltbar ist. Für diesen Fall können Koeffizienten zur Charakterisierung kurvilinearer Beziehungen herangezogen werden. (Darstellungen solcher in den Sozialwissenschaften vergleichsweise selten verwendeter Koeffizienten finden sich z.B. in Ezekiel und Fox, 1959.) Eine Maßzahl, die als Alternative des Korrelationskoeffizienten r berechnet werden kann, wenn offensichtlich keine lineare Beziehung vorliegt, ist der Korrelationskoeffizient η. Der Eta-Koeffizient kann berechnet werden, wenn die als abhängig betrachtete Variable mindestens intervallskaliert ist. Da aber die als unabhängig betrachtete Variable jedes Meßniveau haben kann, also auch das einer Nominalskala, werden wir diese Maßzahl in einem besonderen Kapitel behandeln.

8. Die Beschreibung der Beziehung zwischen einer nominalen und einer metrischen Variablen

Eine Maßzahl, mit der die Beziehung zwischen einer nominalen und einer metrischen Variablen beschrieben werden kann, ist η (eta). Dieses Maß wurde zunächst (von Karl Pearson, der es 1905 erstmalig publizierte) Korrelationsquotient, später Korrelationsindex oder auch Eta-Koeffizient genannt. Heute herrscht die Bezeichnung Korrelationsverhältnis (engl.: correlation ratio) vor. Eta kann Zahlenwerte von 0 bis 1 annehmen.

Beispiele, für die das Korrelationsverhältnis als Maß der Beziehung zwischen zwei Variablen berechnet werden kann, von denen die abhängige das Niveau einer Intervall- oder Ratioskala haben muß, während die unabhängige Variable jedes Meßniveau haben kann, sind: Höhe des Berufseinkommens und Berufsstatus (oder Berufsprestige), Häufigkeit der Verwandtschaftskontakte und Geschlechtszugehörigkeit, Häufigkeit religiöser Aktivitäten und Konfessionszugehörigkeit, wöchentliche Arbeitszeit und Berufsgruppenzugehörigkeit (oder Schichtzugehörigkeit) usw.

Es ist immer möglich, eine Ratio- oder Intervallskala auf eine Ordinal- oder Nominalskala zu reduzieren, um dann einen Koeffizienten zu berechnen, der die Beziehung zwischen den Variablen ausdrückt. So wäre es durchaus zulässig, in jedem der oben angeführten Beispiele die als abhängig betrachtete metrische Variable wie eine ordinale bzw. nominale Variable zu behandeln und - je nach der Anzahl gegebener oder durch Zusammenfassung ihrer Ausprägungen gebildeter Klassen - einen für ordinale oder nominale Variablen geeigneten Koeffizienten zu berechnen. Solche Reduktionen sind jedoch entbehrlich, wenn die abhängige Variable das Niveau einer Intervallskala hat; für diesen Fall ist η das sensibelste Beziehungsmaß.

8.1. Die Logik des Koeffizienten η

Ähnlich anderen Maßzahlen, die auf dem Prinzip der relativen Vorhersageverbesserung durch die Berücksichtigung der Information einer zweiten Variablen beruhen, ist η ein Maß für die erzielbare Verbesserung der Vorhersagegenauigkeit: je größer die Vorhersageverbesserung, desto größer ist der Zahlenwert des Koeffizienten, oder anders formuliert: je größer die (Vorhersage-)Fehlerreduktion, desto stärker ist die durch η ausgedrückte Beziehung zwischen den Variablen.

Ähnlich r^2 ist das Quadrat dieses Koeffizienten, also η^2, als ein Verhältnis definiert, nämlich als das Verhältnis der (noch näher zu spezifizierenden) "erklärten Variation" zur "Gesamtvariation". Alternativ kann η^2 definiert werden als die durch die X-Variable erzielbare Fehlerreduktion bei der Vorhersage der Y-Variablen, ausgedrückt als ein Teil des Vorhersagefehlers, den man ohne Berücksichtigung der X-Variablen begeht. Mit anderen Worten: η^2 ist ein Maß der proportionalen Reduktion des Vorhersagefehlers. Dies kann in der gewohnten Weise wie folgt symbolisiert werden:

$$\eta^2 = \frac{E_1 - E_2}{E_1}$$

Bei der Diskussion des Koeffizienten r^2 sahen wir, daß die Gesamtvariation in zwei Komponenten zerlegt werden kann: in die "erklärte Variation" und die "nicht erklärte Variation":

$$\sum(y_i - \bar{y})^2 = \sum(y'_i - \bar{y})^2 + \sum(y_i - y'_i)^2$$

Gesamtvariation = Erklärte Variation + Nicht erklärte Variation

Nun kann man den Ausdruck $\sum(y_i - \bar{y})^2$ (die Gesamtvariation) in ganz ähnlicher Weise, aber nach einem etwas anderen Gesichtspunkt in zwei Teile zerlegen. Statt - wie bei r^2 - die Gesamtvariation in die Teile "von der Regressionsgeraden zum Gesamtdurchschnitt (dem Mittelwert der Y-Verteilung)" und "von den Beobachtungswerten zur Regressionsgeraden" zu zerlegen, kann man sie auch in die Teile "von den Kolonnendurchschnitten (den Mittelwerten der einzelnen Kategorien bzw. Kolonnen der X-Variablen) zum Gesamtdurchschnitt" und "von den Beobachtungswerten zu den Kolonnendurchschnitten" aufteilen.

Die Zerlegung erfolgt in derselben Weise wie oben (S.208ff):

$$(y_i - \bar{y}) \quad = \quad (\bar{y}_j - \bar{y}) \quad + \quad (y_i - \bar{y}_j)$$

wobei $\bar{y}_j$ den Kolonnendurchschnitt der Y-Werte, die in bestimmte Kolonnen bzw. Kategorien der X-Variablen fallen, bezeichnet. Somit ist

$$\sum(y_i - \bar{y})^2 \quad = \quad \sum\left[(\bar{y}_j - \bar{y}) + (y_i - \bar{y}_j)\right]^2$$

$$= \quad \sum(\bar{y}_j - \bar{y})^2 + \sum(y_i - \bar{y}_j)^2$$

weil der nach dem Schema $(a + b)^2 = a^2 + 2ab + b^2$ zu erwartende Ausdruck $2\sum(\bar{y}_j - \bar{y})(y_i - \bar{y}_j)$ aus folgendem Grund den Zahlenwert Null hat: Der Bestandteil $(\bar{y}_j - \bar{y})$ ist innerhalb jeder Kolonne eine Konstante. Daher kann der ganze Ausdruck zunächst für jede Kolonne berechnet und dann für alle Kolonnen summiert werden. Für eine einzelne Kolonne aber ist er $2(\bar{y}_j - \bar{y})\sum(y_i - \bar{y}_j)$. Dabei ist $\sum(y_i - \bar{y}_j)$ die Summe der Abweichungen der Y-Werte innerhalb der Kolonne vom Kolonnendurchschnitt. Da diese gleich Null ist, entfällt der ganze Ausdruck.

Die Grundgleichung lautet folglich:

$$\sum(y_i - \bar{y})^2 = \sum(\bar{y}_j - \bar{y})^2 + \sum(y_i - \bar{y}_j)^2$$

Gesamtvariation = Erklärte Variation + Nicht erklärte Variation

Dies ist eine verkürzte Schreibweise der Quantitäten, bei der die Indizes, Summenzeichen und Summierungsgrenzen weggelassen bzw. vereinfacht worden sind, um die Übersicht zu erleichtern und die weitgehende Analogie zu r^2 aufzuzeigen (siehe hierzu Neurath, 1966, S.403-411 und S.270-272). In ungekürzter Schreibweise sieht die Grundgleichung wie folgt aus:

Gesamtvariation = Erklärte Variation + Nicht erklärte Variation

$$\sum_{j=1}^{k} \sum_{i=1}^{n_j} (y_{ij} - \bar{y})^2 = \sum_{j=1}^{k} n_j (\bar{y}_j - \bar{y})^2 + \sum_{j=1}^{k} \sum_{i=1}^{n_j} (y_{ij} - \bar{y}_j)^2$$

Summe der Abweichungsquadrate zwischen den Y-Werten der j-ten Kolonne und dem Gesamtdurchschnitt $\bar{y}$, summiert über alle k Kolonnen.	Summe der Abweichungsquadrate zwischen dem Durchschnitt der j-ten Kolonne $\bar{y}_j$ und dem Gesamtdurchschnitt $\bar{y}$, multipliziert mit der Anzahl der Untersuchungseinheiten n_j dieser Kolonne, summiert über alle k Kolonnen.	Summe der Abweichungsquadrate zwischen den Y-Werten der j-ten Kolonne und dem Durchschnitt dieser Kolonne, summiert über alle k Kolonnen.

Werden beide Seiten der Gleichung durch die Gesamtvariation $\sum(y_i - \bar{y})^2$ dividiert, so ergibt das die Proportion der "erklärten" und der "nicht erklärten" Variation; der erste Ausdruck auf der rechten Seite dieser Gleichung (der Anteil der Variation, der "erklärt" ist), ist als das Quadrat des Etakoeffizienten definiert:

$$\frac{\sum(y_i - \bar{y})^2}{\sum(y_i - \bar{y})^2} = \frac{\sum(\bar{y}_j - \bar{y})^2}{\sum(y_i - \bar{y})^2} + \frac{\sum(y_i - \bar{y}_j)^2}{\sum(y_i - \bar{y})^2}$$

$$\frac{\text{Gesamtvariation}}{\text{Gesamtvariation}} = \frac{\text{Erklärte Variation}}{\text{Gesamtvariation}} + \frac{\text{Nicht erklärte Variation}}{\text{Gesamtvaraition}}$$

1	=	Proportion der Variation der Y-Variablen, die erklärt ist	+	Proportion der Variation der Y-Variablen, die nicht erklärt ist
1	=	η^2	+	$1 - \eta^2$

8.2. Die proportionale Reduktion des Vorhersagefehlers: η^2

Wir sind jetzt in der Lage, die auf η^2 zugeschnittenen Vorhersageregeln und Fehlerdefinitionen zu spezifizieren:

η^2: Die Regel für die Vorhersage der abhängigen Variablen auf der Basis ihrer eigenen Verteilung lautet wie folgt: "Sage das arithmetische Mittel für jede Untersuchungseinheit vorher."

η^2: Die Regel für die Vorhersage der abhängigen Variablen unter Berücksichtigung der Information der unabhängigen Variablen lautet: "Sage für die Untersuchungseinheiten der einzelnen Kolonnen den jeweiligen Kolonnendurchschnitt vorher."

η^2: Die Fehlerdefinition. Bei Anwendung der Regel 1 ist der Vorhersagefehler (E_1) die Summe der quadrierten Abweichungen der Y-Werte von ihrem arithmetischen Mittel (vom Gesamtdurchschnitt); bei Anwendung der Regel 2 ist der Vorhersagefehler (E_2) die Summe der quadrierten Abweichungen der Y-Werte der einzelnen Kolonnen vom jeweiligen Kolonnendurchschnitt.

η^2: <u>Die generelle Formel der proportionalen Reduktion des Vorhersagefehlers</u> lautet demnach wie folgt:

$$\eta^2 = \frac{E_1 - E_2}{E_1} = \frac{\sum(y_i - \bar{y})^2 - \sum(y_i - \bar{y}_j)^2}{\sum(y_i - \bar{y})^2}$$

$$= \frac{\text{Gesamtvariation} - \text{Nicht erklärte Variation}}{\text{Gesamtvariation}}$$

Bevor wir dieses Modell auf aktuelle Daten anwenden, sei darauf hingewiesen, daß für die abhängige bzw. vorherzusagende oder zu erklärende Variable Mittelwerte und Abweichungen von Mittelwerten berechnet werden müssen. Daraus erhellt, daß die abhängige Variable mindestens das Niveau einer Intervallskala haben muß. Wie die Summenausdrücke und die folgenden Rechenbeispiele zeigen, gehen jedoch keine numerischen Werte der unabhängigen Variablen in die Berechnung des Koeffizienten ein. Daher kann die unabhängige Variable jedes Meßniveau, also auch das einer Nominalskala haben.

Anhand eines simplen Beispiels mit fiktiven Daten soll zunächst die Logik des Koeffizienten, der viele Parallelen zum Koeffizienten r^2 aufweist, erläutert werden. Erst danach werden wir uns mit Rechenverfahren bekannt machen, mit denen η^2 bzw. η direkt aus den Originaldaten errechnet werden kann.

Nehmen wir an, wir wüßten von 50 Studenten, wieviel Bücher diese im Laufe eines Semesters aus der Universitätsbibliothek entliehen. Unsere Aufgabe sei, die Anzahl der von irgendeinem dieser Bibliotheksbenutzer entliehenen Bücher zu schätzen. (Siehe Tab. 8.1). Wie bereits bekannt, ist die beste Schätzung bzw. Vorhersage der von einem beliebigen Studenten dieser Gruppe ausgeliehenen Bücherzahl das arithmetische Mittel, in unserem Beispiel $\bar{y} = 350/50 = 7$.

Tab. 8.1. Anzahl der im Laufe eines Semesters von 50 Studenten aus der Universitätsbibliothek entliehenen Bücher (fiktive Daten)

Entliehene Bücher (Y) y_i	Häufigkeit f_i
0	1
1	2
2	3
3	4
4	3
5	4
6	4
7	4
8	5
9	5
10	8
11	4
12	2
13	1
	50

Tab. 8.2. Die Berechnung relevanter Kennwerte der Verteilung

y_i	f_i	$f_i y_i$	$y_i - \bar{y}$	$(y_i - \bar{y})^2$	$f_i(y_i - \bar{y})^2$
0	1	0	-7	49	49
1	2	2	-6	36	72
2	3	6	-5	25	75
3	4	12	-4	16	64
4	3	12	-3	9	27
5	4	20	-2	4	16
6	4	24	-1	1	4
7	4	28	0	0	0
8	5	40	1	1	5
9	5	45	2	4	20
10	8	80	3	9	72
11	4	44	4	16	64
12	2	24	5	25	50
13	1	13	6	36	36
	50	350			554

$$\bar{y} = \frac{\sum_{i=1}^{k} f_i y_i}{N} = \frac{350}{50} = 7 \qquad s^2_y = \frac{\sum_{i=1}^{k} f_i (y_i - \bar{y})^2}{N} = \frac{554}{50} = 11,08$$

Die Variation (554) bzw. die Varianz (11,08) indizieren den Fehler, den wir bei der besten Schätzung bzw. Vorhersage der durchschnittlich von den 50 Studenten entliehenen Bücher begehen.

Nehmen wir nun an, wir erführen außerdem, daß unter den 50 Studenten 20 Examenskandidaten sind. Wahrscheinlich vermuten wir sofort, daß die Examenskandidaten eine höhere Ausleihfrequenz aufweisen als die übrigen Studenten. Die nach Nicht-Examenskandidaten und Examenskandidaten spezifizierte Verteilung der Tab. 8.3 deutet eine solche Beziehung an. Die uns hier interessierende Frage ist nun, wie stark diese Beziehung ist, oder anders formuliert, in welchem Maße uns die zusätzliche Information über den Status der Studenten hilft, die Ausleihfrequenz genauer zu schätzen bzw. vorherzusagen.

Tab. 8.3. Anzahl der im Laufe eines Semesters von Nicht-Examenskandidaten und Examenskandidaten aus der Universitätsbibliothek entliehenen Bücher (fiktive Daten)

Entliehene Bücher (Y)	Status der Studenten (X)		Insgesamt
	Nicht-Examenskandidaten	Examenskandidaten	
0	1	0	1
1	2	0	2
2	3	0	3
3	4	0	4
4	3	0	3
5	4	0	4
6	4	0	4
7	3	1	4
8	3	2	5
9	1	4	5
10	2	6	8
11	0	4	4
12	0	2	2
13	0	1	1
	30	20	50

Diese zusätzliche Information erlaubt uns, die mittlere Ausleihfrequenz und den Prognosefehler für jede Subgruppe (Kategorie, Kolonne) der X-Variablen getrennt zu ermitteln.

Tab. 8.4. Die Berechnung relevanter Kennwerte für die Subgruppe der Nicht-Examenskandidaten

y_i	f_i	$f_i y_i$	$y_i - \bar{y}$	$(y_i - \bar{y})^2$	$f_i(y_i - \bar{y})^2$
0	1	0	-5	25	25
1	2	2	-4	16	32
2	3	6	-3	9	27
3	4	12	-2	4	16
4	3	12	-1	1	3
5	4	20	0	0	0
6	4	24	1	1	4
7	3	21	2	4	12
8	3	24	3	9	27
9	1	9	4	16	16
10	2	20	5	25	50
	30	150			212

$$\bar{y} = \frac{\sum_{i=1}^{k} f_i y_i}{N} = \frac{150}{30} = 5 \qquad s^2_y = \frac{\sum_{i=1}^{k} f_i (y_i - \bar{y})^2}{N} = \frac{212}{30} = 7{,}07$$

Tab. 8.5. Die Berechnung relevanter Kennwerte für die Subgruppe der Examenskandidaten

y_i	f_i	$f_i y_i$	$y_i - \bar{y}$	$(y_i - \bar{y})^2$	$f_i(y_i - \bar{y})^2$
7	1	7	-3	9	9
8	2	16	-2	4	8
9	4	36	-1	1	4
10	6	60	0	0	0
11	4	44	1	1	4
12	2	24	2	4	8
13	1	13	3	9	9
	20	200			42

$$\bar{y} = \frac{\sum_{i=1}^{k} f_i y_i}{N} = \frac{200}{20} = 10 \qquad s^2_y = \frac{\sum_{i=1}^{k} f_i \; (y_i - \bar{y})^2}{N} = \frac{42}{20} = 2{,}10$$

Betrachten wir zunächst die Mittelwerte und Varianzen der beiden Subgruppen. Für die Subgruppe der Nicht-Examenskandidaten errechneten wir eine Varianz von 7,07 und für die Subgruppe der Examenskandidaten eine Varianz von 2,10. Bei der Vorhersage des Mittelwertes für die Nicht-Examenskandidaten ($\bar{y} = 5$) ist unser Vorhersagefehler folglich 7,07, bei der Vorhersage des Mittelwertes für die Examenskandidaten ($\bar{y} = 10$) hingegen 2,10. Diese Werte sind subgruppenspezifische Vorhersagefehler; kombiniert ergeben sie einen gemeinsamen Index des Fehlers, den wir bei der Vorhersage der Ausleihfrequenz bei Auswertung der Information der X-Variablen "Studentenstatus" begehen. Dieser Index ist ein gewichteter Durchschnitt:

$$s^2_w = \frac{\sum_{j=1}^{k} n_j s^2_j}{N}$$

wobei s^2_w die durchschnittliche Varianz der Subgruppen, n_j die Anzahl der Untersuchungseinheiten in einer Subgruppe, s^2_j die Varianz dieser Subgruppe, k die Anzahl der Subgruppen und N die Gesamtzahl der Untersuchungseinheiten repräsentiert. (Die Gewichtung der Varianz jeder Subgruppe mit der Anzahl der Fälle ist erforderlich, weil die Varianz definitionsgemäß ein standardisierter, d.h. durch die Anzahl der Fälle geteilter Kennwert ist.) Für unser Beispiel erhalten wir eine durchschnittliche Varianz von

$$s^2_w = \frac{(30)(7{,}07) + (20)(2{,}10)}{50}$$

$$= \frac{212 + 42}{50} = \frac{254}{50} = 5{,}08$$

Dieser Wert kann als zahlenmäßiger Ausdruck des Vorhersagefehlers E_2 genommen werden. Die Anwendung des generellen Modells der proportionalen Reduktion des Vorhersagefehlers ergibt dann:

$$\eta^2 = \frac{E_1 - E_2}{E_1} = \frac{s^2_y - s^2_w}{s^2_y}$$

$$= \frac{\text{Gesamtvarianz} - \text{Nicht erklärte Varianz}}{\text{Gesamtvarianz}}$$

$$= \frac{11{,}08 - 5{,}08}{11{,}08} = \frac{6}{11{,}08} = 0{,}542$$

In Analogie zur r^2 können wir auch, statt mit der Varianz der Subgruppen zu operieren, die Variation der Subgruppen als den summarischen Fehler E_2 bei der Vorhersage der Y-Variablen auf der Basis der X-Variablen benutzen. Bei dieser einfacheren Rechnung ziehen wir die in den Tabellen 8.2, 8.4 und 8.5 ermittelten Summen der quadrierten Abweichungen heran. Die Anwendung des generellen Modells der proportionalen Reduktion des Vorhersagefehlers ergibt einen identischen Wert von

$$\eta^2 = \frac{E_1 - E_2}{E_1} = \frac{\sum(y_i - \bar{y})^2 - \sum(y_i - \bar{y}_j)^2}{\sum(y_i - \bar{y})^2}$$

$$= \frac{\text{Gesamtvariation} - \text{Nicht erklärte Variation}}{\text{Gesamtvariation}}$$

$$= \frac{554 - (212 + 42)}{554} = \frac{300}{554} = 0{,}542$$

Dieser Wert besagt, daß 54 Prozent der Varianz (der Variation) der Y-Variablen "Ausleihfrequenz" mit der X-Variablen "Studentenstatus" assoziiert ist bzw. "erklärt" werden kann. Das Komplement zur "erklärten" Varianz (Variation) ist die "nicht erklärte" Varianz (Variation). Im vorliegenden Fall kann 46 Prozent der Varianz (der Variation) der Y-Variablen nicht der X-Variablen zugerechnet werden.

Die Stärke der Beziehung zwischen den beiden Variablen ist

$$\eta = \sqrt{\eta^2} = \sqrt{0,542} = 0,736$$

Dieser Wert ist vorzeichenlos, weil η als Quadratwurzel aus η^2 definiert ist.

Die Maßzahl η^2 (und η) nimmt den Wert Null an, wenn die Vorhersage der Y-Variablen bei Ausnutzung der Information der X-Variablen nicht verbessert werden kann. Das ist der Fall, wenn die Variation in den einzelnen Subgruppen (Kategorien, Kolonnen) mit der Gesamtvariation identisch ist (siehe Tab. 8.6).

Tab. 8.6. Beispiel einer gemeinsamen Häufigkeitstabelle ohne jede Beziehung zwischen X und Y

		X-Variable				
		x_a	x_b	x_c	x_d	
	1	2	2	2	2	8
	2	4	4	4	4	16
Y-Variable	3	8	8	8	8	32
	4	4	4	4	4	16
	5	2	2	2	2	8
		20	20	20	20	80

Bei der in Tab. 8.6 gegebenen Verteilung ist die Gesamtvariation gleich 96, während die Variation in jeder der vier Kategorien der X-Variablen den Wert 24 hat. Folglich ist

$$\eta^2 = \frac{96 - (4)(24)}{96} = 0$$

Die Auswertung der Information der X-Variablen führt nicht zu einer Reduktion des Vorhersagefehlers; es besteht keinerlei

Beziehung zwischen der X- und Y-Variablen. Anders formuliert: Die X-Variable trägt nicht das mindeste zur Erklärung der Y-Variablen bei.

Tab. 8.7. Beispiel einer gemeinsamen Häufigkeitstabelle mit einer Beziehung von $\eta^2 = \eta = 1$ zwischen X und Y

X-Variable

Y-Variable	x_a	x_b	x_c	x_d	x_e	
1	8					8
2			16			16
3				32		32
4		16				16
5					8	8
	8	16	16	32	8	80

Tab. 8.7 illustriert eine Situation, in der $\eta^2 = \eta = 1$ ist, weil die Y-Werte in den einzelnen Kategorien der X-Variablen keinerlei Streuung aufweisen. Deshalb ist

$$\eta^2 = \frac{96 - 0}{96} = 1$$

In diesem Fall ist die gesamte Variation der Y-Variablen mit der X-Variablen "erklärbar". Anders gesagt: Die Kenntnis der X-Variablen ermöglicht eine perfekte (fehlerfreie) Vorhersage der Y-Variablen.

Der Leser mag sich durch beliebiges Vertauschen der Spalten der Tab. 8.7 - wie jeder ähnlichen Tabelle - davon überzeugen, daß η^2 und η gegen eine Reorganisation der Kategorien der unabhängigen Variablen invariant sind.

8.3. Die Berechnung des Koeffizienten η

Das Korrelationsverhältnis kann stets auf die oben beschriebenen alternativen Weisen, die eher der Anschauung dienen sollten, berechnet werden, obwohl die damit verbundenen Einzelschritte etwas umständlich sind. Diese Einzelschritte dienten dem Zweck, die Logik des Koeffizienten zu verdeutlichen und η^2 als ein Maß erkennen zu lassen, das dem generellen PRE-Modell entspricht. Deshalb wurde in den bisherigen Rechnungen lediglich mit dem Vorhersagefehler E_2 (der "nicht erklärten Variation") operiert. Mit der folgenden Rechenformel wird jedoch statt der "nicht erklärten Variation" die "erklärte Variation" (Zähler) berechnet und zur "Gesamtvariation" (Nenner) ins Verhältnis gesetzt:

$$\eta^2 = \frac{\sum_{j=1}^{k} n_j(\bar{y}_j - \bar{y})^2}{\sum_{i=1}^{N} (y_i - \bar{y})^2}$$

wobei n_j = die Anzahl der Untersuchungseinheiten in der j-ten Subgruppe (Kategorie, Kolonne) der X-Variablen,

$\bar{y}$ = den Gesamtdurchschnitt, d.h. das arithmetische Mittel der Verteilung der Y-Variablen,

$\bar{y}_j$ = den Kolonnendurchschnitt, d.h. das arithmetische Mittel der Y-Werte, die in die j-te Subgruppe (Kategorie, Kolonne) der X-Variablen fallen,

y_i = den Y-Wert der i-ten Untersuchungseinheit,

k = die Anzahl der Subgruppen (Kategorien, Kolonnen) der X-Variablen und

N = die Gesamtzahl der Untersuchungseinheiten symbolisiert.

Zur Berechnung des Koeffizienten werden zweckmäßigerweise Arbeitstabellen des Musters der Tab. 8.8 verwendet, deren Inhalte sich auf die Daten unseres obigen Rechenbeispiels beziehen.

Tab. 8.8a. Arbeitstabelle zur Berechnung der Gesamtvariation

Gesamtgruppe						Subgruppen Nicht-Ex.		Examensk.	
y_i	f_i	$f_i y_i$	$y_i - \bar{y}$	$(y_i - \bar{y})^2$	$f_i(y_i - \bar{y})^2$	f_i	$f_i y_i$	f_i	$f_i y_i$
0	1	0	-7	49	49	1	0	0	0
1	2	2	-6	36	72	2	2	0	0
2	3	6	-5	25	75	3	6	0	0
3	4	12	-4	16	64	4	12	0	0
4	3	12	-3	9	27	3	12	0	0
5	4	20	-2	4	16	4	20	0	0
6	4	24	-1	1	4	4	24	0	0
7	4	28	0	0	0	3	21	1	7
8	5	40	1	1	5	3	24	2	16
9	5	45	2	4	20	1	9	4	36
10	8	80	3	9	72	2	20	6	60
11	4	44	4	16	64	0	0	4	44
12	2	24	5	25	50	0	0	2	24
13	1	13	6	36	36	0	0	1	13
	50	350			554	30	150	20	200

$\bar{y} = \frac{350}{50} = 7$ $\quad \bar{y}_{Nicht-Ex.} = \frac{150}{30} = 5$ $\quad \bar{y}_{Exam.} = \frac{200}{20} = 10$

Tab. 8.8b. Arbeitstabelle zur Berechnung der erklärten Variation

n_j	$\bar{y}_j$	$\bar{y}_j - \bar{y}$	$(\bar{y}_j - \bar{y})^2$	$n_j(\bar{y}_j - \bar{y})^2$
30	5	-2	4	120
20	10	3	9	180
				300

$$\eta^2 = \frac{\sum_{j=1}^{k} n_j(\bar{y}_j - \bar{y})^2}{\sum_{i=1}^{N} (y_i - \bar{y})^2} = \frac{300}{554} = 0{,}542$$

und

$$\eta = \sqrt{0{,}542} = 0{,}736$$

Der Koeffizient η kann auf ganz ähnliche Weise wie r auch aus gruppierten Daten errechnet werden. Um dies zu veranschaulichen, greifen wir ein zweites Mal auf das in Tab. 7.2 gegebene Beispiel einer gemeinsamen Häufigkeitstabelle mit Daten zurück, für die wir bereits in Tab. 7.12 den Koeffizienten r berechneten. Wir werden dann die Zahlenwerte der Koeffizienten r und η (bzw. r^2 und η^2) vergleichen können.

Ein solcher Vergleich wird gelegentlich als grobes Verfahren zur Klärung der Frage durchgeführt, ob eher eine lineare oder eine kurvilineare Beziehung vorliegt. Für kurvilineare Beziehungen ist, wie betont, nicht r, sondern η ein angemessener Koeffizient. Je weniger die für die Berechnung von r geforderte Bedingung der Linearität erfüllt ist, desto größer ist die zu erwartende Diskrepanz zwischen den Maßzahlen r und η. Ist die festgestellte Differenz geringfügig, dann kann der Schluß gezogen werden, daß keine markante Kurvilinearität vorliegt; ist die Differenz beträchtlich, dann kann gefolgert werden, daß die Beziehung kurvilinear ist. Ein großer Unterschied zwischen r und η kann allerdings nicht erwartet werden, wenn der Wert des Koeffizienten r hoch ist, weil ein hoher r-Koeffizient andeutet, daß die Beobachtungswerte nur wenig um die Regressionsgerade streuen - was impliziert, daß die Kolonnendurchschnitte nahe der Regressionslinie liegen. Bei vollständiger Korrelation ($r = 1$) liegen alle Beobachtungswerte und alle Kolonnendurchschnitte auf der Regressionsgeraden; folglich ist dann auch $\eta = 1$. In allen anderen Fällen ist η größer als r, weil in jeder Kolonne die Summe der quadrierten Abweichungen der Beobachtungswerte vom Kolonnendurchschnitt kleiner ist als die Summe der Abweichungsquadrate von jedem anderen Punkt, einschließlich des der Kolonne entsprechenden Punktes auf der Regressionsgeraden. Da einerseits die Summe der quadrierten Abweichungen der Beobachtungswerte vom prognostizierten Wert (bei r^2 vom Regressionswert y'_i, bei η^2 vom jeweiligen Kolonnendurchschnittswert $\bar{y}_j$) als "nicht erklärte" Variation bzw. als Vorhersagefehler definiert ist, gilt $$\sum(y_i - y'_i)^2 \geqslant \sum(y_i - \bar{y}_j)^2$$

$$\text{Nicht erklärte Variation bei } r^2 \geqslant \text{Nicht erklärte Variation bei } \eta^2$$

Da andererseits die Beziehungen gelten

$$\sum(y_i - \bar{y})^2 = \sum(y'_i - \bar{y})^2 + \sum(y_i - y'_i)^2$$

$$\sum(y_i - \bar{y})^2 = \sum(\bar{y}_j - \bar{y})^2 + \sum(y_i - \bar{y}_j)^2$$

und
$$r^2 = \frac{\sum(y'_i - \bar{y})^2}{\sum(y_i - \bar{y})^2}$$

$$\eta^2 = \frac{\sum(\bar{y}_j - \bar{y})^2}{\sum(y_i - \bar{y})^2}$$

folgt, daß $$\sum(y'_i - \bar{y})^2 \leqslant \sum(\bar{y}_j - \bar{y})^2$$

und $$r^2 \leqslant \eta^2 \quad \text{wie auch} \quad r \leqslant \eta$$

Wir errechneten in Abschnitt 7.3 für unser Beispiel der Beziehung zwischen den Variablen "monatliches Nettoeinkommen des Haushalts" und "monatliche Ausgaben für Wohnen" einen relativ hohen Korrelationskoeffizienten von r = 0,692. Überdies läßt das Muster der Verteilung nicht den Schluß zu, daß wir es in diesem Fall mit einer kurvilinearen Beziehung zu tun hätten. Infolgedessen wäre eine Überprüfung der Frage, ob Linearität oder Kurvilinearität gegeben ist, über einen Vergleich der Zahlenwerte der Koeffizienten r und η entbehrlich. Nichtsdestoweniger sei die Berechnung des Koeffizienten η anhand dieses Beispiels dargestellt. (Zum Rechenverfahren siehe auch Mueller Schuessler und Costner, 1970, S.327-331.)

Die als Arbeitstabelle dienende Korrelationstabelle (Tab. 8.9) hat jenseits der Spalten, Zeilen und Randverteilungen der gemeinsamen Häufigkeitstabelle folgende zusätzliche Spalten und Zeilen: Für die als abhängig betrachtete (Y-)Variable sind zur Berechnung der Gesamtvariation je eine Spalte für die angenommenen Mittelwerte y' der einzelnen Klassen und die Produkte fy' und fy'^2 vorgesehen. Für die als unabhängig betrachtete (X-)Variable sind folgende Zeilen eingerichtet: die mit $\bar{y}_{.j}$ beschriftete Zeile, in die die jeweiligen Kolonnendurchschnittswerte eingetragen werden, die mit d bezeichnete Zeile, in die die Abweichungen der in eine Kolonne fallenden Y-Werte vom jeweiligen Kolonnendurchschnitt eingetragen werden, und die mit fd und fd^2 bezeichneten Zeilen, in die die mit den jeweiligen Häufigkeiten multiplizierten Abweichungen fd und die Produkte fd^2 eingetragen werden. Diese in der angelsächsischen Statistikliteratur bevorzugte verkürzte Notation verlangt eine knappe Kommentierung des Rechengangs.

Es sind folgende Rechenschritte vorzunehmen:

1. Der Gesamtdurchschnitt $\bar{y}$ wird unter Ausnutzung der damit verbundenen Rechenvorteile nach der Methode des angenommenen Mittelwertes berechnet. Wie bei der Ermittlung des Koeffizienten r (siehe Tab. 7.12), ist hier als Ursprungsklasse das Zentrum der Y-Verteilung gewählt, d.h. die Klasse 200-299 gleich Null gesetzt worden. In Richtung steigender bzw. fallender Meßwertklassen tragen die benachbarten Mittelwerte ein positives bzw. negatives Vorzeichen. Der Gesamtdurchschnitt wird nach der Formel

$$\bar{y} = y_o + \left[\frac{\sum fy'}{N}\right] h$$

berechnet, wobei y_o der Mittelpunkt des Klassenintervalls, das gleich Null gesetzt wurde, und h die Breite des Klassenintervalls ist. Im vorliegenden Beispiel ist

$$\bar{y} = 250 + \left[\frac{40}{100}\right] 100 = 250 + 40 = 290$$

Tab. 8.9. Die Berechnung des Koeffizienten η^2_{yx} (gruppierte Daten)

Monatl. Ausgaben für Wohnen (Y)	Monatliches Nettoeinkommen des Haushalts (X): 900-999	1000-1099	1100-1199	1200-1299	1300-1399	1400-1499	f	y'	fy'	fy'²
0- 99	5	3	2				10	-2	-20	40
100-199	3	9	8	3	2		25	-1	-25	25
200-299	2	7	7	5	4		25	0	0	0
300-399		1	7	6	1		15	1	15	15
400-499			1	6	2	1	10	2	20	40
500-599				4	5	1	10	3	30	90
600-699				1	1	3	5	4	20	80
f	10	20	25	25	15	5	100	Σ	40	290
$\bar{y}_{.j}$	120	180	238	374	397	590				
d	-170	-110	-52	84	107	300				
fd	-1700	-2200	-1300	2100	1605	1500				
fd^2	289000	242000	67600	176400	171735	450000	1396735			

$\bar{y} = 290$

2. Die Summe der Abweichungsquadrate bzw. die Gesamtvariation kann nach der folgenden Rechenformel bestimmt werden:

$$\sum fy^2 = \left[\sum fy'^2 - \frac{(\sum fy')^2}{N}\right]h^2$$

$$= \left[290 - \frac{(40)^2}{100}\right](100)^2$$

$$= (290 - 16)(10000) = 2740000$$

3. Alsdann sind die Kolonnendurchschnitte $\bar{y}_{.j}$ zu berechnen und in die entsprechende Zeile einzutragen. Beispielsweise erhalten wir für die erste Spalte mit den Klassenmittelpunkten 50, 150 und 250 und den Besetzungen 5, 3 und 2 einen Kolonnendurchschnitt von

$$\bar{y}_{.1} = \frac{5(50) + 3(150) + 2(250)}{10} = \frac{1200}{10} = 120$$

4. Nach Ermittlung der Abweichung d jedes Kolonnendurchschnitts $\bar{y}_{.j}$ vom Gesamtdurchschnitt $\bar{y}$ wird diese in die entsprechende Zelle eingetragen. Für die erste Spalte ergibt sich ein Wert von

$$d = \bar{y}_{.1} - \bar{y} = 120 - 290 = -170$$

5. Jede Abweichung d wird mit der ihr entsprechenden Kolonnenbesetzung f multipliziert und das Ergebnis in die dafür vorgesehene Zelle geschrieben. Für die erste Spalte erhalten wir den Zahlenwert (-170)(10) = -1700.

6. Die Multiplikation der benachbarten Zellen d und fd ergibt das Produkt fd^2. Das Produkt der ersten Spalte ist gleich (-170)(-1700) = 289000.

7. Durch Summierung dieser quadrierten Abweichungen erhalten wir die "erklärte Variation", im vorliegenden Fall

$$\sum fd^2 = 1396735.$$

8. Schließlich wird die erklärte Variation durch die Gesamtvariation geteilt. Das ergibt in unserem Beispiel:

$$\eta^2 = \frac{\sum fd^2}{\sum fy^2} = \frac{1396735}{2740000} = 0{,}510$$

und $$\eta = \sqrt{0{,}510} = 0{,}714$$

Vergleichen wir die Werte

$$\eta^2 = 0{,}510 \quad \text{bzw.} \quad \eta = 0{,}714$$

und $$r^2 = 0{,}479 \quad \text{bzw.} \quad r = 0{,}692$$

so lautet die Schlußfolgerung angesichts der geringen Differenzen: Die Beziehung zwischen den Variablen kann als linear betrachtet und die Stärke der Beziehung durch den Koeffizienten r ausgedrückt werden.

Die oben gegebene Interpretation der vorausgegangenen Berechnung des Koeffizienten η^2 - nämlich: 51 Prozent der Variation der Y-Variablen kann durch die X-Variable "erklärt" werden - ist im Unterschied zu r^2 nicht umkehrbar. Das heißt: Der Koeffizient r ist ein symmetrisches Maß, η hingegen ein asymmetrisches, genauer: die Korrelationsverhältnisse sind asymmetrische Assoziationsmaße. Wir können deshalb <u>nicht</u> sagen, daß 51 Prozent der Variation der X-Variablen durch die Y-Variable "erklärt" sei. Zur Vermeidung solcher Interpretationsirrtümer wird der Koeffizient η^2 häufig mit Subskripten versehen. Wenn, wie in der obigen Rechnung, Y auf der Basis von X vorhergesagt wird, kann das wie folgt kenntlich gemacht werden:

$$\eta^2_{yx} = 0{,}510 \quad \text{und} \quad \eta_{yx} = 0{,}714$$

Da beide Variablen unseres Rechenbeispiels das Meßniveau einer Ratioskala haben, besteht prinzipiell die Möglichkeit, die X-Variable (monatliches Nettoeinkommen des Haushalts) formal wie eine abhängige Variable zu behandeln und auf der Basis der Y-Variablen (monatliche Ausgaben für Wohnen) vorherzusagen, d.h. nicht η^2_{yx}, sondern η^2_{xy} zu berechnen. Die in Tab. 8.10 ausgewiesenen Endergebnisse dieser in direkter Analogie zum oben beschriebenen Verfahren durchgeführten Alternativrechnung, nämlich

$$\eta^2_{xy} = 0{,}489 \quad \text{und} \quad \eta_{xy} = 0{,}699$$

demonstrieren, daß nicht 51 Prozent, sondern nur 49 Prozent der Variation der X-Variablen mit der Y-Variablen "erklärt" werden kann.

Da η ein richtungsloses Maß der Beziehung ist, erleichtert es die Kommunikation von Forschungsergebnissen nicht so sehr wie andere Maße, die über das Vorzeichen die Richtung der Beziehung angeben. Zwar kann, wenn die unabhängige Variable eine nominale Variable ist, ohnehin nicht von einer positiven oder negativen Beziehung gesprochen werden. Aber auch hier ist es mitunter angebracht, die Maßzahl zusammen mit der zugrundeliegenden Datentabelle oder mit einer graphischen Darstellung der Beziehung mitzuteilen. So haben z.B. Coleman, Katz und Menzel (1966), die in ihrer Diffusionsuntersuchung "Medical Innovation" extensiven Gebrauch von η als Maßzahl zur Beschreibung der Beziehung zwischen den verschiedensten unabhängigen nominalen Variablen (z.B. Status der Ärzte, Professionsorientierung versus Patientenorientierung) und einer zentralen metrischen abhängigen Variablen (Einführungsdatum eines bestimmten Medikaments) machten, die η-Werte stets in Kombination mit graphischen Darstellungen mitgeteilt.

Bei der Interpretation von Zahlenwerten des Korrelationsverhältnisses, die mit oder ohne Datentabelle, Graphik oder Kom-

Tab. 8.10. Die Berechnung des Koeffizienten η^2_{xy} (gruppierte Daten)

Monatliche Ausgaben für Wohnen (Y)

Monatl. Nettoeinkommen des Haushalts (X)

	0-99	100-199	200 - 299	300-399	400-499	500-599	600-699	f	x'	fx'	fx'²
900- 999	5	3	2					10	-2	-20	40
1000-1099	3	9	7	1				20	-1	-20	20
1100-1199	2	8	7	7	1			25	0	0	0
1200-1299		3	5	6	6	4	1	25	1	25	25
1300-1399		2	4	1	2	5	1	15	2	30	60
1400-1499					1	1	3	5	3	15	45
f	10	25	25	15	10	10	5	100	Σ	30	190
$\bar{x}_{.j}$	1020	1118	1158	1197	1280	1320	1390				
d	-160	-62	-22	17	100	140	210				
fd	-1600	-1550	-550	255	1000	1400	1050				
fd²	256000	96100	12100	4335	100000	196000	220500	885035			

$\bar{x} = 1180$

$$\eta^2_{xy} = \frac{\sum fd^2}{\sum fx^2} = \frac{885035}{1810000} = 0{,}489$$

$$\eta_{xy} = 0{,}699$$

mentar in Forschungsberichten und Computerausdrucken erscheinen, ist auch deshalb Aufmerksamkeit geboten, weil einige Autoren η (Eta), andere hingegen η^2 (Eta-Quadrat) als das Korrelationsverhältnis (engl.: correlation ratio) bezeichnen. Wie gezeigt, ist der Zahlenwert von η^2 als der "erklärte" Anteil der Gesamtvariation der abhängigen Variablen zu interpretieren, während die Quadratwurzel aus η^2 die Stärke der Beziehung zwischen den Variablen beschreibt.

Bei der Berechnung bzw. Interpretation der Koeffizienten η^2 und η muß stets bedacht werden, daß sie sehr stark von der Anzahl der Kategorien (Klassen) abhängen. Wenn genau so viel Kategorien gebildet werden, wie unterschiedliche X-Werte vorkommen, wird Eta bzw. Eta-Quadrat maximiert. Dabei wäre ein absurder Extremfall der, in dem nur ein Wert in jede Kategorie fiele, so daß jeder Wert seine eigene Kategorie repräsentierte. Da in diesem Fall keine Abweichungen innerhalb der Kategorien vorkämen, wäre $\eta = 1$. Eine große Anzahl von Kategorien hat folglich einen inflationierenden Effekt auf den Koeffizienten η. Auf der anderen Seite können derart wenig Kategorien gebildet werden, daß die wahre Kurvennatur des Punktmusters u.U. nicht erkannt wird. Die minimale Anzahl der Kategorien, die eine Krümmung anzeigen kann, ist drei; drei Kategorien können aber ein verzerrtes Bild von der wirklichen Beziehung zwischen den Variablen vermitteln (siehe auch Tab. 8.11). Mit anderen Worten: Eine geringe Anzahl von Kategorien birgt das Risiko, die Stärke der mit η gemessenen Beziehung zu unterschätzen.

Als Faustregel wird deshalb empfohlen, bei der Klassenbildung (Gruppierung der Daten) so vorzugehen, daß die Anzahl der Beobachtungswerte pro Klasse einen relativ stabilen Durchschnittswert (Kolonnendurchschnitt) garantiert, daß aber die Anzahl der Klassen das Muster der Beziehung nicht verzerrt. Bei rund 100 und mehr Beobachtungswerten sollte (nach Guilford, 1965, S.317) die Anzahl der Klassen zwischen sechs und zwölf liegen.

Tab. 8.11. Illustration der Abhängigkeit des Koeffizienten η von der Anzahl der Kategorien

X-Variable

Y-Variable													
1					1						1		2
2				1		1				1		1	4
3	1		1				1		1				4
4		1						1					2
	1	1	1	1	1	1	1	1	1	1	1	1	12

$$\eta^2_{yx} = \frac{11}{11} = 1 \qquad \eta_{yx} = 1$$

X-Variable

Y-Variable							
1			1			1	2
2		1	1		1	1	4
3	1	1		1	1		4
4	1			1			2
	2	2	2	2	2	2	12

$$\eta^2_{yx} = \frac{8}{11} = 0,73 \qquad \eta_{yx} = 0,85$$

X-Variable

Y-Variable				
1		1	1	2
2	1	1	2	4
3	2	1	1	4
4	1	1		2
	4	4	4	12

$$\eta^2_{yx} = \frac{2}{11} = 0,18 \qquad \eta_{yx} = 0,43$$

Das folgende Beispiel aus der jüngeren Forschungsliteratur illustriert die adäquate Anwendung des Koeffizienten η auf empirische Daten.

Udry, Bauman und Chase (1971) fanden bei der Untersuchung der Beziehungen zwischen der Hautfarbe von 350 verheirateten amerikanischen Negern und ausgewählten Statusvariablen, daß zwar die traditionellen Statusvorteile hellfarbiger weiblicher Neger unverändert geblieben sind, daß aber dunkelfarbige männliche Neger in den letzten Jahren erheblich verbesserte Chancen bei der Erlangung eines höheren Status und bei der Partnerwahl haben, was auf einen Wandel der Bewertung unterschiedlicher Hautfarbe der Männer in der Negergemeinde (Washington, D.C.) schließen läßt.

Da die Überprüfung der bivariaten Tabellen ergab, daß nicht alle Beziehungen linear waren, berechneten die Autoren für die Beziehungen zwischen der Variablen "Hautfarbe der Männer" und vier verschiedenen Statusvariablen (siehe Tab. 8.12) η-Werte, unterteilt in vier Kategorien nach Maßgabe der Ehedauer.

Tab. 8.12. η Values for Relationships between Darkness of Male Skin Color and Selected Status Variables, by Years of Marriage

Years Married	Husband Education	Wife Education	Wife Skin Color	Husband Mobility
1-2	+0,55	+0,26	0,27	+0,61
3-5	+0,54	+0,54	0,35	+0,45
6-8	0,66	+0,64	-0,39	+0,48
9+	-0,86	-0,78	-0,55	-0,66

Note. - Signs have been placed on the η values to indicate direction of the relationship in those instances where it was obvious from inspection of the contingency tables.

Quelle: Udry, Bauman und Chase (1971), S.727.

Aus Tab. 8.12 geht z.B. hervor, daß die Beziehung zwischen der Variablen "Hautfarbe des Ehemannes" und der Statusvariablen "Ausbildung der Ehefrau" bei den länger als 9 Jahre Verheirateten relativ stark und negativ ist (η = -0,78), bei den erst 1 bis 2 Jahre Verheirateten hingegen relativ schwach und positiv ist (η = +0,26), was besagt, daß die dunkelfarbigen Männer in jüngster Zeit weniger benachteiligt sind als sie es früher waren. Besondere Aufmerksamkeit verdient die Fußnote zu Tab. 8.12, in der die Autoren erläutern, weshalb die meisten η-Werte mit Vorzeichen versehen wurden und - per Implikation - weshalb sie bei einigen η-Werten fehlen.

9. Multivariate Verteilungen

9.1. Einführende Bemerkungen

In den voraufgegangenen Kapiteln wurden etliche Verfahren und Maßzahlen dargestellt, die der Beschreibung und Zusammenfassung der Informationen univariater (eindimensionaler) und bivariater (zweidimensionaler) Verteilungen dienen. Im vorliegenden letzten Kapitel wollen wir uns kurz der Analyse multivariater (mehrdimensionaler) Verteilungen, d.h. gemeinsamer Verteilungen dreier oder mehrerer Variablen zuwenden. Die folgende Diskussion muß sich auf ausgewählte elementare Probleme beschränken, da eine ausführliche Behandlung multivariater Analyseverfahren über den Rahmen dieses Skriptums hinausginge. Wir werden lediglich den einfachsten Fall, nämlich die Beziehung zwischen drei jeweils dichotomen Variablen betrachten.

Multivariate Analyseprobleme ergeben sich sehr häufig aus der üblichen Beschäftigung mit bivariaten Verteilungen. Nehmen wir beispielsweise an, wir wollten die folgende Aussage überprüfen: "Mangelnde Beaufsichtigung (X) ist eine Ursache der Jugendlichendelinquenz (Y)". Diese Aussage hat die Form: "X (unabhängige Variable) verursacht Y (abhängige Variable)", ist also eine sogenannte Kausalhypothese. In unserem Beispiel kann die Kausalhypothese nicht durch Manipulation der Werte der unabhängigen Variablen überprüft werden, weil der Sozialforscher nicht verfügen kann, daß einige Eltern eine "angemessene", andere hingegen eine "unangemessene" Beaufsichtigung ihrer Kinder praktizieren. In solchen Situationen besteht lediglich die Möglichkeit, Befragungs- oder Beobachtungsdaten nach ihrer Erhebung durch statistische Manipulationen zur Überprüfung der Kausalhypothese heranzuziehen.

Stellt man nun in der bivariaten Analyse derartiger nichtexperimenteller Daten fest, daß zwischen X und Y eine statistische Beziehung besteht, so erhebt sich regelmäßig die

Frage, ob damit tatsächlich eine Kausalbeziehung nachgewiesen ist. Die Beantwortung dieser Frage hängt davon ab, ob außer der Tatsache, daß zwischen der Variablen X und der Variablen Y eine statistische Beziehung besteht, die Variable X der Variablen Y kausal vorangeht und andere (dritte) Variablen als Erklärung der Beziehung zwischen X und Y ausgeschlossen werden können.

9.2. Kausalitätskriterien

Lazarsfeld (1955) und Hyman (1955) spezifizierten drei Kriterien für die Existenz einer Kausalbeziehung:

1. Zwischen der Variablen X und der Variablen Y besteht eine statistische Beziehung ("association").
2. Die Variable X geht der Variablen Y kausal voran ("causal order").
3. Die Beziehung zwischen X und Y verschwindet nicht, wenn die Wirkungen anderer Variablen, die X und Y kausal vorangehen, kontrolliert werden ("lack of spuriousness").

Danach kann X als Ursache von Y betrachtet werden, wenn alle drei Kriterien erfüllt sind.

Kausalität ist nicht an die Erfüllung der im folgenden illustrierten Bedingungen gebunden. Nehmen wir als Beispiel die Beziehung zwischen dem Konsum einer bestimmten Droge (X) und dem Auftreten von Halluzinationen (Y). Die Annahme einer Kausalbeziehung zwischen diesen Variablen setzt weder voraus, daß alle Halluzinierenden die Droge eingenommen haben, noch daß alle Drogenkonsumenten halluzinieren, noch daß alle Drogenkonsumenten und keine anderen Personen halluzinieren. Diese in Tab. 9.1 dargestellten Bedingungen sind falsche Kausalitätskriterien (vgl. Hirschi und Selvin, 1967, Kap.8).

Tab. 9.1. Falsche Kausalitätskriterien

		(a) Drogenkonsum (X)			(b) Drogenkonsum (X)			(c) Drogenkonsum (X)		
		ja	nein		ja	nein		ja	nein	
Halluzinationen (Y)	ja	25		25	50	25	75	50		50
	nein	25	50	75		25	25		50	50
		50	50	100	50	50	100	50	50	100
		Notwendige Bedingung: Alle Halluzinierenden haben die Droge eingenommen			Hinreichende Bedingung: Alle Drogenkonsumenten halluzinieren			Notwendige und hinreichende Bedingung: Alle Drogenkonsumenten und keine anderen Personen halluzinieren		

Die Annahme einer Kausalbeziehung zwischen X und Y setzt nicht die Erfüllung dieser in Tab. 9.1 illustrierten restriktiven Bedingungen (eine leere Zelle, wie im Fall a und b, oder zwei leere Zellen, wie im Fall c), sondern lediglich voraus, daß Halluzinationen bei Drogenkonsumenten häufiger auftreten als bei Nicht-Drogenkonsumenten. Weder eine nicht perfekte noch eine schwache Beziehung zwischen X und Y ist ein Indiz dafür, daß X keine Ursache von Y ist, sondern lediglich, daß X nicht die einzige Ursache ist, vorausgesetzt, die genannten Kausalitätskriterien 2 und 3 sind ebenfalls erfüllt. Anders ausgedrückt: Das erste Kriterium ist bereits erfüllt, wenn eine nicht unerheblich von Null verschiedene Assoziation zwischen X und Y vorliegt. (Bezüglich dieses ersten Kausalitätskriteriums ist anzumerken, daß eine Drittvariable Z eine Beziehung zwischen X und Y verdecken kann, weshalb das Nicht-Vorhandensein einer Beziehung zwischen X und Y (engl.: zero association) kein Beweis dafür ist, daß X und Y nicht kausal verbunden sind. Insofern erweist sich das erste Kriterium als zu eng. Zur "analysis of zero associations" siehe Hirschi und Selvin, 1967, S.106-110.)

Das zweite Kausalitätskriterium bezieht sich auf die zeitliche Folge der Variablen. Wenn Variable Y der Variablen X vorangeht, kann X keine Ursache von Y sein, d.h. auf unser Beispiel bezogen: Der Drogenkonsum kann nicht die Ursache der Halluzinationen sein, die bereits vor der Einnahme der Droge auftreten.

Weder die statistische Beziehung zwischen X und Y noch das kausale Vorangehen von X sind hinreichend, um auf eine Kausalbeziehung schließen zu können. Es kann nämlich sein, daß eine zunächst verborgene, dann aber kontrollierte dritte Variable (Z) die Annahme einer Kausalbeziehung zwischen X und Y widerlegt. Beispielsweise kann eine psychische Krankheit (Z) sowohl den Drogenkonsum (X) als auch Halluzinationen (Y) bewirken, d.h. die Beziehung zwischen X und Y kann allein auf bestehende Beziehungen der Drittvariablen Z zu den Variablen X und Y zurückzuführen sein. Die in der statistischen Literatur immer wieder zitierten Beispiele solcher sogenannter Scheinbeziehungen (engl.: spurious correlations) sind zum Teil sehr erheiternd, wie etwa die tatsächlich gefundene Beziehung zwischen der Anzahl der bei Schadensfeuern eingesetzten Löschzüge (X) und dem Umfang des entstandenen Sachschadens (Y), oder die Beziehung zwischen der Anzahl der in einer bestimmten Region nistenden Störche (X) und der Geburtenrate (Y) in dieser Region. Kann aus diesen Beziehungen geschlossen werden, daß die Feuerwehr den Sachschaden und die Störche den Kindersegen verursachen? Offensichtlich nicht, denn die Beziehung zwischen der Anzahl der Löschfahrzeuge und der Höhe des Sachschadens ist - wie gezeigt werden kann - mit der Größe des Schadensfeuers (Z), die Beziehung zwischen der Anzahl der Störche und der Geburtenrate mit dem Grad der Urbanisierung (Z) zu erklären.

Der nicht-experimentelle Forscher kann sich verschiedener statistischer Verfahren bedienen, um den Einfluß dritter Variablen zu kontrollieren. Eines dieser Verfahren, das für Variablen beliebigen Meßniveaus, also auch für nominale Variablen, geeignet ist, besteht in der Analyse multivariater Tabellen. Andere, hier nicht behandelte Verfahren (siehe dazu Hummell und Ziegler, 1976) verlangen, daß die abhängige Variable mindestens Intervallskalenniveau hat, sind also weniger universell anwendbar.

Die Analyse multivariater Tabellen wird im allgemeinen mit dem von Kendall und Lazarsfeld (1950) vorgeschlagenen englischen Terminus "elaboration" (etwa: Verfeinerungsanalyse) oder aber als Drittvariablenkontrolle bezeichnet. Im engeren Sinne ist unter "elaboration" die Analyse der Beziehung zwischen zwei dichotomen Variablen "im Lichte" einer dritten dichotomen Variablen zu verstehen.

9.3. Die Analyse multivariater Tabellen

Die Einführung einer dritten Variablen erweitert eine bivariate Tabelle um eine dritte Dimension. So wird aus einer 2 x 2-Tabelle bei Einführung einer weiteren dichotomen Variablen eine 2 x 2 x 2-Tabelle. Nehmen wir als Beispiel folgende bei Hirschi und Selvin (1967) diskutierte, hier für Zwecke der Illustration anders organisierte Daten aus der Delinquenzforschung, die von Sheldon Glueck und Eleanor Glueck (1950, 1957) stammen (siehe Tab. 9.2).

Aus den Daten der Tab. 9.2 geht hervor, daß 84 Prozent der schlecht beaufsichtigten Jugendlichen (Jungen), aber nur 30 Prozent der gut beaufsichtigten Jugendlichen delinquent waren; die Differenz beträgt 54 Prozentpunkte. Es liegt folglich eine ziemlich starke Beziehung zwischen den beiden Variablen "Beaufsichtigung" und "Delinquenz" vor; Kausalitätskriterium 1 ist demnach erfüllt.

Tab. 9.2. Die Beziehung zwischen Beaufsichtigung und Delinquenz Jugendlicher (Jungen)

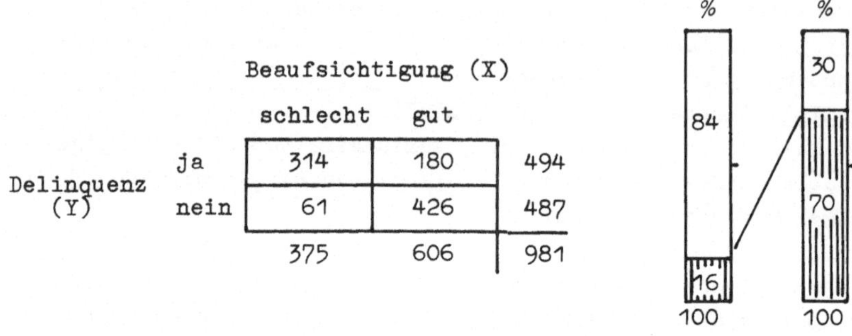

		Beaufsichtigung (X)		
		schlecht	gut	
Delinquenz (Y)	ja	314	180	494
	nein	61	426	487
		375	606	981

d% = 54

Quelle: Hirschi und Selvin (1967), S.42f und 238.

Im vorliegenden Fall (Tab. 9.2) und in den folgenden Beispielen wird die Prozentsatzdifferenz benutzt, um die Stärke der Beziehung zwischen den Variablen zu beschreiben. Bei dichotomen Variablen ist dieses Maß stets zu erwägen, weil es besonders anschaulich ist. In der Analyse multivariater Tabellen können jedoch auch andere, dem Tabellenformat und dem Meßniveau der Variablen adäquate Assoziationsmaße zur Beschreibung der Beziehung zwischen den Variablen verwendet werden. Beispielsweise hätten wir für Tab. 9.2 statt der Prozentsatzdifferenz den Yuleschen Koeffizienten Q (bzw. Gamma) berechnen können. Die Interpretation des Zahlenwertes dieses Koeffizienten wäre dieselbe gewesen, nämlich die, daß zwischen den Variablen "Beaufsichtigung" und "Delinquenz" eine ziemlich starke Beziehung besteht.

Wenn - wie hier - die Kausalhypothese "Mangelnde Beaufsichtigung ist eine Ursache der Jugendlichendelinquenz" überprüft werden soll, muß der Forscher zeigen, daß die unabhängige Variable "Beaufsichtigung" der abhängigen Variablen "Delinquenz" kausal vorangeht. Dies ist zwar ein wichtiges, aber kein statistisches Problem (im üblichen Sinn). Hier soll die bezeichnete zeitliche Priorität als gegeben angesehen und Kriterium 2 als erfüllt betrachtet werden.

Die Überprüfung des Kriteriums 3 weist über die bivariate Tabelle hinaus; sie verlangt die Einführung weiterer Variablen. Wir wollen uns hier mit dem einfachsten Fall, einer sogenannten Dreivariablen-Tabelle begnügen. In unserem Beispiel (siehe Tab. 9.3) ist die Drittvariable, auch Kontrollvariable oder Testfaktor genannt, die Variable "Beschäftigung der Mutter" (Z) mit den Ausprägungen "Hausfrau" (z_1) und "berufstätig" (z_2).

Tab. 9.3 enthält drei 2 x 2-Tabellen. Die linke Tabelle ist eine Wiederholung der in Tab. 9.2 dargestellten Originaltabelle; diese wird auch Marginaltabelle genannt. Die Marginaltabelle ist in zwei Partialtabellen aufgeteilt. Die Häufigkeiten der korrespondierenden Zellen dieser Partialtabellen addieren sich zu den Zellenhäufigkeiten der Marginaltabelle. So ist beispielsweise die Häufigkeit der linken oberen Zelle der Marginaltabelle (314) die Summe der Häufigkeiten der entsprechenden Zellen der beiden Partialtabellen (126 und 188), also 314 = 126 + 188. Wie des weiteren aus Tab. 9.3 hervorgeht, wird die unabhängige Variable wie üblich mit X, die abhängige Variable wie gewohnt mit Y bezeichnet; die dritte bzw. Kontrollvariable wird mit Z (oder T für "Testfaktor") symbolisiert.

In Tab. 9.3 wird durch sogenannte Konstanthaltung der Drittvariablen Z kontrolliert, ob die zunächst festgestellte Beziehung zwischen X und Y in den Partialtabellen verschwindet oder nicht. In unserem Beispiel ist unter Konstanthaltung der Drittvariablen Z die Überprüfung der X-Y-Beziehung in den beiden Kategorien z_1 ("Hausfrau") und z_2 ("berufstätig") der Drittvariablen Z ("Beschäftigung der Mutter") zu verstehen. Im vorliegenden Fall zeigt sich, daß die in der Marginaltabelle beobachtete Beziehung auch in den Partialtabellen

Tab. 9.3. Die Beziehung zwischen Beaufsichtigung, Beschäftigung der Mutter und Delinquenz

		Beaufsichtigung (X)			Beschäftigung der Mutter (Z)					
					Hausfrau (z_1)			berufstätig (z_2)		
		Beaufsichtigung (X)			Beaufsichtigung (X)			Beaufsichtigung (X)		
		schlecht x_1	gut x_2		schlecht x_1	gut x_2		schlecht x_1	gut x_2	
Delinquenz (Y)	ja y_1	314	180	494	126	136	262	188	44	232
	nein y_2	61	426	487	23	305	328	38	121	159
		375	606	981	149	441	590	226	165	391

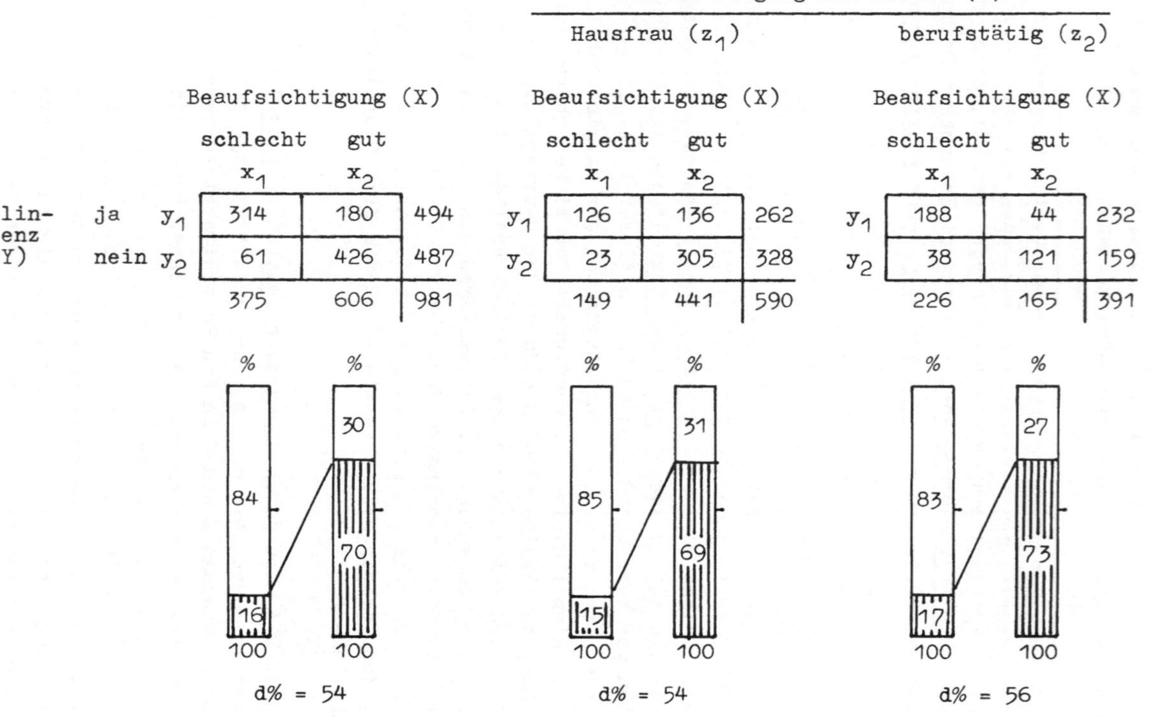

auftritt, also nicht verschwindet, von geringfügigen Unterschieden abgesehen. Anders ausgedrückt: Die X-Y-Beziehung ist in den beiden Kategorien z_1 und z_2 der Drittvariablen ebenso stark wie in der Marginaltabelle, in der die Z-Variable frei variiert. Konkreter: die sogenannte antezedierende, d.h. sowohl X als auch Y kausal vorangehende (was hier unterstellt sein soll) Drittvariable "Beschäftigung der Mutter" beeinträchtigt nicht die Beziehung zwischen den Variablen "Beaufsichtigung" und "Delinquenz". Die Beziehung zwischen "Beaufsichtigung" und "Delinquenz" ist dieselbe, gleichgültig, ob die Mutter Hausfrau oder berufstätig ist. Hieraus kann der Forscher den Schluß ziehen, daß die Beziehung zwischen "Beaufsichtigung" und "Delinquenz" keine Scheinbeziehung ist, jedenfalls nicht im Hinblick auf die "Beschäftigung der Mutter".

Dies ist die übliche Vorgehensweise, mit der man in der Analyse multivariater Tabellen kausale Beziehungen zu identifizieren sucht: Nach Feststellung einer statistischen Beziehung zwischen einer kausal vorangehenden unabhängigen Variablen X und einer abhängigen Variablen Y werden weitere antezedierende Variablen in Betracht gezogen, die diese Beziehung verursacht haben könnten. Findet man eine solche Variable, so erklärt man die Originalbeziehung (die X-Y-Beziehung der Marginaltabelle) als Scheinbeziehung. Stellt sich heraus, daß die Originalbeziehung keine Scheinbeziehung ist, so zieht man den Schluß, daß die unabhängige Variable X eine Ursache der abhängigen Variablen Y ist. Diese Schlußfolgerung ist keineswegs sicher, weil nicht ausgeschlossen werden kann, daß eine andere, nicht überprüfte antezedierende Variable Z die Originalbeziehung zum Verschwinden gebracht hätte. Folglich ist die Demonstration einer Kausalbeziehung niemals definitiv. Das Vertrauen in die vorläufige Schlußfolgerung erhöht sich allerdings in dem Maße, in dem Drittvariablenkontrollen die Originalbeziehung nicht als Scheinbeziehung aufdeckten.

In der Lazarsfeldschen Terminologie spricht man beim Verschwinden einer Beziehung von einer Erklärung (engl.: explanation), wenn die dritte Variable der unabhängigen Variablen kausal vorangeht. Beispiel: Die Beziehung zwischen der "Anzahl der Feuerlöschzüge (X)" und der "Höhe des Sachschadens (Y)" verschwindet bei Einführung der antezedierenden Variablen "Größe des Schadensfeuers (Z)" in den Partialtabellen. Auf diese Weise wird gewissermaßen ein kurioses Ergebnis "hinwegerklärt". Man spricht beim Verschwinden einer Beziehung von einer Interpretation (engl.: interpretation), wenn die dritte Variable zwischen die unabhängige und die abhängige Variable tritt, d.h. intervenierende Variable ist. Beispiel (siehe Tab. 9.4, in der die in Tab. 9.3 enthaltenen Variablen "Beaufsichtigung" und "Beschäftigung der Mutter" anders angeordnet und deshalb umbenannt worden sind; mit Z wird stets die Drittvariable bezeichnet): Die Beziehung zwischen der "Beschäftigung der Mutter (X)" und "Delinquenz (Y)" verschwindet bei Einführung der intervenierenden Variablen "Beaufsichtigung (Z)" in den Partialtabellen. Schematisch kann der Unterschied zwischen diesen beiden Typen der "elaboration" wie folgt ausgedrückt werden:

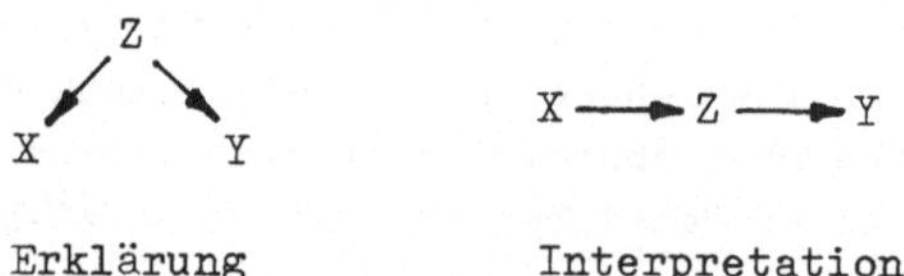

Erklärung Interpretation

Zwei weitere Typen der Elaboration sind die Spezifikation (engl.: specification) und die Vorhersage (engl.: prediction). Dabei ist die Aufmerksamkeit auf die unterschiedliche Größe der Partialbeziehungen gerichtet, um die Bedingungen zu spezifizieren, unter denen die Originalbeziehung in der einen Partialtabelle stärker, in der anderen schwächer wird. Weichen die Partialbeziehungen deutlich voneinander ab, so interagieren Z und X in Bezug auf Y; man spricht dann von einem Interaktionseffekt. Man sagt, daß eine Drittvariable (Z) mit einer unabhängigen Variablen (X) <u>interagiert</u>, wenn die Wirkung der X-Variablen auf die Y-Variable in den unterschiedlichen Ausprägungen der Z-Variablen unterschiedlich ist (was sich in unterschiedlich starken Partialbeziehungen ausdrückt). Beispiel mit <u>antezedierender</u> Drittvariablen (Spezifikation): Die "desintegrierende Wirkung (Y)" einer "wirtschaftlichen Rezession (X)" ist in "autoritären Familien (z_1)" einschneidender als in "nicht autoritären Familien (z_2)". Beispiel mit <u>intervenierender</u> Drittvariablen (Vorhersage): Wenn man die Beziehung zwischen der "Erziehung (X)" und der "Leistung (Y)" von Kindern untersucht, kann man die Beobachtung machen, daß progressiv erzogene Kinder in einer "demokratischen Arbeitsatmosphäre (z_1)" bessere, in einer "autoritären Arbeitsatmosphäre (z_2)" hingegen schlechtere Leistungen vollbringen als nicht progressiv erzogene Kinder.

In Tab. 9.3 wurde gezeigt, daß die Beziehung zwischen "Beaufsichtigung" und "Delinquenz" bei Kontrolle der antezedierenden Variablen "Beschäftigung der Mutter" nicht verschwand. Die Daten der Tab. 9.3 können ebensogut benutzt werden, um das Verschwinden der Beziehung zwischen der "Beschäftigung der Mutter" und "Delinquenz" zu illustrieren, wenn der Einfluß einer intervenierenden Variablen (hier "Beaufsichtigung") untersucht wird. In der Praxis würde man die Dreivariablenbeziehung der Tab. 9.3 nur einmal untersuchen, je nachdem welche Zweivariablenbeziehung zuerst betrachtet wurde, entweder die Beziehung zwischen "Beaufsichtigung" und "Delinquenz" (wie in Tab. 9.3) oder die Beziehung zwischen der "Beschäftigung der Mutter" und "Delinquenz" (wie in Tab. 9.4).

Der Leser sollte sich durch sorgfältiges Studieren der Tabellen 9.3 und 9.4 davon überzeugen, daß Tab. 9.4 ohne jede zusätzliche Information aus Tab. 9.3 rekonstruiert werden kann. Die reorganisierten Daten (Tab. 9.4) zeigen, daß die Beziehung zwischen der "Beschäftigung der Mutter" und "Delinquenz" praktisch verschwindet, wenn die intervenierende Drittvariab-

Tab. 9.4. Die Beziehung zwischen Beschäftigung der Mutter, Beaufsichtigung und Delinquenz

							Beaufsichtigung (Z)					
					schlecht (z_1)				gut (z_2)			
	Beschäftig. d. Mutter (X)				Beschäftig. d. Mutter (X)				Beschäftig. d. Mutter (X)			
		Hausfrau x_1	berufs-tätig x_2			Hausfrau x_1	berufs-tätig x_2			Hausfrau x_1	berufs-tätig x_2	
Delinquenz (Y)	ja y_1	262	232	494	y_1	126	188	314	y_1	136	44	180
	nein y_2	328	159	487	y_2	23	38	61	y_2	305	121	426
		590	391	981		149	226	375		441	165	606
		%	%			%	%			%	%	
	ja	44	59			85	83			31	27	
	nein	56	41			15	17			69	73	
		100	100			100	100			100	100	
		d% = - 15				d% = 2				d% = 4		

le "Beaufsichtigung" eingeführt wird. Tab. 9.4 enthüllt folglich (wie Tab. 9.3), daß nicht die "Beschäftigung der Mutter", sondern die Art der "Beaufsichtigung" als Ursache der "Delinquenz" betrachtet werden kann. Konkreter: Ist die Beaufsichtigung schlecht, ist der Anteil der delinquenten Jugendlichen hoch; ist die Beaufsichtigung gut, ist der Anteil der delinquenten Jugendlichen niedrig, unabhängig von der Art der Beschäftigung der Mutter.

Die ausführlicher dargelegten Beispiele der Beibehaltung (Tab. 9.3) bzw. des Verschwindens (Tab. 9.4) einer Originalbeziehung illustrieren zwei wichtige Ergebnisse der multivariaten Tabellenanalyse. Häufiger als diese Spezialfälle werden bei der Drittvariablenkontrolle unterschiedliche Partialbeziehungen identifiziert, die einen Interaktionseffekt aufzeigen. Auf die Darstellung solcher Beispiele muß hier aus Platzmangel verzichtet werden.

Hier soll nur festgehalten werden, daß die Drittvariablenkontrolle drei Ergebnisse haben kann, die jeweils unterschiedliche Schlußfolgerungen erlauben: 1. Die Partialbeziehungen sind mit der Originalbeziehung identisch oder doch nahezu identisch. 2. Die Partialbeziehungen sind Null oder doch nahe Null. 3. Die Partialbeziehungen differieren mehr oder weniger stark. Bleibt die Originalbeziehung in den Partialtabellen erhalten, schlußfolgert man, daß die Drittvariable keinen Einfluß auf die Beziehung zwischen X und Y hat. Verschwindet die Originalbeziehung in den Partialtabellen, schreibt man die Beziehung zwischen X und Y der Drittvariablen Z zu. Differieren die Partialbeziehungen erheblich, schließt man auf einen Interaktionseffekt; die Beziehung zwischen X und Y hängt dann von den spezifischen Ausprägungen der Drittvariablen Z ab.

Man kann die Schlußfolgerung präzisieren, wenn entscheidbar ist, ob die Drittvariable Z zeitlich sowohl X als auch Y vorangeht (antezediert) oder zwischen X und Y tritt (interveniert). Verschwindet die Beziehung in den Partialtabellen, so gibt es folgende Alternativen: (a) Ist Z antezedierende Variable, so sagt man, daß Z die X-Y-Beziehung "erklärt". (b) Ist Z intervenierende Variable, so sagt man, daß Z die X-Y-Beziehung "interpretiert". Sind die Partialbeziehungen verschieden, so gibt es folgende Alternativen: (c) Ist Z antezedierende Variable, so sagt man, daß Z die Bedingungen "spezifiziert", unter denen eine bestimmte Beziehung zu erwarten ist. (d) Ist Z intervenierende Variable, so sagt man, daß Z eine Bedingung repräsentiert, die realisiert sein muß, wenn Y auf der Basis von X "vorhergesagt" werden soll. Das Vorangehende kann schematisch wie folgt dargestellt werden:

Tab. 9.5. Die vier Haupttypen der Elaboration

		Die Drittvariable Z ...	
		... antezediert	... interveniert
Die Partialbeziehungen sind ...	... beide Null	Erklärung	Interpretation
	... verschieden	Spezifikation	Vorhersage

Da hier keine erschöpfende Behandlung kausaler Beziehungen und multivariater Tabellen geboten werden kann, sei der interessierte Leser auf die Arbeiten von Kendall und Lazarsfeld (1950), Lazarsfeld (1955), Hyman (1955), Kap. 5 bis 8, Hirschi und Selvin (1967), Rosenberg (1968), Simon (1969), Kap. 11, 22 und 26, Zeisel (1970), Kap. 8 und 9, Davis (1971) sowie Neurath (1974), S.180-190, hingewiesen. Eine deutschsprachige Einführung in die Operation der Drittvariablenkontrolle bietet das Lehrbuch von Mayntz, Holm und Hübner (1973). Grundlegende Darstellungen multivariater Analyseverfahren finden sich in Hummell und Ziegler (1976), Küchler (1979), Opp und Schmidt (1976) und Weede (1977).

Literaturverzeichnis

Allerbeck, Klaus, Datenverarbeitung in der empirischen Sozialforschung, Stuttgart 1972.

Anderson, Theodore R., und Morris Zelditch, Jr., A Basic Course in Statistics, zweite Auflage, New York 1968.

Blalock, Hubert M., Jr., Causal Inferences in Nonexperimental Research, Chapel Hill 1964.

Blalock, Hubert M., Jr., Social Statistics, zweite Auflage, New York 1972.

Champion, Dean J., Basic Statistics for Social Research, Scranton, Pennsylvania, 1970.

Clauss, Günter, und Heinz Ebner, Grundlagen der Statistik für Psychologen, Pädagogen und Soziologen, Berlin 1967.

Costner, Herbert L., Criteria for Measures of Association, in: American Sociological Review 30 (1965), S.341-353.

Davis, James A., Elementary Survey Analysis, Englewood Cliffs, New Jersey, 1971.

Ezekiel, Mordecai, und Karl A. Fox, Methods of Correlation and Regression Analysis, Linear and Curvilinear, dritte Auflage, New York 1959.

Freeman, Linton C., Elementary Applied Statistics. For Students in Behavioral Science, New York 1965.

Galtung, Johan, Theory and Methods of Social Research, London 1970 (zuerst Oslo 1967).

Games, Paul A., und George R. Klare, Elementary Statistics. Data Analysis for the Behavioral Sciences, New York 1967.

Goodman, Leo A., und William H. Kruskal, Measures of Association for Cross Classifications, in: Journal of the American Statistical Association 49 (1954), S.732-764.

Guilford, J. P., Fundamental Statistics in Psychology and Education, vierte Auflage, New York 1965.

Guttman, Louis, An outline of the statistical theory of prediction, Supplementary Study B-1 (S.253-318), in: Paul Horst u.a. (Hrsg.), The Prediction of Personal Adjustment, Bulletin 48, Social Science Research Council, New York 1941.

Harder, Theodor, Werkzeug der Sozialforschung, Köln 1969.

Hays, William L., Statistics, New York 1963 und 1973.

Hays, William L., Quantification in Psychology, Belmont, California, 1967.

Hirschi, Travis, und Hanan C. Selvin, Delinquency Research. An Appraisal of Analytic Methods, New York 1967.

Hummell, Hans J., und Rolf Ziegler, Hrsg., Korrelation und Kausalität, Stuttgart 1976.

Hyman, Herbert, Survey Design and Analysis, New York 1955.

Kendall, Maurice G., Rank Correlation Methods, vierte Auflage, London 1970.

Kendall, Patricia L., und Paul F. Lazarsfeld, Problems of Survey Analysis, in: Robert K. Merton und Paul F. Lazarsfeld, Hrsg., Continuities in Social Research. Studies in the Scope and Method of "The American Soldier", Glencoe 1950, S.133-167.

Kerlinger, Fred N., Foundations of Behavioral Research, New York 1964.

Küchler, Manfred, Multivariate Analyseverfahren, Stuttgart 1979.

Lazarsfeld, Paul F., Interpretation of Statistical Relations as a Research Operation, in: Paul F. Lazarsfeld und Morris Rosenberg, Hrsg., The Language of Social Research, New York 1955, S.115-125.

Leik, Robert K., und Walter R. Gove, The Conception and Measurement of Asymmetric Monotonic Relationships in Sociology, in: American Journal of Sociology 74 (1969), S.696-709.

McNemar, Quinn, Psychological Statistics, vierte Auflage, New York 1969.

Mayntz, Renate, Kurt Holm und Peter Hübner, Einführung in die Methoden der empirischen Soziologie, dritte Auflage, Opladen 1973.

Mueller, John H., Karl F. Schuessler und Herbert L. Costner, Statistical Reasoning in Sociology, zweite Auflage, New York 1970.

Neurath, Paul, Statistik für Sozialwissenschaftler, Stuttgart 1966.

Neurath, Paul, Grundbegriffe und Rechenmethoden der Statistik für Soziologen, in: René König, Hrsg., Handbuch der empirischen Sozialforschung, 3., umgearb. und erw. Auflage, Bd. 3b, Stuttgart 1974.

Opp, Karl-Dieter, und Peter Schmidt, Einführung in die Mehrvariablenanalyse, Reinbek bei Hamburg 1976.

Pfanzagl, Johann, Allgemeine Methodenlehre der Statistik, Bd. 1, Sammlung Göschen 746/746a, Berlin 1967.

Rosenberg, Morris, The Logic of Survey Analysis, New York 1968.

Sahner, Heinz, Schließende Statistik (Statistik für Soziologen, Bd. 2), Stuttgart 1971.

Siegel, Sidney, Nonparametric Statistics for the Behavioral Sciences, New York 1956.

Simon, Julian L., Basic Research Methods in Social Science, New York 1969.

Somers, Robert H., On the Measurement of Association, in: American Sociological Review 33 (1968), S.291-292.

Somers, Robert H., A New Asymmetric Measure of Association for Ordinal Variables, in: American Sociological Review 27 (1962), S.799-811.

Stevens, S.S., On the Theory of Scales of Measurement, in: Science 103 (1946), S.677-680.

Stevens, S.S., Measurement, Statistics, and the Schemapiric View, in: Science 161 (1968), S.849-856.

Stevens, S.S., Mathematics, Measurement, and Psychophysics, in: S.S. Stevens, Hrsg., Handbook of Experimental Psychology, New York 1951, S.1-49.

Wallis, Allen W., und Harry V. Roberts, Methoden der Statistik, RoRoRo-Taschenbuch, 1969.

Weede, Erich, Hypothesen, Gleichungen und Daten, Kronberg 1977.

Weiss, Robert S., Statistics in Social Research, New York 1968.

Wilson, Thomas P., A Proportional-Reduction-In-Error Interpretation for Kendall's Tau-B, in: Social Forces 47 (1969), S.340-342.

Zeisel, Hans, Die Sprache der Zahlen, Köln 1970.

Quellennachweis

Armer, Michael, und Robert Youtz, Formal Education and Indidividual Modernity in an African Society, in: American Journal of Sociology 76 (1971), S.604-626.

Coleman, James S., Elihu Katz und Herbert Menzel, Medical Innovation. A Diffusion Study, Indianapolis 1966.

Fendrich, James M., A Study of the Association among Verbal Attitudes, Commitment, and Overt Behavior in Different Experimental Situations, in: Social Forces 45 (1967), S.347-355.

Fullan, Michael, Industrial Technology and Worker Integration in the Organisation, in: American Sociological Review 35 (1970), S.1028-1039.

Glueck, Sheldon, und Eleanor Glueck, Unraveling Juvenil Delinquency, Cambridge, Mass., 1950.

Glueck, Sheldon, und Eleanor Glueck, Working Mothers and Delinquency, in: Mental Hygiene 41 (1957)

Gross, Edward, Universities as Organizations: A Research Approach, in: American Sociological Review 33 (1968), S.518-544.

Heise, David, Cultural Patterning of Sexual Socialization, in: American Sociological Review 32 (1967), S.726-739.

Hirschi, Travis, und Hanan C. Selvin, Delinquency Research. An Appraisal of Analytic Methods, New York 1967.

Hollingshead, August B., Elmtown's Youth, New York 1949.

Hyman, Herbert H., und Charles R. Wright, Trends in Voluntary Association Membership of American Adults: Replication Based on Secondary Analysis of National Sample Surveys, in: American Sociological Review 36 (1971), S.191-206.

Izzett, Richard R., Authoritarianism and Attitudes Toward the Vietnam War as Reflected in Behavioral and Self-Report Measures, in: Journal of Personality and Social Psychology 17 (1971), S.145-148.

Laumann, Edward O., und David R. Segal, Status Inconsistency and Ethnoreligious Group Membership as Determinants of Social Participation and Political Attitudes, in: American Journal of Sociology 77 (1971), S.36-61.

McDill, Edward L., und James S. Coleman, High-School Social Status, College Plans, and Interest in Academic Achievement: A Panel Analysis, in: American Sociological Review 28 (1963), S.905-918.

Marlowe, David, Robert Frager und Ronald L. Nuttall, Commitment to Action Taking as a Consequence of Cognitive Dissonance, in: Journal of Personality and Social Psychology 2 (1965), S.864-868.

Phillips, Derek L., und Kevin J. Clancy, Some Effects of "Social Desirability" in Survey Studies, in: American Journal of Sociology 77 (1972), S.921-940.

Udry, Richard J., Karl E. Bauman und Charles Chase, Skin Color, Status, and Mate Selection, in: American Journal of Sociology 76 (1971), S.722-733.

Walton, John, Discipline, Method, and Community Power: A Note on the Sociology of Knowledge, in: American Sociological Review 31 (1966), S.684-689.

Sachregister

Studienskripten zur Soziologie

42 W. Sodeur, Empirische Verfahren zur Klassifikation
183 Seiten. DM 16,80

43 H. M. Kepplinger, Massenkommunikation
207 Seiten. DM 17,80

44 H.-D. Schneider, Kleingruppenforschung
2. Auflage. 343 Seiten. DM 21,80

45 H. J. Helle, Verstehende Soziologie und
Theorien der Symbolischen Interaktion
207 Seiten. DM 17,80

46 T. A. Herz, Klassen, Schichten, Mobilitäten
316 Seiten. DM 21,80

48 S. Jensen, Talcott Parsons Eine Einführung
204 Seiten. DM 17,80

49 J. Kriz, Methodenkritik empirischer Sozialforschung
292 Seiten. DM 20,80

120 G. Büschges, Eine Einführung in die Organisationssoziologie
214 Seiten. DM 17,80

121 W. Teckenberg, Gegenwartsgesellschaften: UdSSR
478 Seiten. DM 25,80

122 A. Diekmann/P. Mitter, Methoden zur Analyse von Zeitabläufen
208 Seiten. DM 17,80

123 Goetze/Mühlfeld, Ethnosoziologie
326 Seiten. DM 21,80

124 D. Ruloff, Historische Sozialforschung
225 Seiten. DM 18,80

125 W. Tokarski/R. Schmitz-Scherzer, Freizeit
289 Seiten. DM 20,80

126 R. Porst, Praxis der Umfrageforschung
172 Seiten. DM 16,80

127 A. Silbermann, Empirische Kunstsoziologie
206 Seiten. DM 18,80

128 E. Lange, Soziologie des Erziehungswesens
242 Seiten. DM 19,80

129 W. Felber, Eliteforschung in der Bundesrepublik Deutschland
264 Seiten. DM 19,80

130 G. Hofmann, Datenverarbeitung in den Sozialwissenschaften
345 Seiten. DM 22,80

131 K. Türk, Einführung in die Soziologie der Wirtschaft
309 Seiten. DM 22,80

132 P. Ridder, Einführung in die Medizinische Soziologie
226 Seiten. DM 18,80

133 W. Spöhring, Qualitative Sozialforschung
403 Seiten. DM 25,80

Preisänderungen vorbehalten